Cultural Evolution

How Darwinian Theory Can Explain Human Culture and Synthesize the Social Sciences

Alex Mesoudi

アレックス・メスーディ

野中香方子：訳

竹澤正哲：解説

文化進化論

ダーウィン進化論は文化を説明できるか

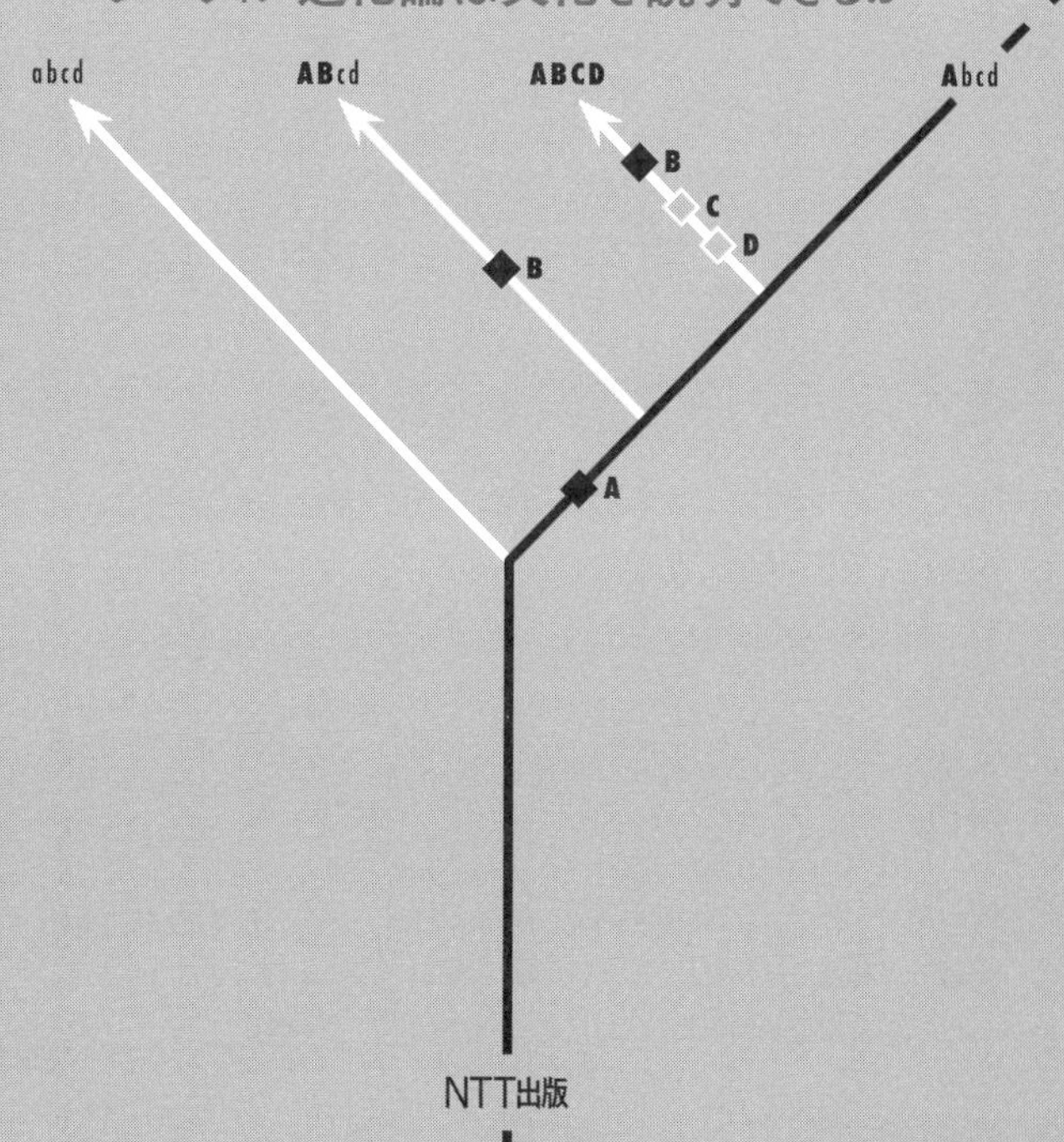

NTT出版

日本語版序

二〇一一年にシカゴ大学出版会から出版された私の著書『文化進化論』（原題：*Cultural evolution: How Darwinian theory can explain human culture and synthesize the social sciences*）の日本語版がここに出版されることをとても嬉しく思う。

私はこの本の中で、近年ますます活発になりつつある、文化についての研究を進化的な枠組みによって統合しようとする試みを紹介した。『統合（synthesize）』という言葉には三つの意味が込められている。第一に、これまで深い亀裂によって分断されてきた、社会科学と自然科学の統合である。本書の中で私は、文化における変化（信念、着想、態度、技術、知識など社会的に伝達される情報の変化を指す）は、生物の進化と本質的に共通した構造を持っており、ダーウィン的な進化のプロセスとみなせるのだと主張した。だがこれ自体は決して新しい主張ではない。ダーウィン自身、言語の変化が生物における種の変化と類似していることを、『種の起源』が出版されてまもなくの時期に指摘している。その後も、多くの人々が両者の類似性を指摘し続けてきた。だが、文化進化という研究領域が花開いたのは、ここ二〇年ほどのことである。生物学者によって生み出された数多くのパワフルな研究手法や概念を、文化という現象に援用することで、この新しい領域が誕生したのである。

　第二に、やはり長年に渡って孤立を続けてきた、社会科学の内部における諸領域の統合である。人類学、考古学、心理学、経済学、社会学、歴史学、そして言語学といった社会科学における諸領域は、そのどれもが人間という種を少しずつ異なる角度から研究しているに過ぎない。それなのに、なぜそれらの領域が互いに交流することなく孤立し続けているのか、今でも私には理解できない。おそらく、ミクロ（個人レベル）とマクロ（社会レベル）を結合する理論的枠組みが存在していないからであろう。私は、進化論こそ両者を橋渡しする理論的枠組みであると考えている。二〇世紀半ばに、進化論によって生物科学が統合され、遺伝学や生理学といった小進化（ミクロ）を扱う領域と、古生物学や生物地理学といった大進化（マクロ）を扱う領域が結合されたのと同様に、文化を進化的視点から研究することによって、ミクロを扱う領域（たとえば心理学などの行動科学関連領域）からマクロを扱う領域（考古学、人類学、歴史学など）に至るまで、長年にわたって分断され続けてきた諸領域の結合が可能となる。

　最後に、文化進化論の国際的な統合である。社会科学における多くの研究パラダイムと異なり、文化進化の研究には英語圏に属さない研究者が数多く参画し、重要な役割を担ってきた。実際、特に日本人研究者は数十年に渡り重要な貢献をしている。ここで、文化進化の研究における日本人の影響力の広さと深さを少しだけ紹介したい。

　第3章で紹介したように、文化進化論は厳密な数理モデルを基盤として成り立っており、生物進化における集団遺伝学のモデルに大きく依拠している。東京大学名誉教授の青木健一（現在明治大学客員教授）は、文化進化の理論モデルの研究における中心人物として、数十年に渡ってこの領域を牽引し続けてきた。そして彼の下から、小林豊、中橋渉、若野友一郎という才能に溢れた次世代の研究者が生まれ育っている。

第６章では、いかなる理論モデルも実験室実験などによって実証的に検証されなければならないと強調した。亀田達也、中西大輔、竹澤正哲といった日本人研究者は、社会的学習バイアスを検証するための革新的で緻密な実験をおこない、またしばしば実験結果を直接に理論モデルと比較してきた。

第９章では、人間以外の種における文化と社会的学習についての研究が急激な高まりを見せていることを紹介した。ここでは、日本人の霊長類学者が重要な役割を果たしている――今西錦司とその学生である伊谷純一郎、川村順三によるニホンザルの芋洗いにおける社会的学習の先駆的研究、そして西田利貞、杉山幸丸、松沢哲郎らによるチンパンジーの文化に関する研究がその代表的な例である。

本書の日本語版の出版によって、より多くの日本人研究者が、真に学際的な文化進化論の構築、そして社会科学における諸領域を進化的視点と定量的手法によって統合する取り組みに参画するようになることを願っている。最後に、本書が日本語へ翻訳されることを働きかけた竹澤正哲、日本語版の出版を引き受けたＮＴＴ出版、翻訳者である野中香方子、そして日本語版の編集者である永田透に感謝の意を表したい。

目次

第2章　文化進化 …… 45

第3章　文化の小進化 …… 91

序文

二〇〇九年、チャールズ・ダーウィン『種の起源』は出版一五〇周年を迎えた。一九〇九年の五〇周年、一九五九年の一〇〇周年と同じく、一五〇周年はそれを祝う盛大なイベントや、大学や学会の名誉ある会合が世界中で開かれ、ダーウィンの生涯を描いたテレビ番組や映画も放映された。これほど長い年月、人々の注目を浴びてきた科学者は珍しく、著作となるとさらにまれだ。だが、人々はただ科学の英雄としてダーウィンを崇拝しているのではない。科学の大いなる進歩を讃えているのだ。『種の起源』とは、かつて、そして時として今なお、超自然的で不思議な力、あるいは神の力によるとされてきた二つの現象に、初めて論証可能で科学的な説明を提示した書物である。その第一の現象とは、自然界に見られる生物の驚くべき多様性だ。思いつく順に挙げても、甲虫、サボテン、ハチドリ、藻類、テナガザル、と、この世界には多種多様な生物があふれている。ダーウィン以前、この多様性の説明として世間に受け入れられていたのは、神がそれらの種を、どういう理由であれ（神の御業は謎めいているものだ）、環境にふさわしいものとして今ある形に創造された、というものだった。ダーウィンが説明した第二の現象は、これらの多様な生物が持つ、目、翼、反響定位システム、それに脳といった、往々にして複雑で手の込んだ適応構造である。多くの神学者が言及してきたように、こうした適応構造は、完璧に協働するように見える複数の部分からなり、知的な存在によって設計されたという明らかな証拠のようだ。

ダーウィンの天賦の才――今なお彼が賞賛される理由である――が、これらの現象に筋の通った説明を初めて提供した。ダーウィンによると、自然界の多様性と複雑さは一握りの単純な原則によって説明できるものであり、自然界でそれらの原則が働いていることは実験によって示すことができる。第一の原則は、個体間にバリエーションが存在するというものだ。第二の原則は、食物、巣作りの空間、結婚の相手といった資源には限界があり、一方、個体群のサイズは拡大し続けるため、「生存競争」が起き、すべての個体に生存と生殖の機会が平等にあるわけではないというもの。第三の原則は、形質は親から子へ、生殖を通して継承されるというものだ。その結果が、ダーウィンが「自然選択」と呼んだ摂理、すなわち、「個体の生存と生殖の機会を増大させる形質は、次世代に受け継がれる可能性が高く、個体群内部での頻度が高まる。したがって時がたつにつれて、有益な形質が次第に蓄積され、組み合わされ、それまでは創造主の御業とされていた、目、翼などを形成する」というものだ。ダーウィンの業績に刺激されて、この一世紀半の間、進化生物学の世界では、膨大な量の生産的な研究がなされ、ダーウィンの原則の詳細が解き明かされてきた。その詳細には、ダーウィン自身はぼんやりとしか理解していなかった、遺伝子による遺伝の仕組みも含まれる。

本書で概説する科学的研究の数々は、文化の変化――本書では、社会的に伝達された信念、知識、技術、言語、社会的機関などの変化を指す――は一世紀半前にダーウィンが『種の起源』において生物の変化に適用したのとまったく同じ原則、すなわち、「文化は進化する」という前提の上になされたものだ。それは決して新しい考えではない。実際、ダーウィン自身が後に、生物学的進化と文化の変化、特に、言語の変化との類似について語っている。

異なる言語の組成と、異なる種の組成、そして、どちらもゆっくりと発展していくという証拠は、奇妙な類似を示す。好まれる言葉が生存競争を経て生き残っていくというのは、自然選択である［★1］。

ダーウィンは説明するために比喩を用いたのではない。言語の変化は自然選択に「少し似ている」わけでも、「いくつかの点で似ている」わけでもなく、まさに、自然選択「そのもの」なのだ。以来、心理学の草分けであるウィリアム・ジェイムズを始め、多くの傑出した科学者が、同様の所見を述べてきた。

並外れた類似が、（中略）社会の進歩という事実と、ダーウィン氏が詳述した動物学的進化との間に見られる［★2］。

このように、生物学的変化と文化的変化に興味をそそる並外れた類似が見られることについては、傑出した学者たちがずいぶん早い時期から指摘しているが、文化の現象を説明するのに、ダーウィン主義の方法、手段、説、概念が用いられるようになったのは、つい最近のことだ。本書はこの進行中の動きを概説し、要約しようとするものだ。

いろいろな意味で、ダーウィンが解こうとした問題――生物の多様さと複雑さ――は、文化の研究者が直面する問題によく似ている。人間の文化もまたきわめて多様だ。現在、世界では一万もの宗教が信仰され、それぞれ五〇〇万ほどの単語を含む七〇〇〇種の言語が語られている。特許は米国だけで七七〇万件、登録されている。多くの狩猟採集集団で世代から世代へ受け継がれる、動物の行動についてきわめて詳細な生態学的知識、機能的に連結する無数の部品で構成されるコンピュータやスペースシャトルのような人工物、数百万人の生活を（少なくともある程度）滞りなく組織化する政治機関や金融機関など、人間の文化はまた、とてつもなく複雑である。そしてこの文化的に伝達された知識の多様さと複雑さのおかげで、私たち人類は、氷に覆われた両極から灼熱の砂漠まで、熱帯雨林から山岳地帯まで、この惑星の事実上すべての陸地に首尾よく住みついている。第1章では、私たちが「文化」と呼ぶこの現象をさらに厳密に定義するとともに、文化的に獲得された知識が、人間の行動の様々な側面――攻撃と協力の社会的パターンから、私たちがどのようにして物体を認識し、他者の行動を解釈するかといった基本的な心理学的プロセスに至るまで――を形作るかを経験的に論証する。

第2章では、生物の多様さと複雑さについてのダーウィンの説明が、広い意味で人間の文化にも適合することについて概説しよう。つまり、文化の変化――信念、知識、技術、社会的機関などの変化――は、ダーウィンが『種の起源』で説明した原則を共有するのだ。第一に、文化的に獲得された形質は、その形態と表現にバリエーション（変異）が見られる。第二に、こうした文化的変異は、記憶容量といった有限の資源を競い合い、すべての変異が等しく存続し普及するわけではない。第三に、文化の変異は文化伝達によって人から人に伝えられる。第2章では、この基本的な命題を拡大し、結果としてもたらされる文化進化論が、――少なくとも『種の起源』におけるダーウィンの主張が支持されるのと同等に――経験的に支持されることを示したい。

生物の進化と文化の変化に見られる類似と等しく重要なのは、両者の違いである。『種の起源』の後、他の生物学者が明らかにした進化のさらに詳しいメカニズム――粒子的継承（遺伝を担う分離した粒子、すなわち遺伝子の存在）、無目的な変異（新たな変異は何らかの適応上の問題を解決するために生じるわけではない）、ヴァイスマン・バリア（生物がその生涯で獲得した変化は、子孫に伝わらない）――は、おそらく文化進化にはあてはまらないだろう。しかし、重要なのは、だからと言って、文化が進化するという第2章の根幹をなす主張が無効になるわけではないということだ。それが意味するのはただ、文化進化の詳細は、生物学進化の詳細とはおそらく異なるということで、生物学者が過去一五〇年にわたってしてきたように、社会学者は文化進化の詳細を明かす必要がある。

このことを念頭に置いて、第3章では、文化進化のミクロレベルの詳細を概説する。特に、一九七〇年代から八〇年代にかけて、カリフォルニアを拠点とする数名の先駆的な研究者が構築した、画期的な数理モデルを紹介しよう。このうちのいくつか――「浮動（小さな個体群における偶発的出来事に起因する変化）」や、「垂直の文化伝達（遺伝子と同じく、生物学的親からの伝達）」など――は、生物進化の下敷きとなっているプロセスに似ているが、それ以外の、「ラマルク的な誘導された変異（他者から学んだことを修正してから伝達する）」などは、文化に固有のプロセスだ。これらの小進化（ミクロ）のプロセスは集団レベルの結果をもたらすので、集団遺伝学の数理モデルを借用すれば、その結果を明かすことができる。

第4章と第5章では文化の大進化（マクロ）――人類学者、考古学者、歴史学者、言語学者が記録してきた、大規模で長期的なパターンと潮流――について検討する。言うまでもなく、これらの分野の学者たちは長年にわたって大規模な文化変化のパターンを解明してきたが、文化進化に言及することはなく、また、説明は概して、非公式で非定量的な方法に基づいていた。それに対して文化進化の研究者たちは、系統学的分析や中立的な浮動モデルなど、厳密で定量的な方法を用いる。そうすることで、従来の非進化的方法による分析よりはるかに確実に、文化の大進化のパターンや潮流を捉えられるようになった。

第6章と第7章は、文化の大進化を研究する二つの方法を検討する。それは、実験室での実験と民族誌学的実地調査である。実験室のコントロールされた環境で実験を行うことにより、文化進化をシミュレーションすることができる。実験には、単なる観察や歴史的手法を超えた利点がある。例えば、変数を操作して、文化現象の原因を特定することができるし、歴史を何度も「再現」して、ある流れが必然か偶然かを見極めることもできる。さらに、連続した完璧な行動データを得られる。いずれも、実際の文化の変化をただ観察したり、歴史的に研究したりするだけでは不可能なことだ。一方、民族誌学的な実地調査は、小さなコミュニティの文化的変化を追う。例えば、文化的事象は親から学ぶのか、仲間から学ぶのか、そのような伝達経路は、集団内と集団間の文化的バリエーションにどう影響するか、といったことを調べることにより、実験を補完することができる。

第8章は、経済の変化を進化のプロセスとしてモデル化しようとする、近年の取り組みを検証する。伝統的な経済論は経時的変化を説明するのが苦手で、ある経済システムがある時点において最善の状態にあるかどうかに焦点を絞りがちだ。しかし、例えば急速な技術的変化（テレコミュニケーションやコンピュータなど）に応じて経済が変化し続ける時には、そのようなやり方は通用しない。そこで、進化経済学者は、静止ではなく変化が常体である経済システムの進化論を構築し始めている。また、文化進化のプロセス、とりわけ文化的集団選択によって、経済学分野の一見、不可解に思える実験結果の意味が説明できると主張する人もいる。例えば、従来の非進化論的な経済理論によると、人間は自分の利益が最大になるよう行動するはずだが、実験の結果はそれと食い違い、人々ははるかに協力的に行動するのだ。

第9章では、人間以外の種が文化を持つかどうかを問う。その答えは、「文化」をどう定義するかによるだろう。とは言え、驚くほど多くの種が、少なくともいくつかの文化的要素を備えている。例えば、個体が何らかの行動を他の個体から学び、それによって集団間の違いが維持されるのは、文化的「伝統」とみなすことができる。しかし、文化を蓄積するのは人間だけであるらしく、情報は修正されながら世代を超えて受け継がれていく。なぜ人間だけが文化を蓄積し、その進化をもたらすのかは、現時点では謎だが、この研究分野は人間文化の起源と基礎に光をあてることができるだろう。

最終章では、本書で取り上げた研究はすべて、社会科学の「進化的統合」を予見するものであることを述べる。『種の起源』という偉業が世に出たのは一八五九年だが、一九三〇年代から四〇年代にかけていわゆる「進化的統合」がなされてようやく、進化生物学は首尾一貫した分野として船出することができた。この統合以前、生物学は実験主義者、理論モデル論者、野外で活動する生物学者、古生物学者等々からなる分野に細かく分かれていた。それぞれの分野は独自の理論的仮定を持ち、それらは往々にして他の分野の仮定と対立していた。しかし、各分野の科学者が同じ仮定を受け入れ、ダーウィン的理論の枠組みの中で、生物学の統合がなされた。具体的には、この統合の時期に、生物の大進化の潮流やパターン――生物地理学の記録に見られる適応拡散や、化石記録に残る断続平衡のパターンなど――が、実験主義者やモデル構築者が研究する小進化のプロセス――自然選択、性選択、浮動など――によって説明できることが認識されたのだ。私は第10章で、社会科学は現在、一九三〇年代以前の生物学のように、細分化された状態にあると主張する。しかし、もし文化が種と同じように進化するのであれば、社会科学においても「進化的統合」が可能だろう。つまり、考古学者、歴史学者、歴史言語学者、社会学者、人類学者によって研究されてきた文化の大進化の、大規模な潮流やパターンが、心理学者や他の行動科学研究者によって研究されてきた文化の小進化の小規模なプロセスによって説明されるのだ。そうなれば、従来の社会科学の分野の境界を越えた、文化の統一的科学が出現するはずだ。

このような、文化のすべてを包含する単独の科学という見方や、人類学、考古学、経済学、歴史学、言語学、心理学、そして社会学をダーウィンの進化論の枠組みのもとに統一するという考えは、甘いと思われるかもしれない。大学レベルで社会科学の科目を学んだことのある人なら誰でも、社会科学の各分野に共通する理論的基盤は少なく、コミュニケーションすらまれであることに気づいたはずだ。しかし、社会科学のそのような状況、すなわち、各分野が理論的に相容れず、相互理解にも欠けるという状況は、きわめて不都合だ。実のところ社会科学では、貴重な発見や理論が、分野の境界を越えて伝えられ、他分野の研究を刺激するということはほぼ皆無で、研究者は他分野で既になされた発見を、そうと知らずに追い求めて、時間を浪費している。その結果、この数十年にわたって、各分野ではすぐれた研究が多くなされたものの、科学にとって最も興味をそそる驚くべき現象――人間の文化――の理解はほとんど進んでいないのだ。同じ時期に自然科学や物理学の分野で多大な進歩がなされたことを思うと、なおさらこの状況が嘆かわしく思えてくる。本書の目的は、文化を科学的に説明する上で著しい進歩を遂げている学際的研究の数々を示すことによって、社会科学をほんの少し前進させることだ。

謝辞

本書は数年間にわたって多くの人々から受けた影響が蓄積された所産である。とりわけヘンリー・プロトキン、ケビン・ラランド、アンドリュー・ホワイトン、マイケル・オブライエンは、本書で取り上げた多くの問題について、思索を形成する上で重要な役割を果たしてくれた。また、下記の方々には、第1章から数章を読んで意見を述べてくれたことに感謝したい。いただいた助言は、間違いなく本書をさらに良いものにしてくれた。ロバート・アウンガー、エロディー・ブリーファー、ケビン・ラランド、スティーブン・ライセット、マイケル・オブライエン、アラン・マクエリゴット、リチャード・ネルソン、ピーター・リチャーソン、ジャミー・テヘラニ、ピーター・ターチン、アンドリュー・ホワイトン。最後になったが、揺るぎない支援と、不可欠な客観的視点を提供してくれた、シカゴ大学プレスの担当編集者、デビッド・パーヴィンに感謝する。

第1章　文化的な種

人間は文化を軸として生きる種である。信条、傾向、好み、知識、技術、風習、規範などを、模倣、教育、言語といった社会的な学習プロセスによって周囲の人々から習得する。そうした文化的な情報は、私たちの行動の根っこのところに影響する。そして、社会が異なるとそのような規範や信条が異なるため、考え方や振るまいも違ってくる。石器から自動車、インターネットに至る技術や、政治、経済、社会のシステムは、いずれも文化として継承されたものであり、短い間に環境や生活を一変させた。これほど急速かつ効果的に文化を変えた種はほかにいない。

したがって、人間の行動を説明しようとする際には、文化に十分目配りする必要があるのだが、社会科学者や行動科学者——心理学者、経済学者、政治学者など——の多くは、文化の影響をほとんどか、まったく考慮しないまま、個人の行動や意思決定ばかり追ってきた。社会科学者の中でも文化人類学者、考古学者、社会学者、歴史学者などは文化の重要性に気づいているが、彼らのアプローチは科学的厳密さに欠けており、文化がなぜ、いかに、私たちの行動に影響するかを十分には説明できていない。前世紀を振り返れば、自然科学と物理学は格段の進歩を遂げ、生命、物質、宇宙の謎を次々に解明したが、社会科学の方は、文化の変化について語る生産的な統一理論を提供するには至っていない。それどころか、社会科学の各分野は、独自の専門用語や前提、理論に固執し、互いの溝を埋めようとしないのだ。こうした不一致の最たる例がまさに「文化」の定義に見られ、それは分野によってずいぶん異なる。そこで、文化がいかに私たちの行動を形作るかを示す前に、本書における「文化」の定義をはっきりさせておく必要がある。

文化とは何か

「文化」は、「生命」や「エネルギー」と同じく、多くの人がその厳密な意味を考えないままよく口にする概念の一つだ。実のところ「文化」という言葉は、いくつもの異なる意味で使われている。まず、ある集団の特性、特に「フランス文化」や「日本文化」というように国民性を表すのに使われる。また、新聞の日曜版の「文化」欄がよい例だが、文学、クラシック音楽、美術といった上位文化（ハイカルチャー）を意味することもある。また、集団や組織の価値観や慣習を指す場合もある。例えば、二〇〇七年に始まった金融危機では、多くの評論家が金融業界には「強欲の文化」がはびこっていると嘆いた。公的資金を投入して再建中の銀行で、ＣＥＯが巨額のボーナスを受け取っていたことが相次いで発覚したからだ。

　通常、科学者は「文化」という言葉を、以上の三つの定義を含む、より広い意味で用いる。これまで社会科学分野において文化は何百通りにも定義されてきたが、本書では「文化とは、模倣、教育、言語といった社会的な伝達機構を介して他者から習得する情報である」という定義を採用する［★1］。ここでの「情報」とは「知識、信条、傾向、規範、嗜好、技術」を含む広義の情報であり、社会的に習得され、集団内で共有される。遺伝情報がＤＮＡ配列に記録されるのに対して、文化の情報は、脳内では（神経科学者による解明は始まったばかりだが）神経の連結パターンとして記録され、体外では、文字、コンピュータ・コード、音符などによって記録される。そして遺伝情報によってタンパク質が作られ、ひいては手足や目など体の構造ができるのに対し、文化の情報は、行動、スピーチ、美術品、機関という形で表れる。

この文化の定義は、先に述べた文化のすべてを包括するものだ。日本の子どもは日本語の文法や語彙、日本人としての規範や習慣を習得し、「日本文化」として継承していく。例えば箸の使い方は、ほぼすべての日本人が真似をしたり教わったりして頭の中に記憶し、それが箸を使うという行動に表れる。とは言え、国が同じなら文化も同じというわけではない。現在、箸を使うという日本の習慣はほかの国々にも広まっており、一方、同じ日本でも地域によって風習や価値観は異なる。また、文化には「上位文化」と呼ばれる文学や音楽や芸術が含まれるが、ハリウッドの映画スターなどのゴシップも、シェイクスピアの作品と同じく文化の一部と言える。そして、模倣や教授によって銀行家から銀行家へ伝わり、彼らの身勝手な行動を導いた規範や慣習も文化に含まれる。

すなわちこの定義では、文化を行動というより情報とみなしているのだ（人類学の言葉で言えば、これは文化の概念的定義である）。もっとも、文化を情報とみなすとしても、文化が行動に影響しないというわけではない。もちろんそれは行動に影響する。でなければ、人間の行動を説明しようとする際に、文化的背景は考慮しなくてもいいということになる。それでも人類学者のリー・クロンクが述べたように、二つの理由から、文化と行動は区別する必要がある［★2］。まず、文化の定義に行動を含めると、文化の説明が行動という観点に偏る恐れがあり、それでは有意義な説明にはならないからだ。もう一つの理由は、行動の原因になるのは文化だけではないということだ。実のところ、このように、文化を「文化でないもの」によって定義するのは便利な方法である。先に述べたように、文化は、親から遺伝的に受け継いだ情報――DNA配列に記録され、タンパク質や体の組織として表出する情報――ではない。また文化は、個人的学習によって得る情報でもない。この個人的学習とは独自に行うものであり、第三者の影響は受けない。個人的学習によって得た情報も脳に記憶されるが、文化的な情報とは伝達・習得の仕方が異なるのだ。このように、文化的情報を、遺伝的情報や個人的学習による情報と区別することは重要である。なぜなら、人や集団の行動に他との違いが見られても、すべてを文化による違いと決めつけるわけにはいかないからだ。例えば飲酒習慣の違いは元来、文化によることが多く、例えばイスラム教などの宗教は飲酒を禁止しており、また、大学の社交クラブや教会の婦人会が飲酒のルールを定めている場合もある。しかし個人的学習の結果として、おいしくないから、あるいは酔うのが嫌だから、飲まない人もいる。また、遺伝的違いも影響する。実際、アルコール依存症のリスクを高める遺伝子が見つかっており、この遺伝子を持つ人はアルコール摂取量が多いそうだ。また、多くの東アジア人は、アルコールを分解する酵素の遺伝子を持っていないので酒をあまり飲まない、という可能性がある［★3］。

文化はどのくらい重要か

このように、行動の違いには、文化以外の理由がいくつも考えられる。だとすれば、なぜ、文化は遺伝や個人的な学習より重要だと言えるのだろう。私たちの行動を形作る上で文化がいかに重要かを浮き彫りにする三つの例を挙げよう。一つは政治学、もう一つは経済学と文化人類学、そして最後の一つは心理学からだ。

市民としての義務——ヨーロッパからアメリカへ

アメリカは移民の国だとよく言われる。移民が来る以前に、何百万人もの先住民が暮らしていたことはさておき、北米にはイギリス、ドイツ、イタリア、オランダ、北欧など、ヨーロッパのさまざまな国の人々が移り住み、アメリカの歴史を築いた。ヨーロッパを旅すれば気づくことだが、そうした国々に住む人々の信条や傾向は、（少なくとも日本人やインド人よりは）似ているが、同じヨーロッパでも国による違いがある。その一つが、市民としての義務感の違いだ。そうした義務感には、自由民主主義社会にとって有益と思われるさまざまな傾向が含まれる。例えば、慈善団体に寄付する、ボランティア活動をする、選挙で投票する、地域の圧力団体や労働組合を組織する、新聞を購読する（さらには、そのような情報に基づいて民主主義的な意思決定をする）、マイノリティを代弁し、社会的平等を訴える、といったことだ。デンマークやノルウェー、スウェーデンなどの国民は、一般に市民としての義務感が強く、積極的に慈善団体に寄付し、投票し、ボランティア活動をする。一方、イタリアやスペインなどの国民は一般にそれが弱く、寄付、投票、ボランティア活動に熱心でない。

政治学者のトム・ライスとジャン・フェルドマンにとって、市民としての義務感に文化による違いが見られることは、文化的差異の永続性を調べる「自然実験」の機会をもたらした［★4］。つまり、市民としての義務感が親から子へ、教師から生徒へと、文化として受け継がれるのであれば、現代のアメリカ人のそれは、祖先がどの国から来たかによって予測できるのではないかと考えたのだ。そこで彼らはさまざまなルーツのアメリカ人の市民としての義務感を、アンケートによって調べた。「新聞を定期購読しているか？」「前回の大統領選で投票したか？」「大方の人は信用できると思うか、それとも、他人に対してはできるだけ警戒すべきだと思うか？」という質問に答えたり、「ほとんどの役人は一般市民の問題にあまり関心を持っていない」「女性は家事に専念すべきで、政治は男性に任せるべきだ」などの項目にYES／NOで答えたりしてもらうのだ。

結果は、まさに彼らが予想した通りだった。デンマーク、ノルウェー、スウェーデンなどからの移民の子孫は、市民としての義務感が比較的強く、イタリア、スペインなどからの移民の子孫は、それが比較的弱かった（図1・1を参照のこと）。この一致についてライスとフェルドマンは、市民としての義務感が、親から子へ、教師から生徒へと、模倣や教授によって、移民の世代から現代のアメリカ

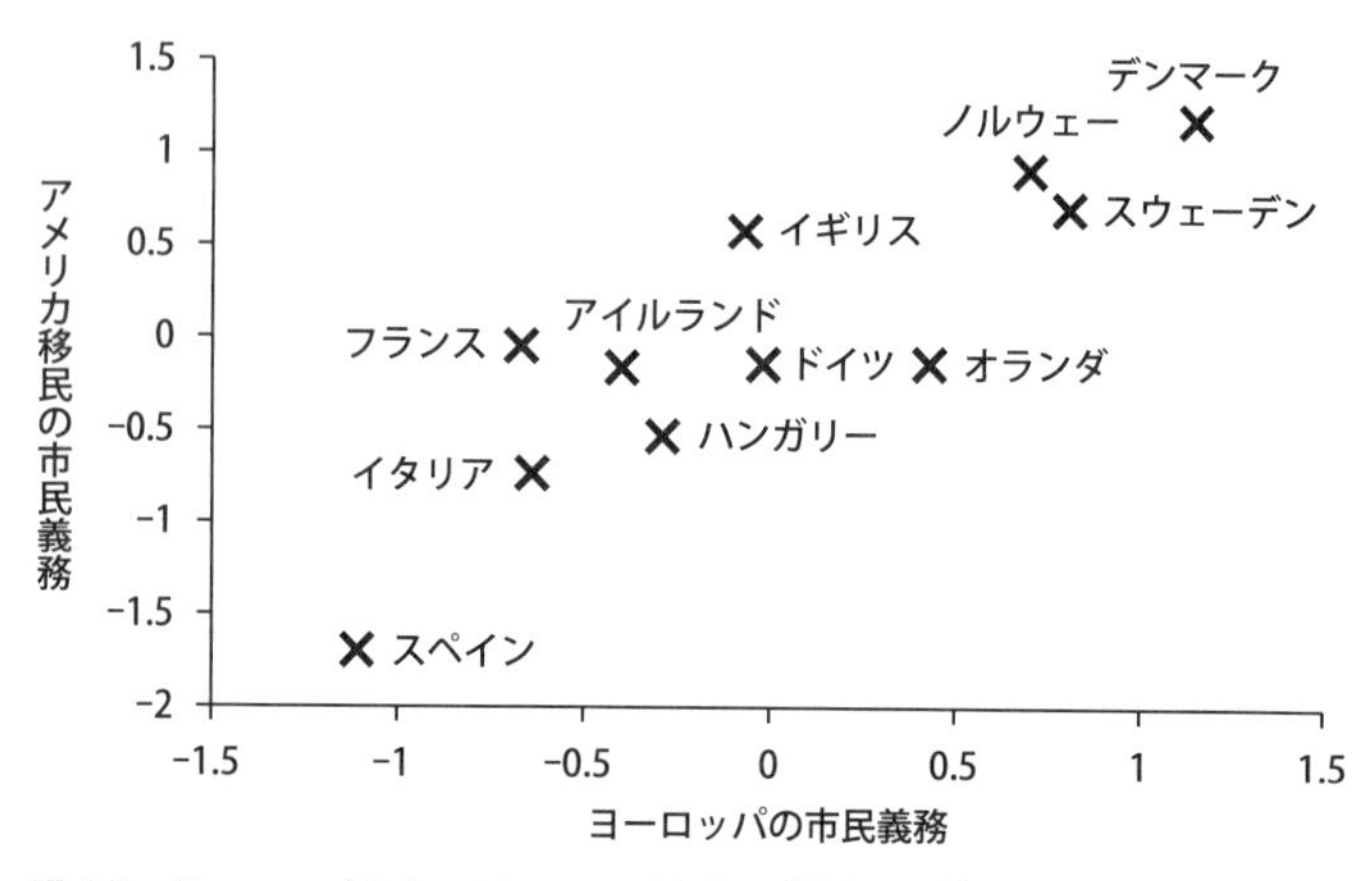

図 1.1　ヨーロッパ人と、ヨーロッパからの移民の子孫であるアメリカ人の、市民としての義務感の相関。数値は市民としての義務感のさまざまな測度から合成したもの。1997 年のライスとフェルドマンのデータより。

人にまで何世代にもわたって文化的に受け継がれてきた結果だと説明する。ルーツの異なる人々との交流、独立戦争や南北戦争、さらにはヨーロッパとアメリカの地理や環境の違いも、その文化的継承を妨げなかったようだ。また、二人が行った追跡調査の結果は、市民としての義務感が、社会と人々に重大な影響を及ぼすことを示唆する［★5］。さまざまな州でさまざまな時代に計測された市民としての義務感の度合いが、社会経済の発展を予見することがわかったのだ。例えば、一九三〇年代に市民の義務感が強いと記録された州は、それが弱い州より、九〇年代の個人所得や教育レベルが高かった。その逆は成り立たず、一九三〇年代に経済的に豊かだった州において、九〇年代に市民の義務感が強くなったわけではない。つまり、市民としての義務感は、社会経済の発展を後押しするらしいのだ。どう後押しするのか、詳細は明らかにされていないが、思うに、議会制民主主義を重んじる市民は有能で誠実な代表者を選ぶだろうし、そうした州の富裕層は積極的に慈善団体に寄付をするため、不平等が減り、平均所得が上がるのではないだろうか。いずれにせよ、ライスらの調査は、文化的な価値観が何世代にもわたって継続し、社会と人々の行動に重大な影響を及ぼし得ることを示している。

公正さの価値観は世界共通か

ライスらの研究は興味深いが、自己申告によるので、あてにならない部分がある。投票や寄付が大切だと答えた人が、実際にそうするとは限らないからだ。文化的多様性を探求する別の方法として、コントロールされた実験で、人々の行動を直接調べるというものがある。

市民としての義務感の特徴の一つは公正さで、対極には身勝手さがある。市民としての義務感が強い人は、個人的なやりとり（例えばビジネスの取引）においても公正さを重んじ、利益を公平に分けようとするが、その義務感が弱い人は、公正さを無視し、他の人に損をさせても自分が得をしようとしがちだ。実験経済学者が人々の「公正さ／身勝手さ」を調べる方法の一つに、「最後通牒ゲーム」と呼ばれるものがある。それは二人のプレーヤー、すなわち提案者Aと応答者Bによって行われる。Aは、一定の報酬（例えば一〇〇ドル）を、自分とBの取り分として二分しなければならない。どちらも五〇ドルずつ（公平な分け方）、Aが八〇ドルでBが二〇ドル（自分本位な分け方）、あるいはAが二

○ドルでBが八○ドル（寛大な分け方）というように、さまざまな分け方が考えられる。Bは、この申し出を受けるかどうかを問われ、Bがそれでいいとした場合、両者はその金額をもらえるが、Bが拒否した場合、どちらも報酬はゼロになる。両者が内々で約束を交わしたり、また、社会的信用を傷つけたりしないよう、ゲームは通常、匿名で一回だけ行われる。また、真剣に取り組ませるために、分配する報酬はかなりの金額だ。

アメリカの大学生を使った典型的な実験で、Aから最も多く提案されたのは、半分ずつという公平な分け方だった。そしてBの反応からも、公平さを重視していることがうかがわれた。Bの取り分が二○パーセントを下回る申し出は、たいてい拒否されたからだ［★6］。AはBが公平さを重んじることを知っているので、公平な申し出をしたのである。この実験結果から、アメリカの大学生はまったく身勝手というわけではなく、市民の義務感を備えており、ある程度他者に対する思いやりや公正さを持っていることがわかる［★7］。

市民としての義務感の強さが国や州によってさまざまであるように、この最後通牒ゲームにおける反応も、社会によって異なる。ブリティッシュコロンビア大学の文化人類学者、ジョセフ・ヘンリッヒが率いるチームは、一二ヵ国の一五の社会集団――遊牧民から狩猟採集民、小規模農家まで、さまざまなライフスタイルの集団――でこのゲームを行った［★8］。どの集団についても、ランダムに選んだ二人に、先の大学生の場合と同じルールでこのゲームをさせた。すると、Aからの提案は、集団によってかなり違った。例えばインドネシアのラマレラ村の人や、パラグアイのアチエイ族は、アメリカの学生と同じく、一般に五〇％ずつの取り分を提案した。対して、ペルーのマチグエンガ族やタンザニアのハッツァ族は、Ｂの取り分が二〇〜二五％という提案が多かった。Ｂが受け入れる閾値もさまざまだった。エクアドルのケチュア族は、取り分が五〇％よりはるかに少なくてもすべて受け入れたが、パプアニューギニアのアウ族は、提案の四分の一以上を拒み、五〇％より多くても拒むことがあった。

このような社会による公正さの違いをどう説明すればいいだろう。集団間であれ集団内であれ、性別、年齢、経済状況、教育水準といった個人レベルの違いから、ＡとＢの振る舞いを予測することはできなかった。むしろ、それを予測する最適の要素となったのは、ＡとＢが属する社会の特性であり、特に、経済活動が家族以外の人との協力にどのくらい左右されるかということが大きかった。マチグエンガ族のように、Ｂの取り分が少ない提案をしがちな人々は、日々の生活で、家族以外の人と経済的な取引をすることがほとんどない。一方、Ｂの分け前を多く提案する集団は、市場経済と深く関わっており、日常的に第三者と取引をしたり協力したりしている。例えば五〇％ずつという提案をしたラマレラ村の人々は、インドネシアの沖合でクジラ漁をする。クジラ漁は容易ではなく、何隻かの船に分乗した大勢の漁師が、ここぞというチャンスで腕を振るう。成功は仲間との協力にかかっており、仕留めたクジラの肉は切り分け、分け隔てなく全員に配る。つまり、協力が必要とされる集団では公正な振る舞いが求められ、ゆえに最後通牒ゲームでも公平な提案をしたのだと、ヘンリッヒらは解釈した。結論は以下の通り。社会によって公正さの度合いが異なるのは、それぞれの社会において公正さの基準が人から人へ伝えられるからであり、その基準の違いは、各社会における生活で必要とされることの違いから生じるのだ。

東洋的な考え方と西洋的な考え方

ヘンリッヒらの研究の教えの一つは、アメリカの大学生は必ずしも全世界の人間の典型ではないということだ。この教えは、経済学の分野にゆっくりと浸透しつつある。遅ればせながらこの教えを認め始めたもう一つの分野は、心理学だ。その分野が誕生して一〇〇年ほど経つが、その年月の大半において心理学の実験は主に、欧米（すなわち西ヨーロッパと北アメリカ）の研究者が、欧米人（多くは十分な教育を受けた、中流の、経済的に余裕のある大学生）を被験者として行ってきた。このように、研究対象が明らかに偏っているにもかかわらず、欧米の心理学者による大きな発見は、全世界の人類に共通する発見としてもてはやされた。だが近年、何人もの文化心理学者がこの主張を検証し、社会が異なると人間の心理作用も大きく異なることを確認した［★9］。

その好例が「基本的な帰属の誤り」と呼ばれる発見である。これは、他者の行動の理由を、その人の気質や個性といった不変の内的性質に帰属させがちな傾向で、欧米人によく見られる。例えば、ある生徒が試験に失敗した理由を問われると、欧米人は往々にして、その生徒が怠け者で復習を十分にしなかったから、あるいは、頭が悪いから、と答える。そして、その生徒にはどうすることもできない環境要因、例えば、先生の教え方が悪かった、体調がすぐれなかった、ヤマが外れたといった可能性についてはあまり考えようとしない。「誤り」と呼ばれるのは、この傾向は、明らかに間違っている場合でも見られるからだ。一九六〇年代に行われたある実験がそれを示している。その実験は、アメリカの学生を被験者とし、キューバのフィデル・カストロによる共産主義体制を支持する、あるいは支持しないという、別の学生たちが書いた小論を読ませた［★10］。被験者の半分は、小論の著者は支持か反対かを自分の意思で決めたと告げられた。残り半分の被験者は、小論の著者は支持か反対かの立場をランダムに割り振られたと告げられた。その後、被験者は、小論の著者がカストロをどのくらい支持しているかを判断するよう求められた。予想される通り、著者が自由意思に基づいて書いたと告げられた被験者は、カストロ支持の小論を書いた著者は、実際にカストロを支持していると答えた。ところが驚くべきことに、著者に選択権がなかったと告げられた被験者も、カストロを支持した著者はカストロを好意的にとらえていると答えたのだ。つまり、被験者は、小論の著者が支持か反対かの立場を割り振られたという状況を無視し、小論の内容を著者の政治的姿勢の表れとみなしたのである。

一九九〇年代半ばまで、この「基本的な帰属の誤り」は、人間心理の普遍的傾向と見られていた（ゆえに「基本的」と呼ばれたのだ）。だが、文化心理学者が同様の課題を使って欧米人以外の人々の反応を調べてみると、そのような傾向は、皆無ではないにせよ、欧米人よりはるかに弱いことがわかった。例えばマイケル・モリスとカイピン・ポンは、アメリカ人と中国人を被験者とし、実際に起きた殺人事件に関する新聞記事を読ませた。ガン・ルゥという物理学の学生が、ある賞を逃し、研究職に就けなかったことを逆恨みして、博士課程の指導教官と居合わせた何人かを射殺し、自殺した事件である［★11］。被験者のアメリカ人は、中国人に比べて、ルゥがそのような行動に走ったのは本人の性格のせいだと考える傾向が強かった。つまり、「ルゥは元々、人格に問題があった」「ルゥはプレッシャーを感じすぎて頭がおかしくなった」「賞をとることしか考えられなくなっていた」といった見方に賛成したのだ。一方、中国人は外的要因に目を向けがちで、「不況が労働市場を損ない、職を求める人々にストレスを負わせている」「指導教官は、ガン・ルゥを助け、不満を和らげるという義務を怠った」「アメリカの映画やテレビが暴力的な復讐を美化している」といった意見を支持した。

北米と東アジアの被験者を用いた同じような異文化間の心理学研究により、他にも多くの思考スタイルの違いが明かされた。例えば、認知的不協和（矛盾する考えを同時に抱くことによってもたらされる不安）といった、かつては人類共通と考えられていた心理現象が、非欧米人（主に東アジア人）にはあまり見られないか、まったく見られないことがわかった。また、他の研究から、注意、記憶、知覚といった基本的なプロセスの違いが明らかにされた。例えば、東アジア人は事物の位置関係の記憶に優れているが、欧米人は単体の特徴の記憶に優れている。心理学者のリチャード・ニスベットらは、こうした東洋と西洋の違いはある特徴によって説明できると主張した。東アジア人の思考スタイルは「全体論的」で、欧米人の思考スタイルは「分析的」だというのだ［★12］。東洋人の全体論的な思考は、物や人の関係に重点を置き（先の殺人事件で環境因子を重視したのもその一つだ）、対して欧米人の分析的な思考は、個々の物や人の特徴や性向に重点を置く。つまり、近年の文化心理学研究の結果は、私たちの思考や振る舞いが文化に大きく影響されていることを語っているのだ。

文化か、環境か、遺伝か

以上に挙げた例はすべて、属する社会や集団によって、行動や思考のさまざまな側面に大きな違いが出ることを示している。だが、これらの違いは、本当に文化の違いによるものと言えるだろうか。人間の情報伝達には、他に二つの方法があることを思い出してほしい。すなわち遺伝による伝達と、個人的学習による伝達だ。何世代にもわたって受け継がれてきたように見える市民としての義務感も、もしかしたら文化的にではなく、遺伝的に伝達されたのかもしれない。北欧の人々はイタリア人より遺伝的に公共心を持ちやすく、それが現代のアメリカでも残っているとも考えられるのだ。また、最後通牒ゲームで明らかになった公正さの違いは、個人的学習の結果とみなすことができる。つまり、公正な社会で暮らす人々はその環境(文化の伝達とは違って、非社会的な環境)に導かれて自ずと公正さを学び、あまり公正でない社会に暮らす人々は、自ずと公正さの低い基準を身につけた可能性があるのだ。

こうした解釈については真剣に検討しなければならない。というのも、社会科学と行動科学の分野では伝統的に、人間の振る舞いを遺伝的継承あるいは個人的学習の観点から解釈しがちだからだ。二

○世紀の心理学の主流であった二つの分野、連合学習理論と認知心理学はどちらも、社会的学習と文化をほとんど無視し、個人的学習に重点を置いてきた。J・B・ワトソンやB・F・スキナーといった連合学習理論の研究者は、人間の振る舞いを「古典的条件づけ」(パブロフの犬がベルの音をエサが出る合図とみなしたように、異なる刺激のつながりを学習すること)のような個人的学習プロセスとして説明しようとした。一方、認知心理学者は行動の土台となる知識構造(例えば抽象的なカテゴリー:「家具」や「動物」といったカテゴリーは、物を分類したり、初めて見るものの本質を、試行錯誤することなく理解したりするのに役立つ)について深く掘り下げたが、それまでの学習理論の研究者と同じく、他者からの学習と非社会的な環境からの学習を区別しようとせず、中には他者からの学習をまったく無視する人もいた。同様に、「合理的選択理論」を支持する経済学者も、人間の振る舞いは個々人が利益と損失をはかりにかけた結果であり、文化はほとんど影響しないとしている。また、ジュリアン・スチュワードやマーヴィン・ハリスに代表される、文化人類学の「文化生態学」あるいは「文化唯物論」と呼ばれるアプローチでさえ、行動の習慣や技術を、その土地の条件への適応とみなし、文化的に習得したものとは考えない[★13]。

一方、遺伝を重視する分野もある。例えば進化心理学では、行動を遺伝子レベルの進化による適応として説明し、文化の役割を軽視あるいは無視しがちだ。ジョン・トゥビーやレダ・コスミデスなどの進化心理学者は、「伝達される文化」の役割、つまり、本章の初めに提示した文化の役割を認めてはいるものの、主に「誘発された文化」に重点を置いている[★14]。「誘発された文化」の概念では、集団の行動様式の違いの大半は、遺伝的にコードされた反応が、生態学的環境の違いによって変化した結果、すなわち遺伝的要素と個人的な学習が混ざったものとして説明される。トゥビーとコスミデスはそれをジュークボックスに例えて説明する。同じ曲のセットがプログラムされた二つのジュークボックスがあるとする。どちらもまったく同じだが、客の選択によって、一方はビートルズの曲、もう一方は、ボブ・ディランの曲を流している。同じように、異なる社会で暮らす人々の行動が異なるのは、組み込まれている行動のレパートリーが同じでも、異なる（非社会的な）環境の刺激が別々の行動を誘発した結果とみなすことができる、というのだ。これは、先に定義した文化の「社会的な伝達」とはまったく別の見方だ。このような進化心理学者の主張が正しければ、文化の伝達は、行動の形成にほとんどか、まったく関与せず、文化進化論そのものが不要ということになる。したがって、文化が重要な役割を担うことを示すには、個人的な学習や遺伝だけでは人間の行動のバリエーションを説明しきれないことを明らかにする必要がある。

個人的学習だけでは行動の違いを説明できない

人間の行動のバリエーションが個人的学習の結果であれば、人の振る舞いと、その人が暮らす非社会的な生態学的環境（気候、地形、その土地ならではの動植物など）には強い結びつきがあるはずだ。そして生態学的環境が同じなら、人々は似たような解決策を独自に生みだすだろう。

しかし、文化人類学者と社会学者が集めた膨大な証拠は、それが真実ではないと語っている。行動と生態学的環境との間には、「二重乖離」（二つの事象に関連がないこと）が生じるらしい。その証拠として、同じ環境にある二つの社会が、まったく異なる行動様式を備えていることがある。例えば、ペンシルベニア州などに暮らすアーミッシュと呼ばれるキリスト教徒の集団は、普通のアメリカ人と同じ環境にいながら、自動車ではなく馬や馬車を使うというように昔ながらの風習やしきたりを守っている。逆に、まったく異なる環境で、よく似た行動様式を持つ社会が営まれる場合もある。例えば、イギリスとオーストラリアは生態学的環境がまったく異なるが、イギリスからオーストラリアに移住した人々は、母国の風習、法律、しきたりを維持し、もちろん英語（イギリス英語とはずいぶん異なるが）を話す。

こうした観察は、系統的・統計的な分析によっても確認されている。人類学者のバリー・ヒューレットと、生物学者のアナリサ・デ・シルベストリ、ロザルバ・ググリミノは、アフリカの三六の部族に見られる一〇九の異なる風習を比較した［★15］。例えば、結婚制度（一夫一婦制か一夫多妻制か）、集約農業の有無、信仰する神は介入主義か非介入主義か、といったことである。すると、これらの風習のうち、生態学的環境（砂漠、サバンナ、森林地帯に分類）によって確かに異なるのは四つだけだった。この結果は、個々人は学習を通して環境の違いに適応するとしても、社会の風習は生態学的環境にはあまり影響されないことを示唆している。風習の違いに最も影響したのは、血筋と地理的な近さで、前者は家族の中でそれが文化として伝達されたことを示唆しており、後者は、近隣の集団間で文化として伝達されたことを示唆している。

遺伝子だけでは行動の違いを説明できない

ライスとフェルドマンの研究の結果は、市民としての義務感が何世代にもわたって文化的に伝達されたことを示唆している。だが遺伝による説明も可能だ。つまり、ヨーロッパ人やアメリカの移民の間に見られる市民としての義務感の違いは、文化というより遺伝によるものかもしれないのだ。また、ヒューレット、デ・シルベストリ、ググリミノがアフリカで確認した風習と血筋との結びつきも、遺伝によって説明できる。遺伝子は家族内で親から子へと受け継がれるので、行動様式が遺伝子と共に受け継がれたと考えられるのだ。

ここで重要なのは、遺伝子の本来の役割をはっきりさせることだ。他人の真似をしたり、言葉を覚えたりといったことを可能にする心理的メカニズムは、たしかに進化の賜物である。そのような複雑な能力は、創造説が説くように何もないところから突然現れたわけではない。だが、私たちがここで関心を寄せているのは、そうした能力ではなく、文化の中身、すなわち、固有の信条、傾向、技術、価値観といった、進化した能力によって伝えられてきた事象である。そして、そうした信条や傾向、技術、価値観が、人によって、あるいは集団によって異なるのは、遺伝によるのか、それとも文化によるのかを知りたいのだ。

実のところ、集団間に見られる行動の違いの大半は、遺伝によっては説明できない。行動遺伝学者は、一卵性双生児（遺伝的にまったく同一）と二卵性双生児もしくは兄弟・姉妹（平均で半分の遺伝子を共有する）を比較し、IQ、性格、精神病といった行動や認知の特性の多くが、四〇～五〇％の割合で遺伝することを突き止めた。つまり、人による行動の違いのおよそ半分は、遺伝が原因なのだ［★16］。そして、残り五〇～六〇％は文化が原因だと言える。だが重要な点は、こうした違いが複数の社会の間ではなく、社会の中に見られることだ。先に述べた集団間の違いについては、遺伝の影響はかなり低い。と言うのも、最近の世界規模の調査によって、人間の遺伝的多様性の大半（九三～九五％）は同じ集団内に見ることができ、集団間の違いはごくわずか（五～七％）だとわかったからだ。つまり、集団間の遺伝的違いはあまりにも少ないので、風習やしきたり、言語といった行動の多様性をそれで説明することはできないのである［★17］。

移民の行動様式の変化も、遺伝だけでは説明がつかない。前述した東洋人の全体論的な思考スタイルと西洋人の分析的な思考スタイルの違いを思い出してほしい。東アジアで生まれ育った人が北アメリカに移住したら、あるいは、その逆の場合、どうなるだろう。彼らの子どもは、両親の心理的特性を受け継ぐだろうか。それとも移り住んだ社会の心理的特性に適応するのだろうか。数々の証拠は、後者が正解だと語る。すなわち、東洋人が北米に移住した場合、第一世代は母国の心理的傾向を維持しがちだが、合衆国やカナダで育つ子どもたちの心理的傾向は、東洋よりも西洋のそれに近くなる。そして三世代目になると、東洋人の祖先を持つ人と、ヨーロッパ人の祖先を持つ人の心理的傾向は、見分けがつかなくなる［★18］。大きな遺伝的変化は、二世代では起きない。つまり彼らの心理的傾向の変化は、遺伝的変化によるものではなく、現地の文化に適応した結果なのだ。

人間の行動のある側面はより急速に変化し、それが遺伝による説明を否定するさらなる根拠となる。例えばテクノロジーは、ここ数百年で信じがたいほど急速に変化した［★19］。ライト兄弟が最初の動力飛行に成功してからニール・アームストロングが月面に降り立つまで、六六年しか経っていない。同様に、社会の風習も短い期間で大きな変化を遂げた。合衆国では一九六四年に人種差別を禁じる公民権法が制定されたが、そのわずか四四年後の二〇〇八年、バラク・オバマがアフリカ系アメリカ人として初めて大統領に選ばれた。これらの期間は、生物学的に言えば、一世代か、せいぜい二世代だ。遺伝的変異による進化は、何世代もかけて漸進的に進むので、これらの急速な変化を遺伝子によって説明することはできない。さらに言えば、ファッションやポピュラー・ミュージックの流行が、数週間から数ヵ月でめまぐるしく変化することを考えてほしい［★20］。

文化を巡るさらなる証拠：子どもは文化的なスポンジである

以上の例は、社会間の行動の違いの大半は、文化的伝達の産物として説明できることを語っている。人は、同じ社会に属する仲間から、知識、風習、傾向、価値観などを学ぶのだ。子どもの学習に関する調査がそれを裏づけている。子どもは無意識のうちに、膨大な量の情報を、急速に習得する。子どもはある意味、「文化的なスポンジ」で、周囲にいる人々から知識をどんどん吸収しているのだ。中でもよく研究されているのは、言語である。大人になるまでに、子どもは六万語を習得する。つまり、平均して一日に八〜一〇語習得していることになる［★21］。大人になってから第二外国語を学ぼうとした人なら誰でも認めるはずだが、一日に八〜一〇語というのは、容易なことではない。だが、幼い子どもたちは、教わらなくても、これをやってのける。それは言語に限らず、すべての行動や思考についても言えることだ。例えば、発達心理学者のデレク・ライアンズ、アンドリュー・ヤング、フランク・キールが最近行なった研究では、三歳から五歳の子どもに、大人が奇妙な箱を開けて中のおもちゃを取り出す様子を見せた［★22］。その動作には、蓋を回して外すというような、実際に必要な動作もあったが、箱の側面を羽で軽くたたくといった、無意味な動作もあった。子どもたちは、それらの無意味な動作も忠実に真似た。観察者がいないとか、早く箱を開けるとご褒美がもらえるといった、大人から見れば、無意味な動作がますます「無意味でばかげている」と思える状況でも、子どもはその動作を省こうとしなかった。要するに、子どもは真似しないではいられないのだ。

進化人類学者のマイケル・トマセロは、文化的な観点から、膨大な情報を素早く正確に取得する能力こそ、人類を他の種と分かつものだと主張する。トマセロとエスター・ハーマンらが行なった研究の結果はそれを裏付ける［★23］。彼らは二歳の子ども、大人のチンパンジー、大人のオランウータンを対象として、一連の知能テストを行った。見せた物の数を把握する、道具で食べ物を取り出す、といった実際的な知能を測るテストの他に、ハーマンらが「文化的知能」と呼ぶもの――解決法を真似る、褒美を得るために実験者と意思疎通を図る、あるいは実験者の視線を追うといった能力——を測るテストもあった。実際的な知能に関するテストでは、人間の子どもとチンパンジーとオランウータンに目立った差はなかったが、文化的知能のテストでは、人間の子どもは、チンパンジーとオランウータンよりはるかに良い成績を収めた。これほど幼い頃から、人間の脳は他者から知識を習得するようになっているらしく、その後の研究でもそれは確認された［★24］。

文化は遺伝的適応

人間は文化的な種だという主張のさらなる根拠は、情報を文化として取得することが遺伝的適応であることを示す一連の理論モデルが提供する［★25］。すなわち、私たちの遺伝子は往々にして、行動を直接決めるのではなく、文化にそれをまかせようとするというのだ。一見、直感に反するようだが、この理論モデルは、進化の観点から見て、なぜ文化が適応とみなせるかを、確かに説明する。通常、こうしたモデルでは、環境における正しい「行動」（例えば、どんな食べ物を食べ、どのような刺激を脅威とみなして避けるべきか、といったこと）の見極めを集団にゆだねる。そのメンバーである個体はそれぞれ三つの遺伝子型のどれか一つを持っているとされ、それらの遺伝子型は、最適の行動を見極める方法が異なる。「生来型」の遺伝子型を持つ個体は、行動が遺伝的に決まっていて、学習によってそれを変えることができない。「個人的学習型」を持つ個体は、さまざまな方法を試し、最も見返りの多い行動を選択する。そして「文化型」を持つ個体は、集団の他のメンバーの行動を模倣する。モデル構築者は、この三つの遺伝子型を持つ個体を何世代にもわたって競わせ、どの遺伝子型が最も有利かを見る。

それらのモデルによると、環境が急速に変化する場合は、「生来型」より「個人的学習型」や「文化型」のほうが有利に働く。遺伝子は、一世代で起きた急速な変化に対応できないからだ。親から受け継いだ遺伝子は生涯、変わらず、また、それらの遺伝子は、個体の生涯のうちに環境で起きる変化を予見できない。したがって、遺伝子にとって個人的学習は、一世代で起きた急速な変化に、間接的に対応する方法となる。例えば、新たな食物や捕食者が現れた時、「個人的学習型」を持つ個体は、それが食べられるかどうか、危険な捕食者かどうかを、個人的学習によって見極めることができる。しかしそれにはコストが伴う。何が食べられて何が毒なのかを自分で食べて調べるというのは、はなはだ危険だ。しかし、文化のおかげで私たちはそのようなコストを避けることができる。先人たちが食べて平気だったものを食べればよいのである［★26］。また、文化のおかげで私たちは、自動車やコンピュータといった、一人の人間が一代でゼロから作ることはできないものを作り、使うことができる。文化が遺伝的適応であることを示すこれらの理論的発見は、人間の行動の多くは、遺伝や個人的学習によってではなく、文化によって形成されたという、これまで見てきた証拠と一致する。

文化の研究のあり方をめぐる問題

以上、述べてきたように、人間の行動のさまざまな側面を形作る上で、文化は明らかに重要である。では、なぜ、多くの社会科学者や行動科学者はそれを認めようとしないのだろう？　それはある程度、理解できることだ。経済学者、認知心理学者、進化心理学者の多くにとって、人間の行動を「文化」の観点から説明することは無意味なのだ。経済学者のルイージ・ギーソ、パオラ・サピエンツァ、ルイージ・ジンガレスは次のように記している。

最近まで経済学者は、文化を経済現象の有力な決定因子とみなすことをためらっていた。その原因は、文化の概念そのものにある。それはあまりに広範で、経済に影響を及ぼす道筋が多岐にわたり、かつ曖昧なため、検証と論駁が可能な仮説を打ち立てることが難しいからだ［★27］。

進化心理学者のジョン・トゥビーやレダ・コスミデスは、社会科学分野で人間の行動を文化の観点から説明することを批判する。彼らは社会科学の文化決定論を「標準社会科学モデル」と呼んで批判し、「人間の行動のあらゆる側面は何やら謎めいた『文化』と呼ばれる力によって説明されている」と述べ、「二〇世紀半ばから終わりまでの社会科学において、文化はすべてを説明すると同時に何一つ説明できていない」と揶揄している。

文化という言葉は便利な接着剤となり、社会科学の疑問を何でもひとまとめに説明してくれる。なぜ親は子どもの世話をするのか？　それは文化が彼らに割り当てた社会的役割の一部だからだ。なぜシリア人の夫は嫉妬深いのか？　彼らの文化では夫のステイタスは妻の貞節さにかかっているからだ。なぜ人は時に好戦的になるのか？　文化が暴力に訴えるよう彼らを育てたからだ。なぜアメリカではスイスより殺人が多いのか？　アメリカの文化はより個人主義的だからだ。なぜ女性は若く見られたいのか？　私たちの文化では若々しい容姿に価値があるからだ、というように、その例はいくらでも挙げることができる［★28］。

こうした批判はもっともな部分もある。というのも、これまで文化を研究する社会科学は、文化の働きを、「社会化」とか「社会的影響」といった曖昧でくだけた言葉で説明するのがせいぜいで、より厳密な言葉で具体的に説明することができていなかったからだ。ギーソ、サピエンツァ、ジンガレスが書いているように、概念が漠然としていると、具体的な予測を立てることができない。そうした予測には、組織的な実験や計測により定量的に検証できるモデルが必要とされるからだ。一方、進化心理学や経済学など、文化を扱わない分野は、定量的手法と検証可能なモデルを採用しているため、人間の行動を説明する上で有利な立場にある。今後の章において私が主張したいのは、文化進化論が、文化の変化を理解し説明するための、科学的で定量的で厳密な方法を提案するということだ。だがその前に、社会科学における文化の研究に伴う問題について、さらに詳しく調べるべきだろう。

解釈人類学、反射性、社会構成主義による危機

文化人類学は、数十年前から危機に陥っている。その基本的手法は民族誌学（集団や社会の行動様式を調査・記録する手法）で、文化人類学者はある社会で長期間暮らし、その社会に暮らす人々を観察したり、話を聴いたりする。目的は、彼らの生活を文書に描き出すことだ。初期の文化人類学では、こうして文書に記された情報を定量化し、それらのデータを大規模な異文化間データベースに収めようとする試みがなされてきた。そのおかげで異文化を体系的に比較することが可能になり、異なる文化的習慣がなぜ、どのようにして、社会から社会へと広まっていくかに関する仮説を検証できるようになった［★29］。

ところが、二〇世紀後半になると、そのような民族誌学の手法や異文化の体系的比較が、さまざまな方面から非難されるようになった。例えばクリフォード・ギアツ、ジェームズ・クリフォードといった「解釈人類学」あるいは「テクスト主義的人類学」と呼ばれる学派の人々は、民族誌学的手法の有効性を疑った。彼らは、文書として書かれたものには必ず、著者が自らの社会で学んだ前提が反映される、と主張した。そもそもの前提が、研究対象となる人々のものとは違うのだから、文化人類学

者はそうした人々の経験を正しく理解できるはずがない、というのだ。他にも、行動を観察する行為は相手の行動を変えるので、行動観察という手法は本質的に欠陥がある、という批判もあった。また、ブルーノ・ラトゥールなどの社会学者が率いる社会構成主義者からも批判が起きた。ラトゥールは、科学者に関する民族誌学的調査を行い、社会的要因（例えば、科学者のイデオロギー）が科学の発見に影響する例をいくつも観察し、科学は正確な知識を得るための客観的手法というよりも、社会的に作り上げられた考えの寄せ集めにすぎない、と結論づけた［★30］。

このように民族誌学的なフィールドワークの有効性や、科学一般の客観性を疑う声があがったのを受けて、現代の文化人類学者のほとんどは、異なる社会で暮らす人々の行動を定量化したり、行動の違いに関する仮説を科学的に検証したりするのを控えるようになった。これらの批判をすべて受け入れたのか、今では民族誌学者の多くは、科学的研究や客観的発見に背を向け、ある社会に暮らす人々について、主観的で質的な記述（「厚い記述」＝行動だけでなく文脈も説明する手法）をするようになった。

社会構成主義者らの指摘は大事な点を突いている。もちろん、文化人類学者の前提は結果に影響するだろうし、観察という行為は観察されている人々に影響するだろう。また、大学で自然科学分野の研究をしたことのある人なら、社会的要因が科学のプロセスにある程度影響することを否定しないだろう。しかし、だからといって民族誌学が科学になり得ないわけではなく、人間の行動の定量的研究から洞察が得られないわけでもない。また、異文化の比較が無意味なわけでも、そのような研究が完全に主観的なわけでもないのだ。観察研究における主観性やバイアスを減らす方法はたくさんある。

例えば、動物の行動を科学的手法で観察する生物学者は、観察者を複数にし（中には、研究の土台となる仮説を知らされていない人もいる）、観察者間の信頼度（他の人の観察結果に同意する程度）を数値化することで、バイアスの問題を回避しようとする［★31］。そして、観察者によるバイアスが起きた時には、統計的手法によってそれを正すのだ。社会的要因が科学のプロセスに影響するという社会構成主義者らの批判は、確かにその通りだが、結局、科学的で客観的なツール――例えば、仮説の検証、再現性と反証可能性の確認、定量的な統計分析など――を用いれば、人々の生活を主観的かつ表面的に記述するという非科学的な方法より、はるかに正確に世界を理解できるようになるのだ。

文化は静的なものではない

経済学、社会心理学、文化心理学など、社会科学のほかの分野は完全に科学的で、その手法は正確だが、また別の問題に苦しんでいる。これらの分野は文化を、「人間の行動の産物で、変化し続けるもの」としてではなく、「人間の行動に影響する不変の背景」と捉えがちだ。文化心理学を例にとってみよう。先述したように、最近の研究により、かつて人間心理の普遍的な特性とみなされていたものが、欧米人に特有のものだとわかった。こうした特性の多くが、物の見方や行動の動因といった、基本的な心理作用に関係している。欧米人は個々の対象を重視する傾向があり、行動についてもその人の不変の性質という観点から説明しがちだが、東アジアで育った人々は、対象となる物の関係により注意を払い、行動についても社会的関係という観点から説明する。先に移民の例を挙げて述べたように、そのような傾向は、遺伝子や個人的学習によるものではない。それらは文化的な違いなのだ。だが、まだ説明すべきことがある――「文化」はどうやって、そのような違いを生み出すのだろうか？

文化心理学者が文化の多様性について説明すると、描写的になりがちだ。例えば、欧米人の思考は「分析的」で、東洋人の思考は「全体論的」であり、欧米人は「自立的」で、東洋人は「相互依存的」だというように［★32］。こうしたラベル付けは、関係のある発見をカテゴリーにまとめるのには役立つが、そもそもなぜ違うのかについては説明できていない。また、時として、文化の多様性は、歴史的シナリオによって説明されることがある。例えば、東洋人の思考が全体論的なのは、東アジアの社会が集産主義的だからで、元を辿れば、古代中国では米作りに多くの人々の協力が必要とされたためであり、一方、欧米で分析的な思考が発展したのは西欧社会が個人主義的だからで、そうなったのは、古代ギリシャで牧畜や漁をひとりで行うことが多かったからだ、というような具合だ［★33］。しかし、こうした歴史的なシナリオはかなり描写的かつ思弁的で、農業や漁業の習慣がどうやって心理的特性に発展するのか、また、そうした特性がどのようにして何世代も受け継がれていくのかについては、説明できていない。

経済学者のリチャード・ネルソンとシドニー・ウィンターはかねてより、経済学について同様の指摘をしてきた［★34］。経済学の主流は現実を顧みようとせず、静的均衡に重点を置いている、と彼らは言う。その典型的な経済モデルは、企業が利益の最大化を図っているという前提のもと、需要と供給のバランスといった外部状況や株価といった内部状況に応じて企業がくだすべき決定を導こうとする。ネルソンとウィンターは、そのような厳密な数学的手法は、需要と供給が一致し、経済のすべての力が釣り合っているというような、安定した状況や均衡についてはうまくモデリングできるが、時々刻々変化する経済システムの説明は苦手だ、と批判する。特に、遠隔通信やコンピュータなどのテクノロジーが変化し成長し続けていることを考えれば、技術の進歩によって導かれる経済成長については説明できないだろう。経済学者たちが二〇〇七年の世界同時不況を予測できなかったことが、この手法に限界があることを語っている。ここでもまた、厳密な経済モデルだけでなく、時とともに変化し続ける状況に対応できるモデルが求められているのだ。

学問の分裂

文化の正しい理解を妨げているもう一つの要因は、社会科学の各分野が分断されていることだ。経済学、社会学、言語学、歴史学、心理学、人類学、考古学は、理論や研究結果を相互に交換することがほとんどない。その結果、往々にしてこれらの分野は、互いに矛盾する仮定を抱えており、また、他の分野では何年も前から常識となっていた概念を、他の分野がそうと知らずに一から構築することもある。こうした状況は、文化の科学的理解を妨げており、社会科学の分野がすべて文化を研究するものであるなら、それは正すべきである。

この状況を生物科学の状況と比べてみよう。生物科学は数十年かけて、一つの理論的枠組みの元に統合されてきた。その枠組みとは、ダーウィンの進化論である。生物学の各分野は、フィールド調査から研究室での実験、数理モデル、化石の研究に至るまで、ダーウィン進化論という統一理論によって統合され、同じ前提を共有している。結果として、これらの分野の間では、アイデアや理論や手法が活発かつ生産的に交換されている。例えば、フィールドワークを主とする化石の研究者が、化石記録に観察された「断続平衡」（生物の進化は長期間の安定と短期間の急激な変化を繰り返すという説）の土台となっているプロセスをより理解するために、実験室で断続平衡のパターンを再現しようとすることもある。また、野外生物学者が、野生生物の個体群における自然選択の強さを測り、それを元に自然選択の数理モデルの有効性を調べることもあるだろうし、その結果を得て、数理モデルの構築者がモデルを修正、改善したりもするだろう［★35］。このような分野間のフィードバックが、生物の進化や多様性の理解を大きく進歩させた。すべてを統合する共通の枠組みがなければ、そうはならなかったはずだ。

結論――文化は重要だが、正しく研究されていない

文化は人間の行動を形作る上で、重要な役割を果たしているが、その研究のあり方や、社会科学の各分野における解釈のされ方にはいくつか問題がある。例えば、定量的な研究方法や科学的検証法の

欠如、文化を静的に捉える傾向、社会科学の異分野間におけるコミュニケーション不足、といったことだ。次章からは、文化も生物のようにダーウィンの進化論に従って進化するという前提に基づき、文化進化論は今述べたすべての問題を解決するものであることを述べていきたい。文化進化論は、人間の振る舞いを説明する上での文化の役割を十分認識している。また、文化の現象を、経時的変化を組み入れて、定量的かつ公式に説明する手法をもたらし、さらには、共通の理論的枠組みを提供することにより社会科学分野の統合を可能にするだろう。次章では、基本的な文化進化論とこの理論を裏づける根拠を述べる。

第2章　文化進化

文化進化の概念——文化は進化するものであり、生物の変化と文化の変化には有意な類似が見られるという考え——は、社会科学において長く議論の的となってきた。一八五九年に『種の起源』が出版されて以来、学者たちは、生物学の発想を取り入れて、文化の変化を理解しようとしてきた。しかし、文化に対する進化論的アプローチは、過去一世紀半にわたって、文化の変化を理解するための主要な枠組みでありながら、評判が悪く、事実上、タブー視されてきた。そうした文化進化論は、一九世紀の、文化は累進的に進化すると見るものから、最近流行しているミーム学まで、バラエティに富んでいる。そのすべてがダーウィン進化論やその現代版に似ているわけではない。そこで、まず、文化進化論とは何であるかを明確にし、この理論が経験的に支持されていることを示す必要があるだろう。

生物学は、『種の起源』が刊行されてから一五〇年の間に明らかに変化したが、『種の起源』は今なお、生物進化について書かれた最も説得力ある著書の一つであり、ダーウィン進化論の土台は堅牢なままだ［★1］。この原典に立ち返れば、文化進化論とは何であるかを明確にすることができるだろう［★2］。周知のとおり、ダーウィンは「一つの長い議論」として『種の起源』を著した。その議論は、次に挙げる三つの要素からなる。すなわち、変異、生存競争、継承（遺伝）、である［★3］。まず、一つの種に収まる生物には、形質の変異（個体差）が見られる。例えばフィンチは、くちばしの大きさに違いがあり、ひときわ大きなくちばしを持つものもいる。第二に、個体間には競争が存在する。競争は食物、棲みか、結婚相手、その他の限られた資源をめぐって起きる。結果として、すべての個体が平等に生存と繁殖の機会を持てるわけではない。さらに、個々の形質は、この生存と繁殖をめぐる競争に勝つか負けるかに影響する。例えば、くちばしの大きいフィンチは、くちばしの小さいフィンチには食べられない大きな種子も食べることができる。したがって、より多くの食物を得ることができ、くちばしの小さいフィンチに比べて、大人になるまで生き延び、繁殖し、子育てするチャンスが多くなる。このように繁殖がうまくいくことを「適応」と呼び、ここでは、くちばしの大きいフィンチのほうが適応度が高いと言える。最後に、子は親から形質を受け継ぐ。例えば、大きなくちばしのフィンチは概して大きなくちばしの子を産む。そして年月がたつとともに、この変異、生存競争、継承（遺伝）のサイクルは進化的変化――ある集団で頻繁に起きる形質の変化――をもたらす。くちばしの大きいフィンチのほうがより多くの食物を食べることができ、くちばしの小さいフィンチより多くの子を残す。そうした子どもたちは親から大きなくちばしを受け継ぐため、次の世代のくちばしは平均で親世代より少し大きくなる。同じことがその次の世代にも起きる。世代を経るにしたがって、くちばしは徐々に大きくなる。この経緯は、ガラパゴス諸島が干ばつに見舞われ、種子の数が激減した一九七〇年代に実際に観察された。くちばしの大きいフィンチは生き残って子を産む可能性が高くなり、結果的に集団のくちばしのサイズは、平均的に大きくなったのだ［★4］。

これがダーウィン進化論の基本的な考え方である。そしてあらゆる生物学上の変化は、この三つの基本要素、すなわち、変異、生存競争、継承の観点から説明することができる。この三つのどれかが欠ければ、進化は起きない（これは重要なポイントだが、しばしば見落とされる。進化論が曲解されやすい所以だ）。『種の起源』以来、生物学者たちは、ダーウィンの理論は生物の変化を説明する正しい理論だと確信している。

文化の変化はダーウィンの三つの条件を示しているか？

だが文化の変化についてはどうだろう？　文化にも、ダーウィンが明示した三つの前提条件が見られるだろうか。もしそうなら、文化の変化はダーウィンが描く進化のプロセスとして説明できることになる。では、それぞれの条件について見ていこう。

前提条件一、変異

ダーウィンは、いくつかの種に見られる変異（個体差）について詳しく述べている。以下はハトについてのものだ。

くちばしを開いたときの幅の割合や、瞼、鼻孔、舌の長さ（必ずしもくちばしの長さと相関するわけではない）の割合、嗉嚢（そのう）と食道上部の大きさ、尾腺（びせん）の発達具合、主翼と尾羽の数、翼と尾と体の相対的な長さ、脚と足首から先までの相対的な長さ、つま先の鱗片の数、つま先の間の皮膚の発達具合。以上の構造のすべてに個体差が見られる［★5］。

このような記述が数ページにわたって続く。ダーウィンがこれほど細かく記録したのには、わけがあった。もしもすべての個体がまったく同じであれば、自然選択が選択する対象はなくなり、有意な変化が起きるはずもないのだ。ダーウィンが記したように、「こうした個体差はきわめて重要である。自然選択が選択する要素をもたらすからだ［★6］」。

『種の起源』以来、生物学者たちは生物の個体差の幅を調べ、定量化してきた。例えば、現存の生物種はおよそ一八〇〇万種と見積もられており、遺伝子の数は、ヒトやネズミは約二万〜二万五〇〇〇個、ショウジョウバエは一万三〇〇〇個、イネは四万六〇〇〇個だと判明した［★7］。また、生物学者たちは変異が起きた経緯についても、突然変異や組み換えという形で解明し、新たな変異は適応に関して無目的に起きること（つまり、必要に駆られて有益な変異が起きるわけではないこと）を確認した。文化進化の変異が生じるプロセスや、無目的な変異については本章で後ほど論じる。ここでは『種の起源』との比較に専念し、ダーウィンと同じく、文化には変異があることを示し、その原因については保留しよう。そもそもダーウィン自身、「変異の法則についてはわからないことばかりだ［★8］」と述べているのだ。

文化が多様なのは言うまでもない。人々の宗教、政治観、科学的知識、技術などは千差万別であり、そうした文化の精神的側面が具現化したもの、すなわち、建て物や道具なども多種多様である。しかしダーウィンの例に倣って、そのような文化の多様性について、個人的な観察を超えた、堅牢な証拠を挙げることができるのではないだろうか。さらに、その多様性を定量化できるのではないだろうか。なかでも技術は、文化の多様性に関する豊富なデータを提供してくれる。歴史家のヘンリー・ペトロスキーは、一八〇〇年代後期のフォークに見られる多様性（用途に応じた違い）を記録している。「牡蠣用のフォークスプーン、牡蠣用フォーク（四種類）、ベリー用フォーク（四種類）、ウミガメ用フォーク、レタス用フォーク、ラムキンフォーク……サラダ用フォーク大、サラダ用フォーク小、子ども用フォーク、ロブスター用フォーク、牡蠣用フォーク、牡蠣のカクテルフォーク、果物用フォーク、ウミガメ用フォーク、ロブスター用フォーク、魚用フォーク、牡蠣のカクテルフォーク……マンゴー用、ベリー用、アイスクリーム用、ウミガメ用、ロブスター用、牡蠣用、ペストリー用、サラダ用、魚用、パイ用、デザート用のフォーク、ディナーフォーク［★9］」。これらのフォークの歯の数、径（長さ、幅、厚み）、歯の形、柄の形、素材などはさまざまで、ダーウィンが詳述したハトの多様性を彷彿させる。

また、特許は、技術の多様性を包括的に調べる格好の材料となる。アメリカだけでも一七九〇年から二〇〇六年までの間に、七七〇万件という驚くべき数の特許が登録された［★10］。首尾よく特許を得た発明は、既存の特許とは異なることを法によって認められたわけなので、これら七七〇万件の特許はすべて変種だと言える。他にも、文化の多様性を示すデータベースがある。宗教を例に取ってみよう。『世界キリスト教百科事典』の見積もりによると、世界には一万を超す宗教が存在するそうだ〔★11〕。この一万種の宗教にはそれぞれ多様な分派があり、例えばキリスト教は三万三八三〇の宗派に分かれるとされている。言語もまた多様であり、現在、世界で話されている言語は六八〇〇種と見積もられている〔★12〕。そして言語もまた、それぞれに変種が存在する。一般の人が日常的に使う単語は一万六〇〇〇語だが、『オックスフォード英語辞典』には六一万五〇〇〇語以上もの単語が収められている〔★13〕。そして辞書に多様な単語が記録されているように、百科事典には一般的な知識が記録されている。二〇〇九年八月、ウィキペディアの英語サイトには三〇〇万ページ目が追加された（ベアーテ・エリクセンというノルウェーのホームドラマの俳優についてだった）。ウィキペディアのあらゆる言語のサイトのページ数は、本書を書いている時点で九二五万ページにのぼる。だがこれは、インターネット上のウェブサイトの二五〇億を超すページのごく一部にすぎない〔★14〕。

もちろん、これらの数字には但し書きが付く。データの集め方に問題があると見る人もいるだろうし、それぞれの定義（言葉、宗教、技術、ウェブページ）に異論を述べる向きもあるだろう。また、変種とは（言葉や特許のように）一つひとつがはっきり区別され、数えられるものであって、連続的で境界がはっきりしないものではないという前提を忘れてはならない。もう一つの重要な問題は、生物の場合と同じく、種内の違い（例えばフォークの種類の違い）と、種間の違い（例えばフォークとトラクター）を区別することだ。なぜ重要かというと、前者の場合は、同じ目的を持つ、似たような形質が、同じ文化的「ニッチ」を巡って争うので、競争が熾烈になるからだ。これらはすべて重要な問題であり、定量化の手法はさらに改善すべきだろう。だが、文化には確かに何百万、何十億という変種があり、その多様性は記録し、定量化できると言っていい。よって私たちは、いくぶん確信をもって、ダーウィンが掲げた第一の条件、すなわち変異が文化には存在すると言うことができる［★15］。

前提条件二、競争

ダーウィンは競争について「生き残るための競争」という観点から述べ、「(生存可能な数より多くの個体が生まれることを考えると) わずかでも他者より有利な形質を持つ個体が生き残り、子をもうける可能性が高くなるということに、疑いの余地があるだろうか」と、仰々しく問う［★16］。

経済学者で人口統計学者でもあるトマス・マルサスの考えに着想を得たダーウィンは、この生き残るための競争は、人口(個体数)が飛躍的に増加しやすく、食物や住みかや結婚相手などの限られた資源が必然的に不足することによって起きる、と主張した。限られた資源をめぐる競争が起き、母集団の一部だけが生き残り、子をもうけるのだ。この競争は、例えばジャッカルが死骸を奪いあったり、雄シカが雌の関心をひこうと枝角を突き合わせたりするように、直接的で身体的な場合もあるが、ダーウィンは、生存競争は、あからさまで直接的だとは限らないことを強調した。例えば「砂漠の際に生えている植物が干ばつに耐えて生き残ろうとしている［★17］」場合のように、一個体でも、物理的環境に立ち向かって「生存競争」することがある。そうした状況で、異なる植物の間で起きる生存競争は間接的なものであり、この場合は、乾燥した環境に向く植物のほうが生き残り、繁殖しやすい。この間接的な競争は、一般的な「競争」の概念にあてはまらないので、混乱を避けるために現代の生物学者たちは「生存競争」の代わりに「適応度の違い」と呼ぶことが多い［★18］。だが本書では、「生存競争」という言葉を使おう。と言うのも、この言葉はそれほど扱いにくいわけではなく、また、ダーウィンの『種の起源』とのつながりを維持したいからだ。ともあれ、「生存競争」は「適応度の違い」を手短に述べた言葉であり、一部の個体が何らかの形質の違いにより、他の個体よりも生存と生殖の可能性が高いという意味であることを確認しておきたい。

宗教や言語はもちろん、フォークのような物にも多様性が見られることを思えば、文化にも何らかの生存競争が存在することが直感的にわかる。ひとりの人が七七〇万件もの発明をするほどの知識や技術を備えたり、六八〇〇種の言語を習得したりするのは不可能だ。たとえ、語学の天才が六八〇〇種もの言語を習得できたとしても、話せるのは、一度に一つの言語だけだ。このことは、文化的情報を無限には習得できないようにする限られた資源が何であるかを語っている。つまり、知識を習得し表現するための、人間の記憶容量と時間である。

この直感的な理解を裏付ける証拠がある。限られた資源をめぐって技術や言語に生存競争が起きることは、生物の種が生存競争によって絶滅するのと同じく、消滅という現象によって浮き彫りになる。これまで、歴史学者や人類学者によって、さまざまな技術の消滅が記録されてきた。例えばオセアニア諸島では、カヌー、製陶術、弓矢、割礼といった技や習慣が失われ、タスマニアでは氷河期が終わってオーストラリアとの地峡が断たれた後、骨器などの手工品や魚釣りといった技が失われた〔★19〕。また現在では、各地の言語が急速に消滅しつつあり、そのスピードは、生物種の絶滅のペースをはるかに上回っている〔★20〕。一つの言語の中でも、不規則動詞は、使われる頻度が少ないものから徐々に消滅し、一握りの単語しか残っていない〔★21〕。〝go〟も、過去形が〝went〟となる不規則動詞だが、よく使われる単語なので、忘れられることなく生き残ってきた。ダーウィン自身、忘れにくい単語が生き残りやすいというこのプロセスを予測していた。

生存競争は、各言語の単語や文法に絶えず起きている。より短く簡単で使いやすいものがつねに優勢となる〔★22〕。

考古学者も、古代社会においてある手工芸や技術が広まっていく一方で、別の手工芸や技術が廃れていく例を数多く見てきた。これは、それらの技術の間で生存競争が起き、前者が後者を駆逐したことを語っている。ニューメキシコで彩文土器が波型模様土器に取って代わり、北アメリカで弓矢が槍に取って代わった例などがそうだ〔★23〕。

より身近な例としては、心理学の古典的な実験により、異なる考えが脳の記憶容量をめぐって競いあうことが明かされた。この実験は、記憶には「干渉」が起きることを示した〔★24〕。被験者は単語リストを読み、しばらく後に、書かれていた単語を思い出すよう求められる。思い出そうとしている最中に、別の単語リストを読まなければならない時には、とても成績が悪かった。これは二番目のリストが最初のリストの単語を思い出すのを妨げたことを示唆している。ある言葉を思い出せなければ、その言葉を別の人へ伝えることはできず、その言葉は人々の間で使われる頻度が減ることになる。興味深いことに、最初のリストと二番目のリストの単語群の意味が似ている時ほど思い出しにくく、このことは、ダーウィンが述べた、生存競争は似たような種の間で最も激しく競われるという言葉を想起させる。

近縁――同種、同属あるいは近い属――の種は、ほぼ同じ構造、構成、習性を持つため、概して最も激しく競いあう［★25］。

このように心理学の領域でも、脳の記憶容量をめぐる競争という形で文化の競争が起き、その結果、さまざまな文化的習慣や形態が消滅する。文化的形質は、生物と同じく、常に生存をかけて競いあっているのだ。

前提条件三、継承（遺伝）

ダーウィンが掲げた進化の三つ目の条件は、継承である。ダーウィンは、「遺伝しない変異は、私たちにとって重要ではない［★26］」と述べ、継承の重要性を強調した。彼は、生存競争において生き残りやすく繁殖しやすい個体は、自らの形質を子孫に伝えやすい、と書いている。そうした形質が、生存と繁殖のチャンスを増やすのにいくらかでも役立っているのであれば、それが継承されることによって個体群の適応度は高まっていく。つまり、継承がなされなければ有益な形質は保存されず、進化も起こりえないのだ。

このようにダーウィンの論理には継承、すなわち遺伝が欠かせなかったが、彼にとって遺伝の法則は、同種の中でランダムに選んだ二つの個体よりも親と子は似ている、という観察以外、「まったくわからない［★27］」ものだった。遺伝の仕組みが解明されたのは、グレゴール・メンデルのエンドウマメの実験が再評価され、二〇世紀初期にさらなる実験が行われた後のことだ。ここでは、文化的継承の詳細はさておき、文化的情報が首尾よく継承されるかどうか、人から人へ伝達されるかどうかを見ていこう。

第1章で論じたように、人々が信条や傾向、技術、知識を文化的伝達によって他の人から習得しているという証拠は、異文化を比較すれば、いくらでも見つけることができる。アメリカに渡った初期の移民は、市民の義務にまつわる価値観を文化的伝達によって次世代に伝えた。また、最後通牒ゲームで明らかにされたように、小規模集団では公正さの基準が伝えられる。さらに、全体論的な思考スタイルや分析的な思考スタイルは、東洋と西洋でそれぞれ世代から世代へと伝えられた。現代の移民の研究で確認されたように、わずか一世代か二世代で、移民の子どもの信条や思考スタイルが、祖先よりもアメリカに代々住む人々のそれに似てくることを思えば、この継承は確かに遺伝ではなく文化的なものだ。

以上のような異文化の比較による証拠を補うのは、行動、傾向、意見が人から人へ文化的に伝達されることを直接的に証明した、古典的な実験である。一九六〇年代に社会心理学者のアルバート・バンデューラが行った実験により、子どもは大人の行動を真似やすいことが示された［★28］。大人がボボ人形（空気で膨らますビニル製の大きな人形）に乱暴する様子を見せられた子どもは、人形を攻撃しがちだったが、大人が人形に乱暴する様子を見ていない子どもや、大人が人形を優しく扱う様子を見た子どもはそうではなかった。また、社会心理学者のソロモン・アッシュが行った別の古典的実験では、大人が多数派の意見に迎合しがちなことが示された。その実験では、さまざまな長さの線の中から、ある線と同じ長さのものを見つけさせたが、被験者は、他の人々（実験の意図を知る偽の被験者）が選んだ、明らかに間違っている線を選んだのだ［★29］。アンケートによる研究でも同様の結果が出た。宗教的な信条や趣味といった遺伝の可能性が低い特性にも、親子の相関が見られ、さらには、遺伝が起こり得ない血のつながりのない仲間どうしでも同様の相関が見られた［★30］。

だが、人から人へ情報が伝わるというだけでは、文化がダーウィン的進化を遂げるとは言えない。

よく知られることだが、ダーウィンは生物の進化を「変化を伴う継承」と呼んだ。つまり、進化が起きるには、小さな変化がただ親から子へ受け継がれるだけでなく、何世代にもわたって継承され、ほかの有益な形質と結びつく必要がある、とダーウィンは考えていたのだ。例えば、目や翼には、相互に関連のあるさまざまな部位が関わっているが、それらの進化は、数えきれないほど多くの世代にわたっていくつもの変化が蓄積した結果なのだ。

同様に文化についても、小さな変化の蓄積を見ることができる。歴史学者たちは、手の込んだ工芸品が何もないところからいきなり生まれたりしないことを、何度となく示してきた。むしろ、すぐれた発明は、既存のものに少々手を加えたり、すでになされた別々の発明を組み合わせたりしたものなのだ。歴史学者のジョージ・バサラは、蒸気機関の例を挙げる［★31］。蒸気機関はジェームズ・ワットの独創的な発明と見られがちだが、実のところそれは、半世紀ほど前にトマス・ニューコメンが鉱山の排水用に発明した蒸気機関を改良したものだった。ニューコメンの蒸気機関にも先行するモデルがあり、ワットの蒸気機関はそうした改良が繰り返された結果なのだ。こうした技術と同じく、知識体系も徐々に蓄積されていく。例えば数学は、異なる社会の異なる人々による革新が、長大な年月をかけて積み重なって進化してきた。基本的な十進法でさえ、誕生するまでに四〇〇〇年以上かかった。紀元前二四〇〇年頃、シュメール人が数を表す記号を使うようになり、それを土台としてバビロニア人が数字の位置が位を示す「位取り記数法」を考案した。さらにそれを土台として、ヒンドゥー教徒やマヤ人はゼロの記号を発明し、計算を容易にした。その後、数世紀にわたって、ギリシャ人の幾何学、アラビア人の代数学、ヨーロッパ人の微積法といった新たな発明が継続的に積み重なり、現在の数学に至った[★32]。

つまり人間の文化にも、ダーウィンが挙げる三つの前提条件の最後のものである「継承」が見られるのだ。生物の進化において親から子へ遺伝子が受け継がれるように、文化の変種も人から人へ、忠実に受け継がれていく。さらに言えば、文化の継承はかなり忠実になされ、ゆえに、ダーウィンが生物の系統に観察したような変異の蓄積を可能にする。

さらなる類似点

ダーウィンは進化の鍵となる三つの特徴——変異、競争、継承（遺伝）——を明示しただけでなく、それらの特徴が、博物学者を何世紀も悩ませてきた生物界の不可解な現象を説明しうることを示した。適応、不適応、収斂の三つも、そうした現象に含まれる。したがって、文化がダーウィン的進化を遂げるのであれば、文化にもこうした現象が表れるはずだ。

適応

ダーウィンがなした最大の功績の一つは、生物が驚くほど環境に合っていることについて、適応という概念によって科学的に説明したことだ。

私たちが目にしているのは、美しい共適応の実例——水に飛び込む甲虫の体の構造、そよ風に運ばれる綿毛のついた種子——である。つまり私たちが目にしているのは、どこにでもあり、生物界のいたるところで起きる、美しい適応なのだ［★33］。

生物が環境に適応することは、自然選択によって説明できる。環境にうまくなじみ、よって資源を得やすい個体——例えば水中でより速く効率的に泳げる個体——は、そうでない個体よりも生き残って繁殖する可能性が高い。この緩やかな選択が何世代にもわたって続いた結果、先の例で言えば、より速く効率的に泳げる流線型の体形が生まれたのだ。目のようなもっと複雑な器官は、緻密に協働するいくつもの部分から成り立っている。それらもまた、最初は小さな窪みに収まった光に反応する細胞だったものが、自然選択によって有益な変異が積み重なり、調節可能な水晶体に進化した。その改良の各段階で、生物は周囲の光や動きを感知する能力を高めていった。

文化的な適応もまた、特定の目的や特定の環境での用途に応じて、見事にデザインされているが、それらは生物学的進化によってではなく、文化進化によってもたらされたものであることがうかがえる。その一例が弓矢であり、それらも緻密に協働するさまざまな部分から成り立っている。例えばボツワナのサン族は、動物の腱で弦をはった全長一メートルの弓と、アシでできた矢柄、ダチョウの骨

（最近では有刺鉄線）の矢尻（甲虫の幼虫で毒を仕込む）、木の根でできた矢筒を使う［★34］。これらの構成要素は全体で「美しい共適応」をなし、その機能と特徴に見事に適合している。先に述べた、数学や蒸気機関のような蓄積的な文化の進化の例も、文化的な適応と言える。実のところ、それらの例は、文化的プロセスには、たった一人の力では成しえない適応をもたらす力があることを強調する。

不適応

ダーウィンにとって、適応について説明することは重要だったが、その適応が不完全であることを説明するのも等しく重要だった。結局のところ、完全な適応とは、全能の父である神があらゆる種を完全な形に創造したという見方にそぐうものであり、ダーウィンはそれを否定するために、種が環境に合っていない不適応の例を示したのだった。不適応が起きるのは、種の生息環境が変化したり、種が別の環境に移動したりした場合だ。種にとって新たな環境がはなはだしく合わない場合は、絶滅につながりやすいが、それほどでもなければ種は存続し、以前の環境への適応の遺物が、もはや何の役にも立たないのに残ることもある。例えばクジラやヘビには、四足動物だった頃の名残である小さな後ろ足の骨が残っているが、それらは何の機能も果たしていない。このような退化した組織は、継承（遺伝）が起きたことを裏づけ、ひいてはダーウィンの進化論を裏づけている。

文化にも、痕跡的な特徴として説明できるケースがある。それは、かつては環境に適応していたものが、環境が変わったせいで不適応になった事例である。よく知られているのが、キーボードのQWERTY配列だ。それは、キーを打ちにくくし、ゆっくり叩かせるための配列で、世に出た時点では重要な役目を果たしていた。というのも、初期のタイプライターは、キーボードを叩くスピードが速すぎると、アームが衝突していたからだ。現代のキーボードにそのような制約はないが、最適とは言えないQWERTY配列は残ったままだ［★35］。痕跡的な特徴は他の人工物にもよく見られる。特に、新しい原材料が手に入るようになった時にそれが起きる。ジョージ・バサラは、「このようなケースは非常によく見られるので、「スキューアモーフィック」と、独自の名前をつけるに値する。それは、古い素材で作っていた時には用をなしたが、新しい素材ではほとんど不要なデザインや構造という意味だ」と書いている［★36］。例えば、石柱には、木柱の石製の土台のデザインを残したものがよく見られるが、石柱にそのような土台は不要である。

収斂

最後に、ダーウィンは、似たような環境に暮らす別々の種が同じような形質を進化させること――収斂進化――に気づいた。それについては、ダーウィン自身が文化に例えている。

時には二人の人が同じ発明を別々に成し遂げることがあるように、自然選択は……二種の生物の二つの部位をほぼ同じように変化させることがある。両者が共通の祖先からその構造を受け継いだという可能性は、きわめて低い［★37］。

生物の進化においてよく知られる収斂の例は、コウモリと鳥の翼、昆虫の羽が独自に進化したことや、魚類とクジラ目が流線型の体形を進化させたことが挙げられる。関係のない生物に同じような特徴が進化したのは、似たような環境への適応というほかないので、収斂は、自然選択の強力な証拠とみなすことができる。

文化における収斂の事例としては、先に引用したダーウィンの有名な言葉の通り、ダーウィンとアルフレッド・ラッセル・ウォレスが同時期に自然選択の理論を思いついたことを挙げることができる。文字の発明もその一例で、紀元前三〇〇〇年頃にシュメール人、紀元前一三〇〇年頃に中国人、そして紀元前六〇〇年頃にメキシコ系先住民が独自に発明した［★38］。文化における収斂進化は、ヨーロッパのフォークやナイフと、中国の箸のように、同じ機能（どちらも熱い食物を扱うために使われる）を持ちながら形の異なる手工品を生み出すこともある［★39］。

文化進化論はダーウィン的かスペンサー的か

ダーウィン自身が指摘したことも含め、以上述べてきたように、生物の変化と文化の変化に多くの類似が見られることを思えば、『種の起源』が出版されて間もなく、文化進化理論が登場したのも不思議ではない。それらを提唱したのは、イギリスのエドワード・バーネット・タイラーやアメリカのルイス・ヘンリー・モーガンといった人類学の先駆たる人々だ〔★40〕。しかし、彼らが文化にあてはめた進化理論は、ダーウィンのものには似ておらず、むしろ、ダーウィンと同時代のハーバート・スペンサーが提唱した「累進的」な進化理論に近かった〔★41〕。スペンサーは進化を、単純な微生物からより複雑な植物や動物へ、そして最終的に人間へと至る、段階的に複雑さを増し、必然的に進歩していくプロセスとして捉えた。タイラーとモーガンもスペンサーに倣って、文化の推移を、次第に複雑さを増す段階を社会が上っていくものとして捉えた。例えばモーガンは、あらゆる人間社会が経てきた、あるいは今後経ることになる、七つの段階を提示した。それは、野蛮な状態の低位、中位、上位の次に、未開の状態の低位、中位、上位を経て、文明社会に到達するというものだ。モーガンは、これらの各段階には「独特の文化と、ほぼ固有の生活様式が見られる〔★42〕」とし、例えば「低位の未開状態」は、発話の登場に始まって火の発明で終わり、「中位の未開状態」は、動物の家畜化に始まって鉄器の登場で終わる、と主張した（コンピュータ・ゲーム好きの人なら、「シド・マイヤーズ・シヴィライゼーション」ゲームで技術の進歩を表したステージにそっくりだと思うことだろう）。モーガンは当時の世界各地の社会が、どの段階に到達しているかを評定した。例えばオーストラリアのアボリジニは「中位の野蛮状態」、中央アメリカの「インディアン」は「中位の未開状態」、といった具合だ。さらに彼は、ヨーロッパの社会やその植民地から発展したアメリカのような社会をこの階層の頂点に位置づけ、非ヨーロッパ社会をヨーロッパの古代社会に例えた。例えば、中央アメリカの「インディアン」は古代ブリトン人（前ローマ時代にブリテン島にいたケルト系の土着民族）と同じ段階に達しているが、「ローマ建国直前のイタリア人部族」の段階にはまだ達していない、というように［★43］。

このように文化の進化を進歩と捉える初期の理論には、多くの問題がある。まず、それらは、誕生する土壌となったビクトリア朝社会の人種差別主義と植民地主義にかなり染まっている。非西欧社会が当時のイギリスやアメリカほど「進化していない」という発想は、今日では嫌悪の対象となるはずの社会的・政治的傾向に「科学的」正当性を与えた。そのような政治的含みの他にも、それらの理論が、『種の起源』でダーウィンが提唱した進化論には少しも似ておらず、また、現代の生物学者が進化と考えるものにも、本書が提示する文化進化論にも、まったく似ていないということを認識すべきだ。生物学者のスティーヴン・ジェイ・グールドが繰り返し論じてきたように、生物の進化は、進歩ではない［★44］。種は、単純な微生物からより複雑な動物や植物へと、段階を追って進化していくわけではなく、人間が進化の階層の頂点に位置するわけでもない。そもそも、頂点に至る階層など存在しない。存在するのは、土地の環境に対する局地的な適応だけだ。それらは地球規模で種の適応を高めたりはしないし、あらかじめ定められた道に沿って予想通りの進化的変化に到達したりもしないのだ。

同様に、一九二〇年代にフランツ・ボアズをはじめとする人類学者たちが指摘したように、異なる社会が同じ段階を同じ順に経て発展していくことを示す歴史的証拠や民族誌学的証拠はほとんど見当たらず、また、非ヨーロッパ社会をヨーロッパの古代社会に例えるのもナンセンスだ［★45］。さらに根本的なこととして、社会は自己完結的な存在ではないので、明確な段階に位置づけることはできない。発想であれ、技術や人であれ、社会から社会へ移ることができるし、異なる社会の文化的要素には共通点もあれば、相違点もある。結局、文化進化を「進歩」とみなす理論は、その「進歩」が何であるかということさえ説明できておらず、正当性に欠ける不適切な理論と言わざるを得ない。何しろその理論では、社会は何らかの発明（火の使用や製陶術など）によって、ある段階から次の段階へ、いきなり昇格するとされるのだから［★46］。

進化を進歩と見る理論は、生物学分野では早々と排除されたが、残念ながら文化に関しては二〇世紀まで存続した［★47］。今日、多くの人類学者や社会学者が、新たな文化進化論の構築に慎重なのは、それが、科学的に疑わしい、政治的動機を持つ一九世紀の文化進化論とつながっていると誤解されているからだ。したがって本書ではまず、スペンサー流の進化理論は、個体群を土台とするダーウィン進化論とは根本的に異なることを確認しておきたい。この違いについては図2・1に示した。スペンサーの理論は、種を同じ基本的性質を備えた均質な個体の集まりとみなす。そして進化上の変化とは、一つの種が進化のはしごの次の段に上がり、より「複雑」な新しい種になることだと考える。スペンサー流の文化進化論も基本的な考え方は同じで、ただはしごを上がるのが生物の種ではなく社会になるだけだ。一方、ダーウィン進化論は、集団の中に存在するバリエーション（個体差：くちばしの大きさの違いなど）と、それが長い年月を経てどう変化していくかに注目する。十分な期間を経ると、集

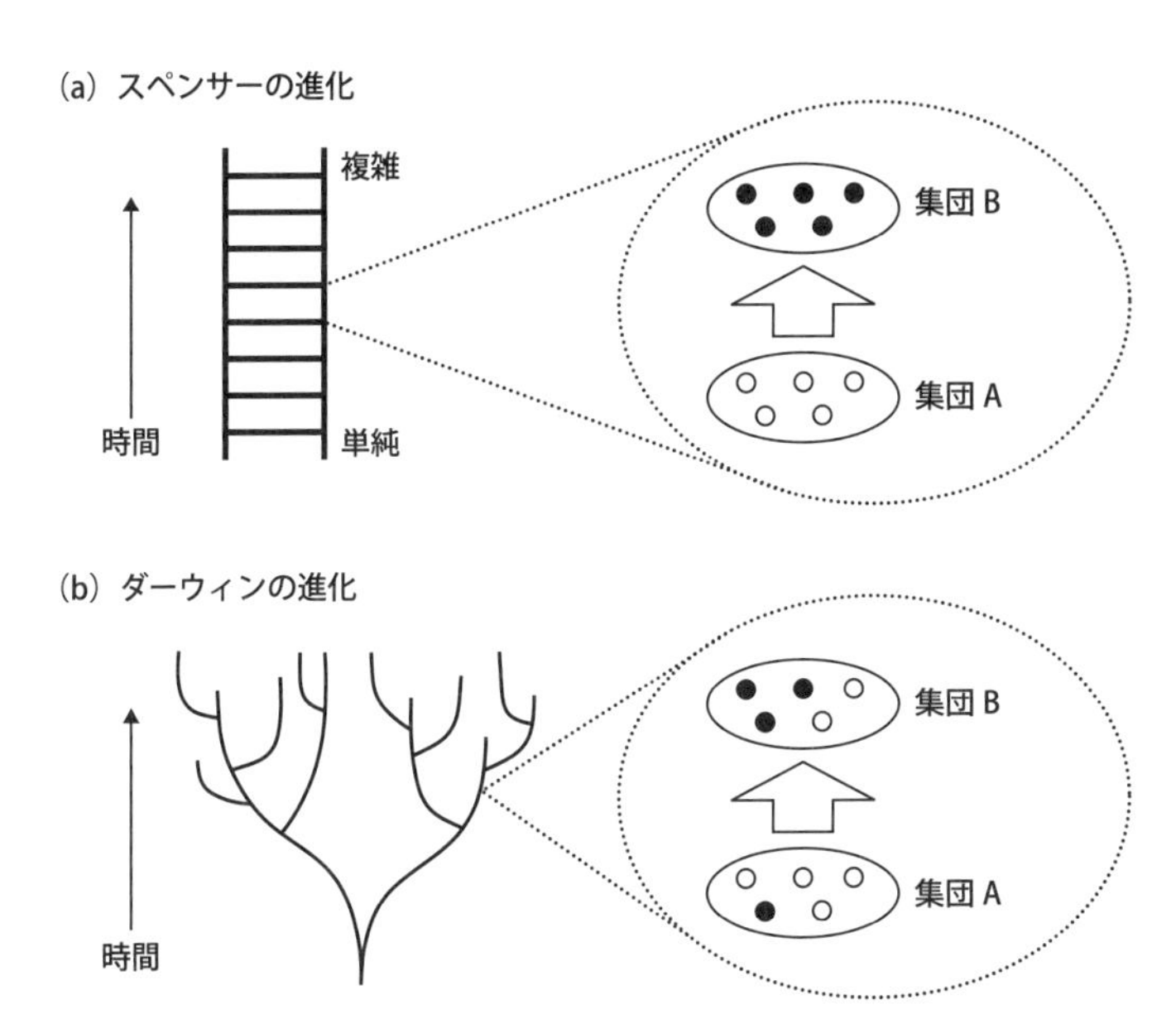

図 2.1　スペンサーの進化とダーウィンの進化における概念の違い。(a) スペンサーの進化では、単純なステージからより複雑なステージへと、複雑さを増すごとに上位の階層へ移動する。囲み図は、集団（種や社会）が均質なタイプとして考えられていることを表す。(b) ダーウィンの進化は階層構造ではなく樹状構造をとる。必然的に複雑さを増すことはなく、多くの支流が絶滅する。囲み図は、同一集団（種や社会）内の変異によって時とともに次第に変化していく様子を表す。

団は新種と呼べるほど変化するかもしれないが、この変化は外部の力に誘発されて起きたのではなく、集団の中で、自然選択などの力が個体に働きかけて起きたものだ。本質主義（種に固定的な本質を想定する）の階層的進化観から、個体差を重視し、「集団」を通して進化を考察する進化観への移行は、ダーウィンが科学に果たした大きな貢献の一つとみなされている〔★48〕。さらに、ダーウィンの進化論は、種に、時の経過とともに複雑さを増すことを求めない。形質は失われることもあり、種はたびたび絶滅に追いやられるのだ（図2・1bの、枝先が途切れた状態）。したがって、ダーウィンが描く進化の道筋は、直線的にはしごを上がるものではなく、次から次へと偶発的に枝分かれし、樹状構造をなしていく。本書で論じる文化進化論は、スペンサーではなく、ダーウィンの進化論によるものだ。

文化進化論はダーウィン的かネオ・ダーウィン的か

もう一つ重要なのは、ダーウィン的な文化進化論とネオ・ダーウィン的な文化進化論を区別することだ。先に述べた通り、文化の変化は、ダーウィンが『種の起源』で概説した変異、生存競争、継承、という条件を満たしているので、ダーウィン的進化だと言える。しかし、ダーウィンはそのプロセスがミクロレベルでどう作用するか――新たな変異がどこで、どのように生じるか、個体差に対して生存競争がどう働くか、どんな仕組みで形質が親から子へ受け継がれるか――についてはほとんど知らず、大方は誤解していた。『種の起源』が世に出た後、数十年にわたって、実験主義の遺伝学者たちが、そのような「小進化」の仕組みを解明しようと、独創的な育種実験を行った。「小進化」とは、ある個体群における形質の出現頻度を変える個体レベルでの小規模なプロセスのことだ。対して、種レベルでの大規模なパターンや傾向、すなわち適応による新種の出現や多様化などを「大進化」と呼ぶ。

実験主義の遺伝学者らは、以下のような小進化の仕組みを解明した。

・遺伝は「微粒子（すなわち遺伝子）」によって起きる（形質がそっくりそのまま伝わるか、あるいはまったく伝わらないかという、全か無かの法則も含む）

・遺伝は非ラマルク的である（手足の喪失や筋肉の増強といった、親がその生涯で経験した変化は子に伝わらない）

・変異は自然選択に対して無目的に起きる（変異は要不要に応じて起こるわけではない）

このような小進化にまつわる発見をダーウィン進化論に加えたものを、「ネオ・ダーウィニズム」と呼ぶ。

続いて、こうしたネオ・ダーウィニズム的な詳細が文化進化にもあてはまる、と主張する研究者が現れた。彼らは、文化的な伝達は微粒子によって行われ、文化進化はラマルク的ではなく、文化の変化は選択に対して無目的に起きる、という。だが、多くの社会科学者がそれに異を唱える。その批判は往々にして正しく、少なくとも筋が通っているように思える。以下のセクションでは、ネオ・ダーウィニズムの三つの原則が、生物の進化にあてはまるかどうか、さらには文化進化にもあてはまるかどうかを見ていこう。

文化の伝達は微粒子によるのか

ダーウィンの時代の動物や植物の育種家たちの目には、形質は親から子に受け継がれる時に融合される、つまり、大きなハトと小さなハトを掛けあわせると中間の大きさの子が生まれるように見えた。この一般的な観察は、ダーウィンも含め当時の生物学者にとって、遺伝は融合のプロセスで、子は両親の中間の形態になることを示唆していた。ところが、オーストリアの修道士、グレゴール・メンデルは、エンドウマメの育種実験によって、この融合が見せかけにすぎず、遺伝は融合ではなく微粒子によって起きていることを示した。つまり、生物の遺伝には、情報を運ぶ不連続な単位（遺伝子）が関わっており、その伝達は、全か無かという形で行われるのだ。私たちは対立遺伝子（アレルと呼ばれる）のどちらか一方を受け継ぐのであって、そうしたアレルが混ざり合って両親のアレルの中間体を作ることはない。その典型が目の色で、青い目の親と茶色い目の親の間に生まれた子の目は、茶色と青の混ざった色ではなく、茶色か青の目をしている。身長や肌の色といったほかの形質は、一見、融合されて両者の中間のどこかに収まるように見えるが、それらもまた、アレルがいくつも協働して決めていることが、現在ではわかっている。例えば、犬の毛には、コリーのふわふわの長い毛から、チワワの短毛まで、さまざまなバリエーションがあるが、それを決めているのがわずか三種類の遺伝子であることが、二〇〇九年の研究によって明かされた［★49］。

同様に、文化の継承にも不連続な微粒子が関わっていて、全か無かという形で情報が伝達されているのだろうか？ これは、ネオ・ダーウィニズム的な文化進化論の中心となる仮説で、「ミーム学」と呼ばれる。ミーム学は、リチャード・ドーキンスの著書で、強い影響力を持つ『利己的な遺伝子』の最終章で生まれた。その中でドーキンスは、文化を伝え、複製する単位として「ミーム」という言葉を創出した［★50］。彼はそれを生物の自己複製子、すなわち遺伝子に相当するものとみなし、ミームによる選択や伝達によって文化は進化的に変化していくと説明した。そもそも彼がミームという概念を作ったのは、自己複製子を中心とする自らの進化理論が適合するのが、遺伝子による進化に限らないことを強調したかったからだが、ダン・デネットのような哲学者やスーザン・ブラックモアのような心理学者がミームの概念を発展させ、ミーム学という理論を完成させた［★51］。ミーム学により、文化は不連続の単体に分割され、それらは遺伝子による遺伝のように微粒子レベルで受け継がれる、という仮説が立てられた。また、ドーキンスがミームを自己複製子と定義したことから、ミームによる伝達はかなり忠実になされると仮定された。

しかし、遺伝的継承は遺伝子という微粒子によってなされるが、文化的継承は微粒子的ではない場合が多いようだ。人類学者のモーリス・ブロックが述べているように、「通常、文化は、はっきりとした断片には分割されない」［★52］。政治的信条が、極左翼から極右翼まで連続的に変化していくことや、矢じりなどの考古学的人工物の長さや幅の違いが連続的であることを考えてほしい。文化的形質が伝達される際には融合することを裏づける証拠もある。例えば子どもが言語を習得する際には、両親や友達の発音を融合させ、平均的な発音で話すようになる［★53］。同様に社会心理学の実験で、真っ暗な部屋でライトの小さな点がどこまで動いているように見えるかと尋ねると、被験者はほかの被験者の答えを融合させ、平均的な答えをすることがわかっている［★54］。

しかし、そのような研究には限界があり、分析するレベルが間違っている恐れがある。人工物も発音も政治的信条も、脳内に蓄積された情報が行動となって表出したものであり、人間に置き換えれば、身長や肌の色といった表面的な形質に相当する。生物学の事例で見てきたように、身長などの形質は連続的に変化し、子に伝わる際には融合されるように見えるが、実際には不連続な単位（遺伝子）によって決定される。同じように、発音や政治観といった、連続的に見える文化的形質も、神経系レベルでは不連続な伝達単位によって決定されているのかもしれない。もしそうなら、この問題は、情報が脳の中でいかに表現され、いかに他者の脳へ伝わっていくかを研究している神経科学者の管轄となる。それについて現時点では理解はあまり進んでおらず、文化的伝達が神経系レベルでは微粒子的に行われるのか、そうでないのか、明言することはできない。証拠がないため、作業仮説は慎重に決定すべきであり、本書では、文化的変異は時には連続的であり、文化的伝達は時には融合されうる、とする［★55］。

文化進化はラマルク的か

ダーウィンの時代の生物学者が信じていた通説にはもう一つあり、それは、一世代で起きた変化はそのまま子に受け継がれる、というものだ。獲得形質が遺伝するというこの見方は、一八世紀のフランスの生物学者、ジャン＝バティスト・ラマルクに因んで、しばしば「ラマルク主義」と呼ばれる［★56］。よく知られる例は、キリンにまつわるもので、ラマルクはキリンの首が長い理由について、キリンの祖先が木の高いところにある葉を食べようと首をのばし、少し長くなった首を子が受け継ぎ、それが繰り返されるうちに、今日私たちが目にする長い首になった、と説明する。この説明に代わるのが、自然選択の理論である。それは、キリンの祖先の中に、長い首を持つものと、短い首を持つものがいると仮定し、長い首のキリンのほうが高い枝に届くので、より多くの葉を食べることができ、より多くの子をもうけることができる、その子らは親の長い首を受け継ぎ、そうやって長い首の遺伝子が徐々に集団内に広まった、と説明する。

一八九〇年代にアウグスト・ヴァイスマンをはじめとする遺伝学者が慎重に実験を行った結果、ラマルク流のメカニズムは生物の進化にあてはまらないことがわかった。例えばヴァイスマンらは、尾を切り落としたネズミの子が完全な尾を持って生まれてくることを実験によって示し、一世代で獲得した変化は遺伝しないと結論づけた。この発見は、「遺伝子型」と「表現型」の区別も導いた。遺伝子型は子孫に受け継がれる遺伝情報を指し、表現型は、その遺伝情報が身体構造や生理的構造に表現されたものを指す。表現型に起きた変化は、遺伝子型には影響しない。体細胞に起きた変化は生殖細胞に伝わらず、よって遺伝もしないということこの考え方は、「ヴァイスマン・バリア」と呼ばれる。ネオ・ダーウィニズムの進化理論では、自然選択が生物の変化を引き起こす主なプロセスであり、ラマルク的な遺伝は起きないとされる［★57］。

では、文化進化はラマルク的だろうか？　例えば、バイオリンの演奏や微積分学といった、人がその生涯で習得する知識や技術は子どもに遺伝しないという意味では、明らかに非ラマルク的である。だが、私たちが学んだ知識や技術は、遺伝的にではなく文化的に他者に伝わるので、文化進化はラマルク的だと主張する人もいる。スティーヴン・ジェイ・グールドは「一世代目が成し遂げたことが教育や出版物を通じて子孫に受け継がれるので、文化進化は直接的かつラマルク的だと言える［★58］」と述べた。しかし、経済学者のジェフリー・ホジソンやトアビアアン・クヌスンは、そうではあっても、文化進化は生物の進化と同じく完全に非ラマルク的だと主張する。一方、デイヴィッド・ハルといった哲学者らは、そもそも「ラマルク的」という言葉は文化進化にはあてはまらないと考えている［★59］。この問題をめぐっては、今も意見の一致を見ないままだ。

文化進化をラマルク的と言えるかどうかは、文化における遺伝子型と表現型をどう区別するかにかかっている。第1章で行った文化の定義によると、文化において遺伝子型に相当するのは人々の脳に蓄積された情報であり、表現型に相当するのは、その情報が行動、発話、人工品という形で表れたものだ。文化の伝達において複製されるのは、後者（表現型）である。私たちは、他人の脳における神経の活動パターンを直接習得するわけではなく、人の行いを真似たり、話を聴いたり、書かれたものを読んだりして、その人の信条や知識、技術を習得するのだ。そして、習得したそれらを、誰かに伝える前に何らかの形で修正しているのであれば、私たちはラマルク的な文化の継承に携わっていると言える。

歴史を振り返れば、文化的変化の継承の事例はいくらでも見つけることができる。発明家が既存の技術を改良し、それを他の人々に伝えていくというのもその一つで、例えば一七六〇年代にジェームズ・ワットは、ニューコメンの蒸気機関を分解してそのメカニズムを調べた［★60］。ニューコメンの蒸気機関は、シリンダー内の蒸気を水に戻すことによって、真空に近い状態を作り出し、大気の圧力でピストンを引き込む仕組みになっていた。その後二〇年をかけて、ワットはその改良版をいくつも作った。例えば蒸気を圧縮する部分を分けて、ピストン・チャンバーを高温に維持できるようにした。ワットが改良した蒸気機関は一七八四年に披露されると、急速に世界中に広まり、五〇年にわたって蒸気機関の主流でありつづけた。このように、ある人（ワット）が別の人（ニューコメン）から情報（蒸気機関の設計）を得て、それに修正を加えたものを第三者に伝えるという例は、ラマルク的継承とみなすことができる。このように、遺伝子型と表現型に関する先の仮定に基づけば、文化進化はラマルク的だということができ、継承は断じてラマルク的ではないとするネオ・ダーウィニズムの論は、文化進化には当てはまらないと言える。

文化進化は無目的か

ネオ・ダーウィニズムの三つ目の前提条件は、変異は無目的、すなわち方向性がないというもので、変異は必要に応じて起きるわけではなく、その変異を持つものが適応上有利になるわけでもない、とする。これは、一九四〇年代にサルバドール・ルリアとマックス・デルブリュックが行った実験によってはっきりと証明された［★61］。その実験では、遺伝的に同一な細菌のコロニーを同時にいくつもウィルスに曝露させた。ルリアとデルブリュックは、ウィルスへの耐性をもたらす変異が無作為に起きるのであれば、一部のコロニーだけが有益な変異をたまたま持つようになり、コロニーによって耐性のレベルに違いが出るが、ウィルスへの暴露が引き金となって、耐性をもたらす変異が起きるのであれば、すべてのコロニーが同じ耐性レベルを持つはずだと推理した。結果は、コロニーによって耐性のレベルはまちまちだった。つまり、有益な変異は無作為に起きるのであって、適応を脅かすものへの反応として起きるわけではないのだ。この結果は、遺伝的変異は適応に関して無目的に起きることを示し、生物の進化に方向性はないという見方を裏づけた。

心理学者ドナルド・T・キャンベルが提唱した「無目的な変異と選択的保持（ＢＶＳＲ）」理論は、変異は無目的に起きるという原理を取り込んだ、ネオ・ダーウィニズムの文化進化論である［★62］。キャンベルは、無目的に生み出された文化の変種は、永続的な選択の対象となり、望ましいものとして選択された変種が保存される、と論じた。ＢＶＳＲ理論の主要な前提条件の一つは、その名（無目的な変異と選択的保持）が示す通り、新たな文化の変種は、文化進化の方向性を予見することなく無目的に生じる、というものだ。これは、ルリアとデルブリュックが実証した、変異は無目的かつ非適応的に起きるという前提条件に似ている。心理学者のディーン・キース・サイモントンのようなＢＶＳＲ論者は、この仮説を検証するために、創造性と発見について歴史的な観点から幅広い研究を行った［★63］。

文化進化は無目的だろうか？ 見たところ、答えはＮＯだ。文化進化は、少なくともある程度見通しを持つ人々の意図的な行動によって導かれているように見え、変異は適応を助けると言えそうだ。例えば、発明者や科学者は問題を解決しようと懸命に努力し、軍の司令官は来たるべき戦闘に備えて作戦を立て、広告業界は販促キャンペーンを企画する。社会科学者がしばしば強調するのはこの点だ。社会学者のテッド・ベントンは次のように述べている。「ダーウィンの自然選択のメカニズムは、変異が選択圧に関して無作為に起きることを前提としている。一方、社会的変化につながる活動の場合……人間は、予想通りの成果を生み出そうと、意図的に行動する。人間は『盲目の時計職人』ではない［★64］」。しかし、科学技術の変化を歴史的に分析してみると、文化の変化は一般に考えられているほど意図的ではなく、正確に予測できるものでもないことがわかる［★65］。歴史上の人物が文化をある方向に導いたと言われることがよくあるが、それは後世から振り返ればこそ、そう言えるのかもしれず、都合良く誇張している可能性もある［★66］。この件について確かな証拠はなく、少なくとも、生物学の世界でルリアとデルブリュックが行った実験に匹敵するような証拠はない。したがって私たちは、文化進化は場合によっては意図的に導かれ、その点において生物の進化とは確かな違いがあるということを、受け入れる心づもりをしておくべきだ。

文化進化はダーウィン的であり、ネオ・ダーウィン的ではない

このように、ネオ・ダーウィニズムの進化論と文化の変化には共通点が見られないため、これまではどんな文化進化論も否定されがちだった。例えばスティーヴン・ジェイ・グールドは、そうした違いに基づいて「生物の進化は、文化の変化の喩えとするにはふさわしくない」と論じた［★67］。また、二〇世紀の高名な生物学者の一人、ジョン・メイナード＝スミスはこう述べている。

進化論の説得力は、三つの前提条件によるところが大きい。すなわち、変異は適応を目的としない、獲得形質は遺伝しない、遺伝はメンデル流に起きる——つまり遺伝は微粒子によるものであり、私たちは微粒子、言い換えれば遺伝子を両親から等しく受け継ぐ——である。この三つはいずれも文化進化には当てはまらない。ゆえに、文化の継承にまつわる理論は、何が起きるか、そして何が起きないかを、はっきりと語ることができないのだ［★68］。

しかし、文化に進化論をあてはめることをすべて否定するのは、賢明とは言えない。重要なのは、

ダーウィン的かネオ・ダーウィン的かを区別することである。文化進化は、無目的な変異と、微粒子的で非ラマルク的な遺伝を絶対的条件とするネオ・ダーウィニズムの進化とは似ていないようだが、これまで述べてきたように、変異、競争、遺伝というダーウィン進化論の基本的性質を備えているので、ダーウィン的だと言える[★69]。ランダムでない変異も変異であり、ラマルク的で非微粒子的な遺伝も、遺伝であることに変わりはない。振り返ってみれば、ダーウィン自身が生物の進化に関して獲得形質の遺伝や形質の融合といった、ネオ・ダーウィニズムとは異なる見方をしていたことは、非常に興味深い。

必要とされるのは、ダーウィニズム的な文化進化論であり、それは融合伝達や獲得形質の遺伝、作為的な変異を内包し、その小進化のプロセスはネオ・ダーウィニズムのそれとは異なるものになる。この理論については第3章で紹介する。しかし、生物学の歴史を見る限り、ある理論が説く小進化のプロセスが正しいというだけでは、それを唯一の統一理論として、すべての生物学者に認めさせることはできないようだ。その理由を検討するのは、社会科学にとっても有益だろう。

ミクロとマクロの分裂を乗り越えて

初期の生物学におけるミクロとマクロの問題

メンデルやヴァイスマンのような実験主義の遺伝学者が、微粒子的遺伝、非ラマルク的遺伝、無目的な変異というネオ・ダーウィニズムの小進化の原則が正しいことを証明した後も、大進化を研究する生物学者たち――異なる地域の種を比較して大進化の空間的パターンを記録していた博物学者や、化石記録に基づいて大進化の経時的傾向を記録していた古生物学者など――は、それをなかなか受け入れようとしなかった。生物学者のエルンスト・マイヤーは次のように書いている。

二〇世紀に入って約三〇年の間、実験主義の遺伝学者と博物学者の間にできた溝は深まる一方で、誰もそこに橋をかけることはできそうになかった……両陣営の人々は、異なる言語を話し、異なる質問を繰り返し、異なる概念に固執し続けていたのだ［★70］。

特に加熱したのは、ラマルク的遺伝と選択圧をめぐる議論だった［★71］。ダーウィンがビーグル号で旅したように、当時の博物学者たちは各地を探検して、生きている種の多様性を記録しており、また化石についても、一九世紀後半に相次いで発見された多種多様な恐竜の化石をはじめ、多様な形態が見つかっていた。このような多様性を生み出しうる強力なプロセスは、ラマルク流の遺伝をおいて他にないと、博物学者たちは考えていた。生物が有益な変化を子に伝えることができるなら、わずか二世代で有為な変化が定着し、種全体を見れば、多種多様な形が急速に出現するからだ。博物学者たちにとって、その代替案である非ラマルク的な自然選択は、記録された生物の多様性を生み出すには、あまりに弱々しく思えた。自然選択は、偶然、有益な変異が起きることに頼るため、その力はきわめて限定的だ。その上、有益な変異が起きたとしても、それが集団全体に広がるには、何世代にもわたって、その変異を持つ個体が、変異を持たない個体より子を多く残す必要があり、それでは年月がかかりすぎる――そういうわけで博物学者たちは自然選択よりもラマルク的遺伝を支持し、遺伝のプロセスがラマルク的でないことを実証したヴァイスマンのような遺伝学者たちと、真っ向から対立したのだ。

　実験主義遺伝学者と博物学者の対立をもたらしたもう一つの議論は、微粒子的な遺伝と漸進主義をめぐるものだった［★72］。メンデルなどの実験主義の遺伝学者は、生物の遺伝は不連続の微粒子（遺伝子）によって、全か無かの形で伝えられ、進化的変化はそうした粒子が変異した時に起きることを証明した。しかし同じ実験遺伝学者でも、そのような微粒子的遺伝は、ダーウィンが『種の起源』で論じた「生物の変化は漸進的である」という主張と矛盾すると考える人もいた。最も有名なのはリチャード・ゴールドシュミットで、他の実験遺伝学者とともに、跳躍進化説を提唱した。跳躍進化説は、大規模な遺伝的変異がいくつも同時に発生し、急激な進化が一世代で起きると考える。これらの変異体の大半は、環境に適応できず、生き残れないが、たまたま適応できる変異体も稀に存在し（ゴールドシュミットは「有望な怪物」と名付けた）、まったく新しい種が誕生するのだという。一方、博物学者や古生物学者らは、跳躍進化説は彼らが観察してきた大進化のプロセスとは矛盾すると考えた。化石の証拠は、急激な進化ではなく、時とともに種が漸進的に進化していく様子を語っていたからだ。恐竜は一世代で劇的な変化を遂げて鳥になったのではなく、徐々に変化して鳥になったのであり、始祖鳥のように、その証拠となる移行期の化石を古生物学者らは発見していた。同じことは地域間での種の違いにもあてはまり、ここでも変化は急激にではなく漸進的に起きていた。例えばガラパゴスでダーウィンが発見したフィンチは、くちばしの大きさや形がかなり違ったが、それでも同じデザイン（つまり共通の祖先）の小さな変異とみなすことができた。

生物学における進化論の統合：数理モデルの有効性

実験主義者と博物学者が対立したそもそもの原因は、小進化と大進化の関係について、両者の見方がいずれも直感的で、偏っていたところにある。つまり、博物学者は、自然選択（小進化のプロセス）は弱すぎて、自分たちが観察した種の多様性（大進化のパターン）を生み出すことはできないと考えており、実験主義者の方は、微粒子的な遺伝（小進化のプロセス）は、漸進的な変化（大進化の傾向）

を説明しえない、と考えていたのだ。必要なのは、大進化と小進化のつながりを、直感に頼らず、厳密に検証する手立てだった。一九二〇年代と三〇年代に、数学的手法に傾倒した生物学者たち（まず挙げられるのがイギリスのR・A・フィッシャーとJ・B・S・ホールデン、そしてアメリカのシューアル・ライト）が、集団遺伝学モデルとして知られる一連の数学的ツールを開発した。おかげで、大進化と小進化のつながりを厳密に検証できるようになった［★73］。この集団遺伝学モデルは、進化の「帳簿」と言えそうだ。会社の簿記係が株価や利益幅に影響するあらゆる取引をすべて記帳するように、集団遺伝学のモデルでは、集団の遺伝子頻度に影響する自然のプロセスの記録をすべて集める。そして、アレルと呼ばれる二者択一の対立遺伝子を特定し、一世代で集団内の遺伝子のバリエーションを変える一連のプロセス（変異や選択）を特定する。この数理モデルにより、集団の遺伝的なバリエーションが長期的にどう変わっていくか――例えば、あるアレルが別のアレルにすっかり置き換わるか、あるいは二つのアレルが均衡を保ち、共存するか――を予測できる［★74］。

一九二〇年代から三〇年代にかけて、フィッシャー、ホールデン、ライトらは、集団遺伝学モデルを使って博物学者と実験主義者との対立を解消した。彼らは、自然選択が、博物学者らが考えるような弱々しいものではなく、きわめて強力であることを数学的に証明したのだ［★75］。例えば遺伝子は、わずか一％有利なだけで（つまり、その遺伝子を持つ個体が子を持つ見込みが、持たない個体より一％高いだけで）、一〇〇世代後には集団の半数に広がることを彼らは明らかにした。一〇〇世代は、人間ではかなり長いが、大半の種にとってはごく短い期間だ。そして地球上の生物の歴史においてみれば一瞬にすぎない。こうしてフィッシャーとホールデンは、自然選択は有為な変化をもたらすには弱すぎるという博物学者の主張は間違っていて、ラマルク的遺伝を引っ張りだす必要はないことを証明した。博物学者はこの事実を受け入れ、反ラマルク的な実験主義者と和解した。またフィッシャーは、身長や肌の色といった連続的な表現型（遺伝子型が形質に表現されたもの）が、独立した遺伝物質（すなわち遺伝子）がいくつも協働して生まれることも数学的に証明した。これは、生物の遺伝は微粒子によるとしたメンデルの見方を裏づけている。さらにフィッシャーは、この遺伝物質の一部に変異が起きただけで、表現型の漸進的な変化が起こりうることも示した。それでも、個々の遺伝物質の影響は小さいので、跳躍進化説を信奉する遺伝学者らが想定するような、大幅な表現型の変化にはつながらない。こうして、微粒子による遺伝は必然的に非連続で急激な変化をもたらす、という遺伝学者らの洞察が間違っていることがはっきりした。彼らは跳躍進化説を捨て、博物学者の漸進主義を受け入れた。

集団遺伝学者が厳密なモデルを使って、小進化を研究する実験主義の遺伝学者と、大進化を研究する博物学者の対立を解消すると、両陣営は一九三七年から四七年までのわずか一〇年間で和解し、いわゆる「統合」を成し遂げ、現在私たちが進化生物学と呼ぶものの基礎を築いた［★76］。この統合によって、ミクロとマクロの亀裂に橋が架けられ、漸進的な変化や種の多様性といった、博物学者らが記録してきた大進化のパターンは、微粒子的で非ラマルク的な遺伝という、遺伝学者らが実験で証明してきた小進化のプロセスと矛盾しないことが論証された。マイヤーは次のように書いている。

統合理論の支持者たちは、進化はすべて、小さな遺伝的変化の蓄積に起因し、自然選択に導かれるものであり、種のレベルを超えた進化は、個体群や種の中で起きた変化を拡大解釈し、推測したものにすぎないと語る……小進化の原因か、大進化の原因か、といった区別をすることは誤解を招く恐れがある［★77］。

この統合理論は、完全な包括的理論ではなかった（例えば進化のなりゆきについてはほとんど述べていない）が、ネオ・ダーウィニズムの枠組みの中でミクロとマクロの溝を埋めたことは、生物進化の研究に大きな進歩をもたらした。

社会科学におけるミクロとマクロの分裂

二〇世紀初頭に生物科学を悩ませたミクロとマクロの分裂は、今日の社会科学の状況に驚くほどよく似ている。社会科学におけるミクロとマクロの分裂は、ミクロレベル（ある集団内での文化的形質の伝達頻度に影響する、個人レベルの小規模なプロセス）とマクロレベル（例えば、文化によって市民としての義務感や認識に違いがあることや、ローマ帝国の盛衰、インド・ヨーロッパ語族の多様化といった長期にわたる歴史的傾向など、社会以上のレベルの大規模なプロセス）の間に起きた。生物学において遺伝学者と博物学者が対立していた時と同じく、ミクロとマクロの社会科学は、異なる学者が異なる原則に基づいてばらばらに研究することが多く、両者の発見の矛盾を埋めようとする努力も、一方の観察を述べるために他方の発見を引用するということも、ほとんどなされてこなかった。例えば心理学者はミクロレベルで研究することが多く、室内のコントロールされた環境で、（認知心理学で行うように）個人の行動を研究したり、（社会心理学で行うように）小人数の集団における相互作用を研究したりする。一方、文化人類学者は往々にしてマクロレベルで研究し、社会全体に見られる風習や習慣といった文化のバリエーションに注目する。考古学者も、矢じりのデザインの数世紀にわたる拡散といった、マクロレベルでの経時的な変化を追う。さらには、分野自体がミクロとマクロに分裂しているものもある。経済学はミクロ経済学（個々の買い手と売り手の意思決定が、商品の需要と供給にどう影響するかといった、個人レベルのプロセスの研究）とマクロ経済学（GDPや失業率といった、集団レベルの変数の研究）に分かれている。同様に、ミクロ社会学は個人の行動（または「人為作用」）を分析し、マクロ社会学は社会構造のような集団レベルの現象を扱う。言語学にも、個人が言語を習得する経緯や個人の言語の使い方を研究する心理言語学のようなミクロ的な支流と、何百年、何千年にわたって言語がどう変化してきたかを研究する歴史言語学のようなマクロ的支流がある。

このミクロ対マクロの分裂は二つの問題をはらんでいる。まず、マクロレベルの研究者はたいていの場合、マクロレベルのパターンや傾向について、その土台となっている個人レベルのプロセスという観点から説明しようとしない。これは、初期の社会科学者の影響によるところが大きい。例えば、文化人類学者のアルフレッド・クローバーは文化を、個人レベルの心理学的な（「精神的な」）プロセスには還元できない、「超有機体」的現象と見ていた。

精神活動は……社会的な事象については何も語らない。精神とは個人に由来するものだが、社会や文化は、まさにその本質からして非個人的である。したがって文明は、個人が終わるところから始まる［★78］。

同様に、社会学の基礎を築いた一人、エミール・デュルケームはこう主張した。

社会的事実を説明するために、社会学が心理学から借用できる原理などない。集団の思考は、その特有の性質を理解しつつ、形についても内容についても全体をそのまま捉え、研究しなければならない［★79］。

文化現象を個人の行動に還元することを拒む傾向は、今日まで続いている。文化人類学、歴史言語学、歴史学、マクロ社会学のようなマクロレベルの分野は、文化における変化のパターン（例えばローマ帝国の盛衰や、インド・ヨーロッパ語族の多様化、また、超自然的な信条や宗教的信条、結婚制度、農耕法などに見られる文化によって異なるパターン）を記録してきたが、それらに人々の行動や心理がどう影響しているかについては、総じて説明できていない。このような傾向は、第1章で論じた社会構成主義のような、文化に対する非科学的なアプローチに見られる心身二元論（心と体は別々の存在だとする見方）に原因があるかもしれない［★80］。だが、還元は科学的手法の重要なツールであり、自然科学に大きな進歩をもたらす。例えば、物理学では物質を原子や素粒子へ還元し、生物学では、これまで見てきたように、適応や種形成といった大進化のパターンを、自然選択や遺伝子による遺伝といった小進化のプロセスへ還元する。

二つ目の問題は先の問題の裏返しで、心理学のようなミクロレベルの分野が、マクロレベルの文化的プロセスが個人の行動に影響することを無視してきたことだ［★81］。例えば心理学者は、室内の非社会的な環境で、一人の行動や、多くても数人の相互作用を調べることが多い。同様に経済学者も、人は経済的な意思決定を単独でくだし、その際には、コストと利益を合理的に検討すると考えている。しかし、第1章で述べた通り、文化心理学の最近の研究によって、文化はこれまで考えられていた以上に、人間の行動の多くの側面――例えば助け合いの傾向から、注意と知覚の基本的プロセスまで――を形作ることが明らかになった。これらは重要な知見だが、得られたのは最近のことであり、まだ心理学分野に浸透していない。経済学の分野も似たような状況にあり、経済学者は、同調（ときに「集団行動」と呼ばれる）などの文化的プロセスについてあまり考察してこなかったために、市場バブルと崩壊のような大進化的な現象について、限定的にしか理解できない［★82］。経済学者のハーバート・ギンタスは次のように書いている。

社会学と人類学は、同調伝達（多数派の意見に従いやすい傾向）の重要性を認識しているが、経済理論にはその概念が欠落している。例えば、生産者と企業は市場価格と消費者の好み、生産関数のみを考慮し、満足度と利益の最大化をはかるとされる。しかし、情報が不足していたり情報収集にコストがかかったりする場合、消費者も企業も、まずは他者の成功をまねようとするだろう［★83］。

心理学やミクロ経済学のようなミクロレベルの分野は、多くの場合、現実世界の文化的変化のパターンやバリエーションとは無縁のままだ。それらは文化人類学や考古学などのマクロレベルの分野によって詳細に記録されているのだが。このように現実世界との結びつきが欠けていては、人間の行動に関するミクロレベルの実験や理論が有効かどうか疑わしい。

結論——ダーウィン的な文化進化論は社会科学を統合する

生物の進化と同じく、文化もダーウィン的に進化することを踏まえれば、一九四〇年代に生物の進化論で起きたような統合が社会科学でも起きると期待できる。生物学では、その統合の結果、定量的で厳密な数理モデルを用いるようになり、小進化のプロセスが、大進化のパターンと矛盾せず、さらにはそれを説明できることが証明され、ミクロ対マクロの問題が解決された。同じように、社会科学において文化進化論が統合されれば、同様の数理モデルを用いて、マクロ経済学、マクロ社会学、歴史言語学、歴史学、文化人類学、考古学の分野で研究される文化の大進化が、ミクロ経済学、ミクロ社会学、心理言語学、神経科学、心理学の分野で研究される小進化的プロセスと矛盾せず、それによって説明できることが証明されるだろう。だが、生物と違って、文化進化がネオ・ダーウィニズムのプロセスを経ないことを考えると、そうしたモデルには、生物進化との違いを組み込む必要がある。次章では、一九七〇年代から八〇年代にかけて、そのような差異を考慮しながら、正統なダーウィン的な文化進化論を確立しようとした学者たちの取り組みを概説する。

第3章　文化の小進化

一九七〇年代から八〇年代にかけて、生物の進化論の統合を促したモデルに沿って、文化進化の正式なモデルを構築しようとする最初の試みがなされた。牽引したのは、カリフォルニアの二組の研究者――スタンフォード大学のルイジ・ルーカ・カヴァッリ＝スフォルツァとマーク・フェルドマン、カリフォルニア大学（ＵＣＬＡおよびＵＣデイビス校）のロバート・ボイドとピーター・リチャーソン――である。彼らの研究は、おもに二冊の本に要約されている。カヴァッリ＝スフォルツァとフェルドマンが一九八一年に出した『文化の伝達と進化：定量的アプローチ』と、ボイドとリチャーソンが一九八五年に出した『文化と進化のプロセス』である［★1］。彼らは、生物の進化も文化の進化も基本的にダーウィン的に進むという前提に立ち、フィッシャー、ホールデン、ライトらが生みだした「簿記」方式を文化に適用した。典型的な文化進化のモデルでは、集団は個人の集まりからなり、個人はそれぞれ文化的特徴を持っていると仮定し、小進化のプロセスが長い年月をかけてそうした特徴を変化させる、と考える。文化的変異は、個人から個人への文化伝達により、次世代へ伝達される［★2］。長期におよぶ文化の変化（例えばある文化的特徴が他の文化的特徴に取って代わるかどうか、あるいは二つ以上の文化的特徴が均衡を保って共存するかどうか）や、文化的変異の空間的分布（例えば半孤立状態の複数の集団が、同じ文化的特徴を持つようになるか、異なる文化的特徴を持つようになるか）は、小進化のプロセスから生まれるとされ、それらの探究には数学的技術やコンピュータ・シミュレーションが利用される。小進化のプロセスは、文化的変異の源泉、文化選択の形態（ある文化的特徴が他の特徴より獲得・伝達されやすい理由）、文化の特徴を次世代に伝えるプロセスの詳細といったことに関係がある。

表３・１は、カヴァッリ＝スフォルツァ、フェルドマン、ボイド、リチャーソンがモデル化した小進化のプロセスの一部を記載したものだ［★3］。それは文化伝達の経路と様式によって構成され、垂直（親から）、斜め（親族以外の年長者から）、水平（同世代間）の伝達、一対一、一対多の伝達、そして粒子説と融合説がある。文化の変異は遺伝子の変異と同じく、完全に無作為に生まれることもあれば、ラマルク流に方向性を持って導入される（「誘導された変異」という）こともある。文化の選択は、文化のある特徴が他の特徴より獲得されやすい場合に起こる。そうなる理由はいくつもあるが、下記では三種類の文化選択について考察する。内容バイアス、頻度依存バイアス、モデルによるバイアス（名声バイアスなど）である。文化浮動は、小さな集団の中で希少な特徴が偶然失われるというような、文化的変異の無作為の変化を指す。表の最後の二つのプロセスは自然選択と移動で、自然選択では、個人の生存や生殖の影響を受けて、文化的特徴の頻度が増減する。移動では、人や集団が移動することによって、文化的特徴が集団から集団へ広まる。それぞれのプロセスには大進化の結果が伴う。それは文化全体が長い年月をかけて変化、あるいはパターン化したものだ。本章では、これらのプロセスとその結果について詳しく述べる。

カヴァッリ＝スフォルツァ、フェルドマン、ボイド、リチャーソンが構築したような定量的モデルには、社会科学でよく用いられる口頭での議論や思考実験より優れた点がいくつもある［★4］。それ

表 3.1　長期的に、文化的変異の変化をもたらすプロセス

プロセス	説明
伝達：	
経路	
垂直	生物学上の親からの伝達（単親でも両親でも）
斜め	親世代の他人からの伝達
水平	同世代の他人からの伝達
範囲	
一対一	個人から個人への直接の学習
一対多	多人数教育またはマスメディアを通じて一個人が多人数に影響を与える
メカニズム	
融合説	連続的な特徴の平均値を採用する
粒子説	不連続の文化的特徴の、全か無かの伝達
変異：	
文化的変異	無作為に革新を引き起こす
誘導された変異	個人が自らの認識バイアスによって、情報を修正する
文化選択：	
内容バイアス	本質的な魅力に基づいて優先的に取り入れる
モデルによるバイアス	モデルの特性、例えば社会的地位、年齢、自分との類似などに基づいて優先的に取り入れる
頻度依存バイアス	頻度、例えば同調（多数派の意見に従いやすい傾向）に基づいて優先的に取り入れる
文化浮動	文化的変異、無作為の模倣、サンプリング誤差などによって起きる、文化的特徴の頻度の無作為な変化
自然選択	生存と生殖にプラスの影響をする文化的特徴が広まる
移動：	
デーム的拡散	人が集団から集団へ移動するのに伴って、文化的特徴が広まる
文化的拡散	文化の伝達により集団の境界を越えて文化的特徴が広まる

注：詳細は本文。

らのモデルは、文化的特徴が長く存続する理由を、「社会化」あるいは「社会的影響」といった漠然としたプロセスによってではなく、異なる小進化のプロセスとして説明し、その結果を明確に示す。また、いくつもの作用と相互作用を同時に把握できるが、それは数学的ツールを用いなければ不可能だったことだ。数学的ツールがあればこそ、文化選択のバイアスの強さや、親から学ぶか、仲間から学ぶかといった「変数」を組織的かつ個別に操作し、文化的変化や変異の長期的な結果を見ることができるのだ。さらに、これらのモデルが導く仮説は、研究室や実社会での検証が可能である。

カヴァッリ＝スフォルツァ、フェルドマン、ボイド、リチャーソンは、文化進化についても、完全にダーウィン的で有用な理論を確立できることを明らかにしたが、その土台となっている、小進化にまつわる仮定は、多くの点で生物進化のそれとは異なる。フィッシャー、ホールデン、ライトが一九二〇年代に行ったように、彼らは文化進化の統合理論の下地を作ったが、著書に収めた数式がかなり複雑だったので、彼らの洞察は社会科学の世界で受けてしかるべき評価を受けることができなかった。したがって次項では、彼らのモデルを数式によってではなく、もっとわかりやすい方法で見直そう。もちろん、モデルの仮定や予測を後押しする実証的研究についても述べる。

文化の伝達

経路と範囲

生物進化と文化進化の明らかな違いの一つは、伝達経路である。遺伝情報はもっぱら垂直の経路で、両親から子に均等に伝えられる。一方、信念、考え方、技術といった文化は、生物学上の親（垂直の文化伝達）だけでなく、親世代の他人（斜めの文化伝達）や同世代の人（水平の文化伝達）からも学ぶことができる。自分より下の世代の人から学ぶことさえ可能だ。親が子の服装を真似るというように（子どもにとってはいい迷惑だが）。これらの中にはさらに細かな違いが見られる。例えば、垂直の文化伝達には、母親寄りか、父親寄りかの違いがあり、斜めや水平の伝達は、小規模の狩猟採集民社会でよく見られるように一対一の場合もあれば、脱工業化社会のマスメディアや集団教育のように、一対多の場合もある。

生物進化にも、これらの文化伝達の経路に相当するものが見られる。細菌や植物は、遺伝物質を他の個体と水平に伝達することが多い。また、人間のような二倍体の種でも、伴性遺伝やゲノムインプリンティングなどのせいで、一方の親からの遺伝子の方が、継承・表現されやすいことがある［★5］。とは言え、遺伝的継承の定量的モデルの大半は、垂直の継承を前提としているので、文化の継承に合わせたモデルを構築する必要がある。そこでカヴァッリ＝スフォルツァとフェルドマンは、一九七〇年代から八〇年代にかけて、文化伝達の異なる経路のモデルを構築し、それぞれの経路の効率を文化進化の速度（例えば、有益な新しい特徴が集団全体に広まる速さ）で測り、経路の違いが集団間と集団内の文化的変異にもたらす影響を調べた。その結果、明らかになったのは、ごく簡単に言えば、狩猟採集社会での親から子へ、あるいは対面での伝達のように、文化伝達が一対一または一対少数でなされた場合、文化的変化のスピードは比較的遅いが、マスメディアや集団教育による斜めまたは水平の伝達のように文化の伝達が一対多になるにつれて、速くなるということだ。それは、リーダーや教師は新しい考えや慣習を多数の人に、かなり短い期間（数日、数週間、数ヵ月）で急速に広めることができるのに比べて、一対一の伝達、特に垂直の伝達には、数十年という一世代分の年月が必要とされるからだ。これは図3・1aに示した。その図は、希少で有益な文化的特徴が、垂直の伝達よりも水平の伝達によってより迅速に集団全体に広まることを示している［★6］。文化進化のスピードと同様、伝達経路も文化的バリエーションの空間的パターンに影響する。一対多の水平の伝達は、文化的特徴を集団全体に急速に広め、集団内を同質にしやすい。もし異なるリーダーや教師が異なる集団に異なる特徴を広めたら、それらの集団は異なる特徴を備えるようになり、集団間のバリエーション（違い）が生まれる。一方、純粋な垂直の伝達は、家族内で文化的特徴を伝えていくので、集団全体を同質にするには、かなり年月がかかる。したがって垂直の伝達は、集団内でのバリエーションを維持しがちだ。

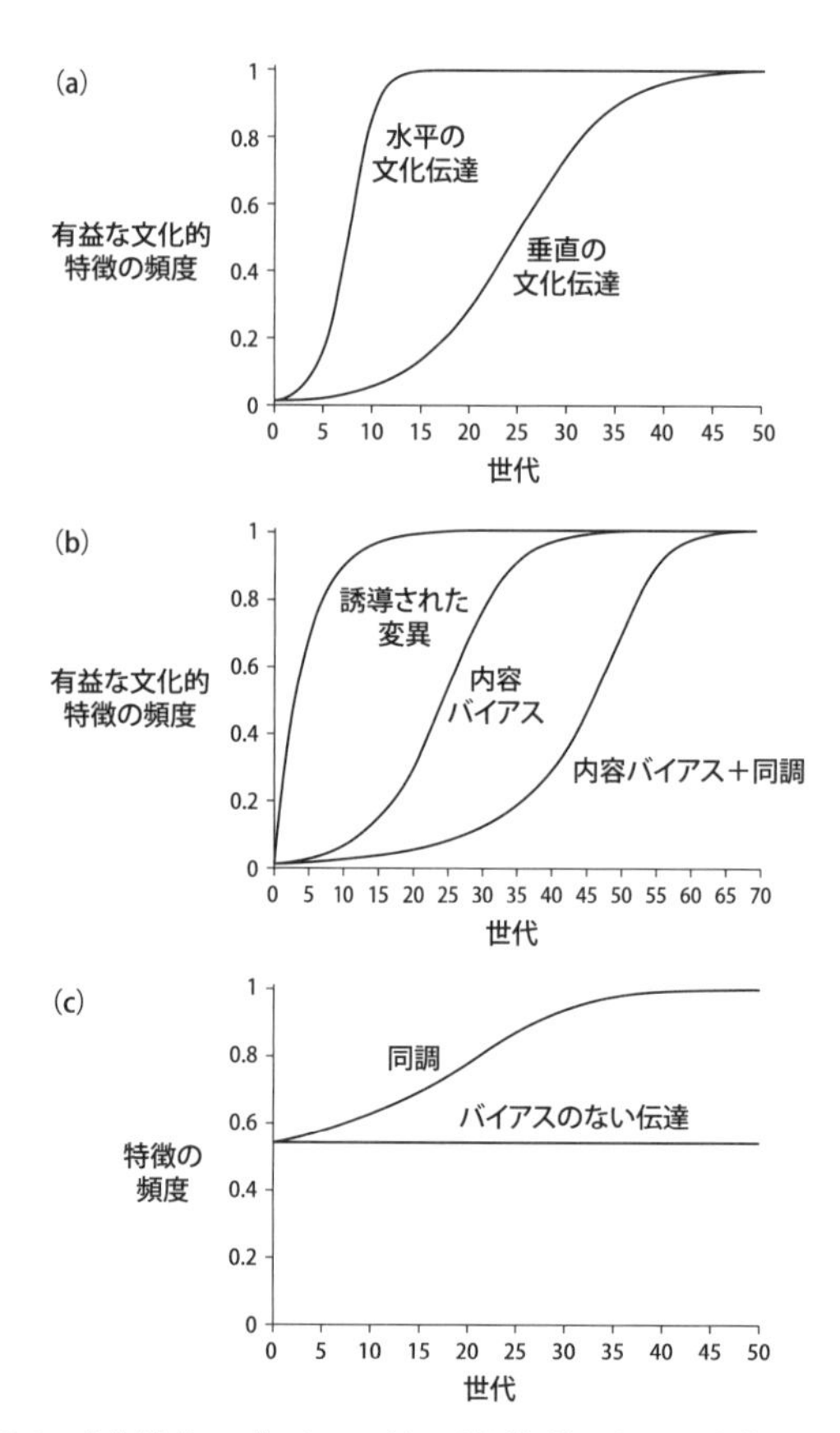

図 3.1　文化進化のプロセスの違いが長期的にもたらす集団レベルでの結果。(a) 水平の文化伝達は、垂直の文化伝達よりも速く、希少で有益な文化的特徴を広める。(b) プロセスが異なると、希少で有益な文化的特徴の普及の経過を示す曲線が異なる。誘導された変異は r 形の曲線、内容バイアスは S 形の曲線、内容バイアス＋同調は、最初に長い尾のある S 形曲線を生みだす。(c) 同調は、最も一般的な特徴を 100％まで普及させるが、非同調の、バイアスのない伝達は、どちらかの特徴が本質的に有益な場合をのぞき、特徴の頻度を変えない。

カヴァッリ＝スフォルツァとフェルドマンは、このような文化の伝達経路の数理モデルを構築し、空間的および時間的結果を予測し、それらの予測を現実世界で検証するために、実験によるデータを集めた［★7］。その一環として一九八〇年代の初めに、スタンフォード大学の学生たちに、宗教、政治的信念、スポーツ、娯楽の好み、日常の習慣などについて尋ねた。また彼らの親や友人にも同じことを質問し、そうした文化的特徴が伝達した経路を推定した。ある特徴について、学生の答えが両親と似ていたら、垂直に伝達したと考えられ、友人の答えに似ていたら、水平に伝達したと考えられる。もちろんこれらは推測にすぎず、親と子の類似は、文化的継承というより、遺伝的継承によるのかもしれず、また、友人との類似は、友人から伝達したからではなく、似た者どうしが友人になったとも考えられる。しかし、そうした可能性を考慮しても、この調査結果は、モデルが予測する変化率に適合しているように見えた。宗教的特徴は、垂直の伝達、特に母親に最も影響されていた。実のところ、学生がローマ・カトリックかプロテスタントかユダヤ教徒かは、母親の宗教からはっきりと予測できたのだ（興味深いことに、父親の宗教はまったく影響しなかった）。これは宗教的信念が何百年、何千年もほとんど変わらない理由や、キリスト教、ユダヤ教、イスラム教などが長く存続している理由の説明になるかもしれない。一方、他の特徴については、親の影響は特に見られず、友人の影響がかなり大きかった。このことは、娯楽や大衆文化、つまり映画の好みやＵＦＯを信じることやジョギングの流行などと関係がある。また、歴史的に見て、このような文化的特徴は、宗教的信念より急速に変化すると思われる。例えば、映画の好みは一〇年くらいで変わるらしく、一九五〇年代には西部劇が人気だったが、七〇年代後半になると『スター・ウォーズ』などのＳＦ映画がそれに取って代わった。また七〇年代にアメリカを席巻したジョギングブームは、水平に伝達した事例とみなせる。そして今日では、ケーブルテレビやインターネットなどのマスメディアのおかげで、一対多の伝達が及ぶ範囲は、かつてないほど広くなった。ファッションや流行が、ほんの数日で世界中に広まるのだ。これは、人が進化の歴史のほとんどを生きてきた小規模の狩猟採集社会における、対面のかなりゆっくりとした伝達とは大違いだ。

粒子的な文化伝達 対 融合的な文化伝達

第２章で述べたように、遺伝は粒子的に起きることがわかっているが、文化は連続的な変異を融合しながら伝達すると思われる。それを理由として文化進化論を脆弱な理論とみなす人もいるが、そうした批判に正当な根拠はない。より賢明なアプローチは、フィッシャーとホールデンが生物進化について行ったように、融合伝達と連続的な変異を組み込んだ堅牢な定量的モデルを構築し、そのような文化の小進化の原理が大進化のパターンと矛盾していないかどうかを調べることだ。一九八〇年代にカヴァッリ＝スフォルツァ、フェルドマン、ボイド、リチャーソンは、連続的な文化的特徴（特定の範囲内でいかなる値も取りうる）の伝達と、融合伝達（二人以上の文化的特徴の平均値を取り込む）の両方をモデル化した［★8］。これらのモデルにより、融合伝達は集団内の文化的変異（バリエーション）

の減少をもたらすことがわかった。実のところ、もし融合伝達が文化を継承する唯一のプロセスだったら、変異は完全に排除されるはずだ。例えば、極左翼から極右翼まで、連続的に政治姿勢が異なる人々の集団を考えてみよう。そこで融合伝達が起きると、新しい世代（生物学的世代かもしれないが、選挙の周期のように短い場合もある）は、集団の他のメンバーを無作為に二人選び、それぞれの政治姿勢の平均値を取り入れる。極左の二人、あるいは極右の二人が選ばれ、足して割っても元と同じという場合もあるが、極左と極右が選ばれ、両者の政治姿勢が融合されて、中庸の姿勢に落ち着く場合もある。こうして世代交代が起きるたびに両極が削られていくと、やがて中庸の姿勢だけが残る。中庸の平均値は常に中庸となるため、集団の政治姿勢は完全に中庸となる［★9］。

だが明らかに、現実の世界では、融合伝達は文化進化の唯一のプロセスにはなりえない。もしそれが唯一のプロセスであれば、前章で述べた文化の甚だしい多様性、つまり七七〇〇万の特許、一万の宗教、六八〇〇種の言語は存在しなかったはずだ。したがって、文化の伝達には他のプロセスが作用していると考えられる。カヴァッリ＝スフォルツァらの数理モデルは、融合伝達による同質化を妨げる二つの要因を提示している［★10］。一つは、文化の伝達には「模倣の誤り」が起きやすいことで、ゆえに、融合伝達による同質化が進む傍ら、新たな変異が続々と導入されていく。生物進化では遺伝子の変異率が低く、遺伝的バリエーションの増加は限られているが、文化の伝達では、模倣の誤りが起きやすい。人は、他人の発想、信念、技術、知識などを急場しのぎとして模倣しがちで、大筋は理解していても、細かなところは自己流にアレンジし、変えていくことが多いからだ。この模倣の誤りは、遺伝子の突然変異に相当する［★11］。融合伝達による同質化を妨げるもう一つの要因は、「人は自分と文化的特徴が似た人から学びやすい」ということだ（生物分野での「同類交配」に相当する）。この傾向は、文化的特徴が同一の集団内に下位集団を作る。これらの下位集団のあいだには、かなりの違いが認められるだろう。例えば、共和党員は他の共和党員の発想や信念だけを模倣し、民主党員は他の民主党員の発想や信念だけを模倣するとして、融合伝達は、この二つの集団に属する人々の信念をそれぞれ同質にしていく。しかし国全体で見れば、共和党と民主党のあいだには、さまざまな問題（医療、課税、銃規制など）に関する意見の大きな相違が維持される。実際、最近行われたブロゴスフィア（全ブログとそのつながりの総称）のソーシャルネットワークの分析では、この民主党と共和党の断絶が確認された。左翼のブロガーは右翼のブロガーにはほとんどリンクせず、その逆も同様だったのだ［★12］。こうしてみると、文化的特徴は融合伝達するとしても（あるいは、むしろ融合伝達するせいで）、変異率の高さや選択的伝達によって同質化が弱められ、現実に即した興味深い文化進化のパターンが現れることがわかる。

誘導された変異（またはラマルク的継承）

融合伝達と同様、文化の変化はラマルク的だという批判も、文化進化論を否定する陣営からよく聞かれるが、こちらも公式の分析ではなく非公式の直観に基づく批判である。先に見てきたように、フイッシャーやホールデンなどの集団遺伝学者は、自然界の多様性や複雑さを説明するのにラマルク的継承は不要であることを、数学的に証明した。だからと言って、ラマルク的継承がダーウィン進化論と相容れないというわけではない。ただ不要なだけだ。文化進化のモデルの構築者は、集団遺伝学者らのものに似たモデルを用いて、文化がラマルク的に継承されるとしても、文化進化のダイナミクスが出現しうることを示した。ボイドとリチャーソンは、文化的情報のラマルク的継承をモデル化し、それを「誘導された変異」と呼んだ。そのモデルでは、人は他の人から情報を得、それを自らの学習プロセスにしたがって修正する。この修正された情報は、同じ集団内の別の人々に伝達される。

この「誘導された変異」モデルは、獲得された情報のラマルク的継承が、集団を動かし、最終的には個々人が好む行動に収束することを語っている［★13］。これはその集団内に当初、個々人が好む行動が存在しなかった場合でも起きる。またこのモデルは、第2章で扱った、方向性のない変異と方向性のある変異の問題――変異は適応に無関心だとするネオ・ダーウィニズムの仮説は、発明者や科学者に導かれる文化の変化にはあてはまらないという問題――も解消する。誘導された変異のプロセスが描くのは、まさにこのネオ・ダーウィニズムが否定する、「新たな変異の作為的な導入」である。その新たな変異が適応的なら、文化進化は方向性があると言える。

一見、ラマルク説に似た「誘導された変異」モデルは、ダーウィン進化論のようには思えない。むしろそれは、第2章で述べ、図2・1aで表したスペンサー流の進化論――集団全体が特定の方向に変わっていくとする――に似ているように思える（もっとも、スペンサーが想定した進化の段階や人種差別的含みはないが）。これを図２・１ｂに示した「選択」と対照してみよう。そこでは、ある変異が別の変異より保存されやすい。文化選択については次項で詳しく述べるが、ここでは、二つのプロセスが両立しうることを認識することが重要である。もし、誘導された変異が文化に作用する唯一のプロセスで、なおかつ、同じ文化的特徴を好む認識バイアスを誰もが備えているとしたら、文化の変化を説明する上で、ダーウィンのモデルはあまり役に立たず、むしろ個人の認識バイアスを知ることの方が重要になる。しかし、その仮定は真実とは言えない。人々はまったく同じ認識プロセスを持っているわけではなく、人が違えば、問題の解決法も違い、文化的に得た情報の修正方法も違ってくる。文化選択はこのような違いに作用する。例えば前章で述べた蒸気機関の例に戻ると、ワットの蒸気機関は業界の標準になったが、ニューコメンの蒸気機関を改良した人は他にもいた。その方法はそれぞれ異なり、ロシアの発明家、イワン・ポルズノフは、一七六三年に二気筒蒸気機関を考案し、ジョン・スミートンはそれよりも前にニューコメンの機関を大きくして、ピストンにかかる蒸気圧を最大にした。しかしこれらの改良はワットの機関ほどには成功しなかった。これは、市場でワットの機関を好む文化選択が起きた結果とみなせるだろう。

もう一つの重要なポイントは、誘導された変異そのものが、選択の産物であることだ。各個人が文化的情報の修正に用いる認識プロセスは、それ自体、自然選択（すなわち生物進化）や文化選択の結果なのだ。初めてそう主張したのはドナルド・Ｔ・キャンベルである［★14］。これが具体的な事例、例えばワットの蒸気機関について、どのように起きたのかは、まだ明らかにされていない。ワットが異なる要素や、その組み合わせを試した時に、彼の心の中でどのような選択プロセスが働いたかは、想像するしかないが、ここで重要なのは、ダーウィン的文化進化論が、誘導された変異を小進化のプロセスの一つとして含有でき、その文化進化論が、第2章で述べた完全なラマルク説やスペンサー流の文化進化論とは異なるということを認識することだ。

文化選択

内容バイアス

「文化選択」は、ある文化的特徴が他の文化的特徴（あるいは、特徴がない状態）より獲得されやすく、伝わりやすい状態、と定義される。誘導された変異と違って、文化選択では特徴は修正されず、その出現頻度が変わるだけだ。明らかな文化選択の一つは、リチャーソンとボイドが「内容バイアス」と呼ぶもので、発想、信念、慣習などに本質的に備わる魅力が、それが獲得されるかどうかに影響する[★15]。となると、当然ながらある疑問が浮上する。それは、特徴を「魅力的」にするのは何か、という疑問だ。これには何通りもの答えがあり、それぞれ文化の選択圧として、個人の心理的プロセスの観点から説明できる。このような心理的プロセスもまた、先行する生物進化や文化進化によって形成されてきた。

例として、ある種の噂が広まりやすい理由を考えてみよう。例えば次のようなものだ。「おばあさんが人気のファストフード店でフライドチキンを食べていて、チキンに歯があることに気づいた。よくよく見てみると、食べていたのは揚げたネズミだった」。あるいはこういうものだ。「マヨネーズ抜きのバーガーを注文した女性が、サンドイッチから白い液体がにじみ出ているのに気づいた。文句を言うと、その白い液体は、肉を噛んだ時に中から出てきた膿だとわかった」。スタンフォード大学の行動科学者、チップ・ヒースによると、このような噂が広まりやすいのは、それらが強い嫌悪感を引き出すからだ。気持ち悪い話は記憶されやすく、広まりやすい。文化進化の言葉で言えば、それは「嫌悪感がもたらす内容バイアス」と呼べるだろう。そのバイアスは、気持ちの悪い話や噂の出現頻度を高める。ヒースとその仲間は、インターネットからできるだけ多くの都市伝説を集めてこの「嫌悪バイアス仮説」を検証した［★16］。そして、その仮説が予測する通り、被験者は、ネット上によく登場する都市伝説を「気持ち悪い」と評し、他の人に伝える可能性が高いと報告した。そしてヒースたちが都市伝説の「嫌悪性」を操作すると、被験者は、より気持ち悪く感じるバージョンを友人に伝えると答えることが多かった。この調査は、異なる話を伝えるかどうかを被験者に尋ねただけで、それらが実際に伝わるかどうかを追跡したわけではなかったが、少なくともその結果は、文化進化において嫌悪バイアスが作用することを示唆している。この特殊なバイアスは、生物としての進化に起源を持つと思われる。腐ったり汚染されたりした食べ物は病気や寄生虫など害を及ぼすことが多いので、それらを避けるというバイアスは、祖先が生き延びる機会を増やしたのだろう。

内容バイアスのもう一つの候補は、超自然的な信仰と関係がある。人類学者がこれまでに調査した社会のほとんどすべてで、人々は物理法則や生物の法則に反する、超自然的な信仰を持っていることがわかった。壁を通り抜ける幽霊や霊魂、あらゆる所に存在する神、コウモリやオオカミなどに変身する人、生き返る死体、などである。パスカル・ボイヤーやスコット・アトランなど、認識を研究する人類学者は、このような信仰が一般的に見られるのは「最小限の反直感性を持つ」からだと示唆した［★17］。つまり、直感の一部には反するが、他の部分では受け入れられるということだ。例えば幽霊は壁などを通り抜けたりするので直感的な物理のルールに反するが、恨みをはらそうとするところなどが直感的な心理学的ルールと調和する。人は壁を通り抜けられず、年をとれば死ぬといった、ごく当たり前の事実に比べて、最小限の反直感性を持つ話は印象的で忘れがたいのだ。一方、「嫉妬深いフリスビー氏は隔週木曜日に芋虫になる」というような、あまりにも荒唐無稽で、直感に反する話は、記憶に残りにくい。

文化進化では適度に直感に反する話が選択されるという仮説を検証するために、文化心理学者のアラ・ノレンザヤンと仲間は、グリム兄弟が集めた二〇〇篇の民話を分析した［★18］。一八五七年のグリム童話第七版の刊行以来、「ラプンツェル」「ヘンゼルとグレーテル」「シンデレラ」などは広く普及していったが、「ブラザー・スキャンプ」「キャベツろば」「ハンスぼっちゃんはりねずみ」などは消えていった。ノレンザヤンたちはまず、各物語がインターネット上に掲載された回数を数え、現在のおおまかな人気度、つまり「文化的適応度」を調べた。そして人気の物語（掲載されたウェブページは平均で八四〇四ページに及んだ）と不人気の物語（掲載されたウェブページは平均で一四八ページだった）に見られる、反直感的要素の数を比較した。予想通り、人気の物語の反直感的要素は二〜三だったが、不人気の物語には反直感的要素がないか、あるいは五〜六もあった。例えばシンデレラの物語には、直感的に納得できる要素（例えば継姉妹にひどい扱いを受けるシンデレラの不幸、シンデレラを見つけたいという王子の願望など）は多いが、直感に反する要素（魔法使いのおばあさんがカボチャを馬車に、ハツカネズミを馬に、ネズミを御者に変えるなど）はわずかだ。一方、『キャベツろば』は、鳥たちが魔法のマントをめぐって争ったり、人が雲にのって人殺しの巨人から逃げたり、キャベツが人をロバに変えたり（タイトルの由来）、突飛なことが次々に起きる。このような結果から、最小限の反直感性を持つ物語には、文化進化において選択的優位性が認められ、それが二つ目の内容バイアスになっていると言えそうだ。ところが嫌悪バイアスが生物学的適応として説明できるのに対して、最小限の反直感性を持つものに惹かれるというバイアスは、適応とは言えず、正確さを求めながらも奇妙な展開に惹かれる人間の性質の副産物であるらしい。

社会学者たちは、物語、噂、信念の普及に影響する、情報の内容に起因するバイアスだけでなく、行動習慣や技術革新がいかに社会に広まるかについても広範な研究を行った。この「普及学」と呼ばれるこの研究結果は、社会学者のエヴェリット・ロジャースが著書で要約している。彼は、普及に成功する革新の特徴を調べた［★19］。うまく広まるには、革新は（一）既存の慣習や技術に比べて優位性があり、（二）既存の慣習や技術とうまく適合し、（三）理解と操作が簡単で取り入れやすく、（四）

既存のものに比べての容易性を簡単に調べることができ、（五）他の人々もそれを観察し、容易に拡散できるものでなければならない。これらはそれぞれ、ある特徴（例えば有利な、適合した、理解できる、試しやすい、目立つなど）が他の特徴（例えば不利な、適合しない、複雑な、試しにくい、知覚できないなど）を凌駕して拡散することを導く内容バイアスの大まかな分類になっている。これらの内容バイアスのすべてを体現するわかりやすい例は、携帯電話だ。一九八〇年代初期に登場して以来、携帯電話は並外れたスピードで世界中に普及した。二〇〇八年一二月には、推定四一億台の携帯電話が世界で使用されるまでになった。一人が一台使用しているとすると、世界人口の六〇％以上が使っていることになる。実際、携帯電話しか使ったことがない世代が大人になろうとしているのだ。なぜこれほどまでに普及したのだろう。携帯電話は、固定電話より明らかに有利だ。持ち運びができ、家やオフィスにいない人にも連絡がつく。既存の技術との適合という意味でも、携帯電話は固定電話とかけたり、かけられたりできる。使い方は簡単で、少なくとも電話をかけるという基本機能に関しては、普通の電話とほぼ同じだ。また、携帯電話は試すのも簡単で、友人のものを容易に借りることができる。そして携帯できるというその本質ゆえに、他人の目につきやすく、路上やレストランといった公共の場で、人が使っている様子を見ることができる［★20］。

これらの内容バイアスによって、革新が普及しにくいわけも説明できる。優位性のある革新でも、容易に普及するとは限らない。ロジャースが報告したケーススタディの中に、ペルーの村で、病気の伝染を防ぐために、水を沸騰させてから飲むことを主婦たちに教えようとした医療従事者のケースがある［★21］。この試みは完全に失敗した。二年間の集中的な健康教育活動の間に、水を沸かすことに同意したのは、二〇〇家族中わずか一一家族だった。なぜこの活動は失敗したのだろう。最大の原因は、それが、食べ物と病気に関する村の民間信仰に適合しなかったことだ。医療従事者は、目に見えないごく小さな病原体が病気をもたらし、水を沸かすとその病原体を殺せるということを、村人たちに納得させようとした。一方村人たちは、すべての食べ物と飲み物には固有の温度があると信じていた。この信念によると、病気に罹ったら豚肉のようにとても「冷たい」ものや、ブランデーのようにとても「熱い」ものは避けるべきだとされる。水はとても冷たいとされ、病人は、冷たいものを避けるために、水を沸かしてから飲むことになっていたが、医療関係者が勧めるように誰もが水を沸かしてから飲むというのは、彼らにとっては無意味なことだった。また、水を沸かすことの効果は、調べるのが難しかった。つまり、水を沸かすことと病気に罹らないことのつながりが彼らには理解できなかったのだ。細菌は目に見えないので、水を沸かすことの直接の効果はわからなかったし、人は空気感染や虫さされなど、水以外の原因によっても病気になるので、きちんと水を沸かして飲んでいても、病気になることがあったからだ。

　内容バイアスによる文化選択の長期的な結果はどうなるだろう。ボイドとリチャーソンが構築した単純な文化進化モデルが示すのは、内容バイアスを持つ特徴を別の特徴より好まれるようにし、この内容バイアスが唯一の進化プロセスである場合、好まれる特徴はやがて頻度を増し、集団の全員がその特徴を持つようになる、という結果だ。この一般的モデルは、前述の特徴——気持ち悪い都市伝説とそうでない都市伝説、携帯電話と固定電話、沸かさない水と沸かした水――のいずれにも適用できそうだ。

一見したところ、内容バイアスは誘導された変異によく似ているように思える。どちらも心理的プロセスに起因し、心理的プロセスに好まれる特徴が広まる結果となる。ところがボイドとリチャーソンのモデルは、二つのプロセスの結果がかなり異なることを示している。誘導された変異とは、人は個人的な学習バイアスにしたがって、獲得した文化的特徴を修正することを指す。一方、内容バイアスがかかった場合、人は好みに応じて文化的特徴を選ぶが、それを修正することはない。誘導された変異は個人的なプロセスで、内容バイアスは集団のプロセスである。したがって、内容バイアスが働くかどうかは、集団内の変異の多寡によって決まる。つまり、変異がなく、誰もが同じ文化的特徴を持っていたら、内容バイアスは、選択するものがなく、無力になる。逆に、集団内の変異が多ければ多いほど、内容バイアスは強くなる。集団内の文化的変異が多ければ、異なる文化的特徴を持つ人と出会う可能性が高くなるからだ[★22]。一方、誘導された変異は純粋に個人的なプロセスで、他人の文化的特徴は関係ないので、集団内の文化的変異の多寡には影響されない。

人類学者のジョセフ・ヘンリッヒは、この違いを利用して、新たな革新が集団に広まるプロセスが内容バイアスによるのか、それとも誘導された変異によるのかを検証した。社会学者が行った（そして、ロジャースが再調査した）数百もの調査により、新しい技術や慣習や信念の普及率は、S字曲線をたどることがわかった。つまり、集団の中で、ある革新を取り入れる人の数は、初めはゆっくりと増加し、その後、急増し、やがてスローダウンするのだ。一九四三年にブライス・ライアンとニール・グロスが調査した、アイオワ州の農家にハイブリッド・コーン（品種改良したトウモロコシ）が普及する過程は、典型的なS字パターンを描いた。ハイブリッド・コーンは、一九二〇年代に農業科学者が開発したもので、自然受粉したトウモロコシよりも収穫率が二〇％高い（先の条件で言えば、既存種より優位で、比較も容易だった）。ライアンとグロスは、アイオワ州の二つの小さなコミュニティの全農家に長期にわたってインタビューし、ハイブリッド・コーンの導入を追跡した。普及率は、初めはゆっくりと上昇した――登場してからの五年間は、農家の一〇％しか導入しなかったのだ。しかし、その後の三年で導入する農家は急増し、普及率は四〇％になった。その後の数年間、導入率は再びゆるやかになった。それは単に、未導入の農家の数が減ったことによる。後に、この緩―急―緩のS字曲線は、さまざまな革新――学校での数学を教えるテクニック、開発途上国での哺乳瓶の使用、医師による新たな抗生物質の使用、それに、テレビ、食器洗い機、冷蔵庫、アイポッドといった商品――の導入に共通して見られることがわかった［★23］。

ヘンリッヒは、これらのS字型の普及曲線は、誘導された変異によるものではなく、内容バイアスによる文化選択の結果だと示唆した［★24］。彼はボイドとリチャーソンの研究を土台にして、既存のもの（従来型のトウモロコシなど）を用いる個人（農家など）の集団内に、新しく有益な革新（ハイブリッド・コーンなど）が普及する過程をモデル化した。彼はまず、誘導された変異をモデル化した。その場合、（伝達にバイアスがないと仮定して）従来型から新型への変化は、個人的な修正によって起きる。

つまり、何日、何週間、何ヵ月という一定の期間、人は、個人的に試行錯誤を繰り返す。農家で言えば、それは、畑の一角でハイブリッド・コーンを試すことかもしれない（ちなみにライアンとグロスがインタビューした、アイオワ州の農家の数人は実際にそうしていた）。そして、平均して（たまに失敗も起きるので、平均値とする）新種が既存のものより多くの報酬をもたらすと、農家は新種に切り換える。このモデルによってヘンリッヒは、誘導された変異では、普及率はＳ字曲線にならないことを明らかにした。誘導された変異がもたらすのは、ｒ字曲線で、それは最初に急激に上昇し、その後、スローダウンする。これは図３・１ｂに示した［★25］。誘導された変異がｒ字曲線を描くのは、先に述べたように、それが個人レベルで働き、集団内の変異の多寡に影響されないからだ。最初から急上昇するのは、その特徴が当初、希少であることが問題にならないからである。その後スローダウンするのは、ハイブリッドへの移行が進み、従来型のトウモロコシを育てる農家が少なくなった結果である。

一方、内容バイアスは、図３・１ｂで示したように、確かなＳ字曲線を描く［★26］。内容バイアスでは、個人は、自ら試行錯誤をするのではなく、集団から無作為に選んだメンバーの行動を観察し、その行動が既存の行動より魅力的なら、それを模倣する。新しい行動が魅力的に思える理由は、感情に訴える、安くつく、というようにいくつもある。内容バイアスが描く軌跡（Ｓ形曲線）が、当初なかなか上昇しないのは、集団内にほとんど変異がなく、好みの特徴（変異）に出会う機会が限られていることからだ。その後の急速な増加は、学ぶべきモデルの数が急増することによる。その後のスローダウンは再び変異が少なくなるからで、全員が望ましい特徴に乗り換えたことを示す。ヘンリッヒの研究は、単純なモデルが単純な予測（r字曲線対S字曲線）を生みだし、その予測を実際の文化のデータセットで検証できるという好例である。そして、検証の結果、ほとんどの革新は、誘導された変異ではなく、内容バイアスの文化選択に後押しされて普及することがわかった。

頻度依存バイアス

文化的特徴は、必ずしもそれ自体の長所や短所、あるいは魅力によって普及するわけではない。初めての経験の結果を予測するのは難しい。例えば、あなたが外国のレストランにいるとしよう。何かを注文したいけれど、メニューは読めないし、ウェイターとは言葉が通じない。メニューに並んでいるのがどんな料理なのか、事前に調べてもこなかった。そんな時、あなたは他の客は何を食べているだろうと周囲を見回す。多くの人が鶏肉料理らしきものを食べているので、自分もそれが食べたいと、身振り手振りでウェイターに伝える。

頻度依存バイアスは右記のようなシナリオで起きる。それ自体の善し悪しにかかわらず、集団内でよく見られること（頻度の高さ）を目安として、ある文化的特徴を選択するのだ。これは、ポジティブ頻度依存バイアス、あるいは「同調」と呼ばれ、集団内でいちばん人気のある特徴が選ばれる。その逆はネガティブ頻度依存バイアス、つまり反同調で、最も人気のない特徴が選ばれる。ここでは同調に焦点をあわせよう。複数の選択肢に、費用や利益の違いがほとんどない場合、あるいはその費用や利益を見積もるのにコストや危険が伴う場合、頻度依存バイアスは、個人的な試行錯誤を省略する近道を提供する。

社会心理学者たちは、ずいぶん昔から同調について研究してきた［★27］。一九五〇年代から行われているソロモン・アッシュによる古典的実験では、一人の被験者と、被験者のふりをした複数の協力者（つまりサクラ）を同じ部屋に入れる。彼らは、三本の線の中から、見本の線と同じ長さのものを選ぶよう命じられる。このテストはきわめて簡単で、一人でやらせると、ほぼ全員が正しい選択をする。しかし、サクラは間違った答えをするよう指示されている。被験者はサクラの後で答えるよう仕組まれており、かなりの割合で、サクラの間違った答えに同調した。つまり、大多数の考えに同調しようとするプレッシャーが、個人の判断に勝ったのだ。

このような社会心理学の実験では、同調は「集団内で最もよく見られる特徴を模倣する傾向」と単純に定義される。しかし、文化進化のモデラーは、より正確にそれを定義した（これはモデルの利点の一つである。モデル化することで、語句を正確に定義するようになる）。ボイドとリチャーソンの定義によると、同調とは、単に集団内で最もよく見られる特徴を選ぶことではなく、「学習者が無作為にまねた場合に比べて、過剰に、その特徴を取り入れること」を指す。例えば外国のレストランで周囲を見回したところ、一〇人の常連らしき客がいて、そのうちの七人が鶏肉料理、三人が魚料理を食べていたとする。あなたが完全に無作為に模倣するのであれば、鶏肉を選ぶ可能性は七〇％、魚を選ぶ可能性は三〇％になる。この場合、いちばん人気のある選択（鶏肉料理）は、より模倣されやすいが、それはただ目に留まりやすいからであって、同調とは無関係だ。しかし、あなたが同調したのであれば、鶏肉を選ぶ可能性は七〇％より高く、魚を選ぶ可能性は三〇％より低くなる。そして、七〇％よりいくら高くなるか、（三〇％よりいくら低くなるか）が、同調の強さを表す。

この一見ささやかに思える違いが実は重要で、二つのプロセス——無作為な模倣と同調——の長期的結果が非常に異なることを、モデルは示している。ランダムで偏りのない模倣が何代起きても、特徴の頻度は変わらないが、同調は、最初に人気のあった特徴だけが残り、他の特徴がすべて消えるという結末をもたらすのだ。これらの異なる長期的結果は図3・1cに表した［★28］、同調のグラフは、集団の過半数（五五％）が最初に持っていた特徴が最終的に集団全体に広まることを示している。一方、非同調の、バイアスのない伝達では、特徴の頻度は五五％に保たれる。

人がこのように同調したり、実際の文化的特徴が同調によって広まったりする証拠はあるのだろうか。残念ながら、同調の証拠としてよく引き合いに出される社会心理学者たちの実験は、先に定義した同調の証拠とするには適さない。アッシュの実験がそうだったように、そのような実験は通常、集団の他の人々（サクラ）が皆同じ間違った答えをするように仕組まれているので、本物の被験者が無作為の模倣によって選んでも、同調によって選んでも、間違った答えを選ぶからだ。最近の研究では、集団内の特徴の頻度を変えることでこの欠陥を正そうとしたが、同調が起きたことを示す明確な証拠は得られなかった［★29］。

ヘンリッヒは、普及のS字曲線を分析して、同調のさらに明確な証拠を見つけた。ヘンリッヒは、多くの普及曲線が最初に「長い尾（ロングテール）」を持つことに注目した。つまり初期のかなり長い期間、革新の頻度は低いままだが、その後、急速に上昇していくのだ。ヘンリッヒは、この長い尾は同調の結果であり、最初のうち、新しい特徴を見ることが非常に少ないので、それは普及しないのだと考えた。例えば農家の内容バイアスは、収穫の多いハイブリッド・コーンを好むはずだが、彼らの同調バイアスは、最も一般的な、従来型のトウモロコシを選択するのである（少なくとも、ハイブリッド・コーンがそれほど普及しないうちは）。この同調がもたらす「長い尾」は、図3・1bに示した［★30］。

この同調の「テンポの遅さ」は、もう一つの大進化の結果を際立たせている。ボイドとリチャーソンは、同調が、同質な集団を生みだしやすいことを明らかにした。集団規範から逸脱した個人は、同調のせいですぐ元に戻る。逸脱は本質的に珍しく、選択されにくいのだ。同様に、移住者が故郷の規範や行動にそれほど固執せず、新天地の規範をすぐ取り入れようとするのも、同調によるものだ。そして、異なる集団がそれぞれの規範を軸としてまとまっていくと、集団間には大きな違いが出てくるはずだ。つまり、長年にわたって民族誌学者が観察してきた堅牢な文化的伝統、すなわち、さまざまな社会が、頻繁に人間の移動が起きていながら、独自の風習や慣習を維持してきたことは、同調の産物と見ることができるのだ［★31］。

モデルによるバイアス

文化選択の三つ目の主要なバイアスは、文化的特徴を備えている人の人となりに関わるものだ。この人は「モデル」と呼ばれる（数理モデルと混同しないように）。モデルによるバイアスとは、人がある文化的特徴を、その特徴の性質ではなく、その特徴を備える人の人となりに基づいて選択することを指す。例えば、社会的地位が高い人や、特殊な技能を備えた人を模倣する（名声バイアス）場合もあれば、服装や言語や外見が自分と似ている人を模倣したり（類似性バイアス）、年長の人を模倣したり（年齢バイアス）する場合もある。

なぜモデルの人となりによって、模倣するかどうかを決めるのだろう。この疑問に対する一般的な答えは、頻度依存バイアスの場合と同じである。つまり、そうすれば優れた文化的特徴を手軽に得ることができるからだ。何らかの特徴を、内容バイアスや誘導された変異、あるいは個人的な学習によって選択するには、その特徴の本質的な性質を評価しなければならないが、名声のある（あるいは自分に似ている、あるいは年上の）人がしていることをただ真似るというのは簡単なことだ。しかし、より詳しい答えは、バイアスによって違ってくる。名声バイアスについて言えば、名声のある人の行動を模倣すると、自分も一流になれるかもしれないからだ。例えばゴルフがうまくなりたければ、タイガー・ウッズのスウィングを模倣するのは賢明な戦略である。少なくとも、一人黙々と試行錯誤を繰り返して、良いスウィングを考えだすより、早くて簡単だ。

ボイドとリチャーソンは、この直感的な理解をより正式に探究するためのモデルを構築した［★32］。そして、適応行動を習得する方法として、一般的な名声バイアスが、個人的学習やバイアスのない伝達（無作為の模倣）より優れていることを立証した。しかしこれは、模倣しようとする特徴が、モデルの成功の指標（例えば優勝したゴルフトーナメントの数）とどれほど関連があるかによる。例えばスウィングの技術のような特徴は、成功の指標との相関が高い。しかし、その相関が低い特徴もある。例えばタイガー・ウッズがどの帽子を選ぶかは、彼のゴルフでの成功とはほとんど関係がないだろう。しかしボイドとリチャーソンのモデルは、名声バイアスが広範囲に影響を及ぼすことを示している。個人的学習や内容バイアスを通して、ある状況における最良の行動を決めるのが難しいように、タイガー・ウッズを成功に導いたのが何であるかを正確に理解するのも難しい。そのため、成功とほとんど関係のない特徴も模倣されるらしい。実際、ナイキなどの企業はそれをあてにして、スポーツ選手に大金を払って自社のウェアを着てもらっている。名声バイアスのせいで「タイガー・ウッズがすることなら何でも真似る」人々は、彼がかぶっているナイキの帽子を買うからだ。

　名声バイアスが起きる証拠は、いくつもの分野で見つかっている。社会心理学の実験でも、人が名声のある人や成功している人の選択や態度や行動を模倣することが明らかになった。例えばある実験では、被験者は芸術の好み（どの絵が好きか、といったこと）を、広告会社のアート・ディレクターとして紹介された偽の被験者の好みに合わせたが、偽の被験者が学生として紹介された場合は、合わせなかった。別の実験では、名声バイアスは及ぶ範囲が広く、必ずしも適応的ではないという、ボイドとリチャーソンの予測を裏づける結果が出た。例えばある実験の被験者は、学生運動に関する意見を、教授職にある人――専門（中国史）はそのトピックと無縁だったが――の意見に合わせた。別の実験では、被験者を偽りの競馬に賭けさせるると、以前に成功した参加者の選択を模倣した。各参加者は異なるレースに賭けると言われていたにもかかわらず［★33］。

研究室の外の、実社会の人々にも、名声バイアスは見られるようだ。普及学の文献は、新しい製品や行動は往々にして、名声のある人や成功した人、あるいは「オピニオンリーダー」と呼ばれる人が使ったり示したりすることによって普及することを語る。エヴェリット・ロジャースが報告したある調査では、一九六〇年代にある学区で、数学を教える新たな方法が普及しはじめたのは、影響力のある三人の教育長が取り入れたのがきっかけだったと述べている［★34］。同様の効果を、社会言語学者たちも観察した。方言は、社会的地位の高い人の影響を受けて変化する。これはニューイングランドのマーサズ・ビニヤード島でウィリアム・ラボフが指揮した、社会言語学の調査によって立証された［★35］。ラボフらの観察によると、島での生活を気に入っている居住者は、漁師は島の伝統的価値を体現しているので社会的地位が高いと考えていた。その結果、彼らは漁師の独特の方言を取り入れていた。一方、他の島民に親近感を持たず、島を離れたがっている居住者は、漁師の方言を模倣しなかった。彼らの社会的地位の指標は違っていたからだ。

また、名声バイアスは、名声の指標と、模倣される特徴との「ランナウェイ選択」をもたらす。これを説明するために、ボイドとリチャーソンは生物進化における性選択を持ち出した。集団遺伝学者のR・A・フィッシャーは、オスのクジャクの尾のような誇張された形質は、性選択を動因とする「ランナウェイ選択」（嗜好と形質の相互作用によって共進化が加速すること）の結果だと主張した。メスのクジャクは、尾の長さでオスを選ぶ。尾が立派なほど好ましいのだ。なぜそうなのかは重要ではなく、ただそうなっている。これが性選択である。自然選択も作用するが、その方向は逆で、捕食者に見つかりにくく、捕まりにくい小さい尾をよしとする。もし性選択が自然選択より強く、長い尾を持つオスの方が交尾・繁殖しやすければ、次世代では、より多くのオスが長い尾を持つようになる。フィッシャーは、長い尾を好むメスの性質も遺伝性のもので、娘に受け継がれる、とした。そのため次世代では、オスが（平均的に）尾が長くなるだけではなく、メスの長い尾への嗜好も（平均的に）強くなる。この好みと形質の相互作用によって共進化が加速し、最終的に、派手で複雑なクジャクの尾をもたらしたのだ。

ボイドとリチャーソンは、同様のランナウェイ選択のプロセスが、名声の指標になるものと名声バイアスで模倣される特徴にも働くと主張した［★36］。メスのクジャクが長い尾を好むように、名声の指標は、名声バイアスの特徴とともに継承されると、彼らは仮定した。そして、もし名声バイアスが、内容バイアスの文化選択（自然選択に相当する）のような「合理的な」バイアスより強ければ、嗜好と特徴は、相互に作用しながら加速度的に共進化し、ついには極端なレベルに至る。家の大きさを例にとってみよう。大きな家を名声の指標とみなすのは、無理もないことだ。一方、内容バイアスなどのより合理的なバイアスは、値段が安く、暖めやすく、泥棒に入られにくい、小さな家をよしとするだろう。しかし、名声バイアスが内容バイアスより強い場合、人々は「大きな家」を名声の指標として模倣するため、家のサイズはどんどん大きくなっていく。さらに重要なこととして、彼らは「大きな家は良い」という嗜好も模倣していく。こうして、大きな家と大きな家への嗜好はともに継承されていく。クジャクの長い尾と、長い尾への嗜好が共進化するのと同じである。結果として、この加速度的共進化は極端な事例、例えばセレブやスポーツ選手の巨大な豪邸を誕生させる（フロリダにあるタイガー・ウッズの家は敷地が九〇〇〇平方フィートで、価格は五四〇〇万ドル）。ボイドとリチャーソンは他にもこのような加速度的共進化の例を挙げている。ミクロネシアのポナペ島の祝宴に供される九フィート×三フィートの巨大なヤマイモや、最近までポリネシア人が好んでいた全身刺青などだ。

文化浮動

誘導された変異とさまざまな文化選択が、集団内の文化的特徴の頻度を、特定の方向に（作為的に）導く。誘導された変異は、特徴を特定の形に変え、内容バイアスは、ある特徴を他のものより好み、同調は、最も人気のある特徴を好む。このような方向性のあるプロセスは、通常「進化」と呼ばれるものだが、生物学者たちは、そのような指向性プロセスが関与しない場合を考えることも有益だと主張する。生物学では、そのような方向性のない進化的変化を、「遺伝的浮動」、あるいは「中立的な変異の蓄積」と呼ぶ。このような変化は、その名が示すとおり無作為で、すべての対立遺伝子は、次世代に伝えられる確率が等しい。ところが小さな集団では、サンプリング誤差から、対立遺伝子の頻度に大きな差が生じることがある。同様のサンプリング誤差は、宝くじでも生じうる。宝くじとの類似を見ることは、浮動を理解する助けとなるだろう。例えば汎ヨーロッパのユーロミリオンズ宝くじでは、当選番号を決めるのに、一から五〇までの数字が書かれたボールを五つ、無作為に選ぶ。これは大きな「遺伝的浮動」シュミレーターの一部とみなせる。宝くじのそれぞれのボールを、異なる対立遺伝子とみなそう。遺伝的浮動の考え方では、それぞれの対立遺伝子は等しく次世代に伝えられる（つまり、ボールを選ぶ確率はすべて同じ）と仮定される。その上で、小さな集団を想定し、そこでは限られた対立遺伝子しか次世代に伝わらない（つまり、わずかなボールしか選ばれない）とする。では、大きな遺伝的浮動シュミレーターにおける対立遺伝子の頻度はどうなるだろう。二〇〇八年九月から二〇〇九年八月末までの一年間で、最も引き当てられた数字は四と一四で、それぞれ一九％の出現率だった。引き当てられた回数が最も少なかったのは四三で、わずか一回、そして二七は、一度も引き当てられなかった［★37］。これらが対立遺伝子だとしたら、二七は絶滅し、四と一四は順調にいっているだろう。つまり、無作為に選んでいても、対立遺伝子の頻度には、目立った差が生じうるのだ。シューアル・ライトは、遺伝的浮動のプロセスを公式化した最初の集団遺伝学者だった。彼とその後継者で、二〇世紀なかばに活躍した木村資生などの集団遺伝学者の研究により、浮動は今では重要な進化プロセスとして認められている［★38］。実のところ現在では、生物学者たちは浮動を帰無仮説（証明したい仮説——この場合は自然選択——の反対の仮説）とみなしており、観察された変化のパターンが偶然（すなわち浮動）から期待できる数値から著しく離れている場合は、自然選択が働いたとする。

文化浮動は文化進化における同様のプロセスで、先に述べた指向性のプロセスがどれも働かず、人々がまったく無作為に文化的特徴を模倣した時に起きる。文化進化において、浮動はどのくらい重要な働きをするだろう。文化進化は、誘導された変異や内容バイアスなどに導かれることが多く、強い方向性が認められるが、それでも無作為のサンプリング誤差の影響を受けるだろうか。アレックス・ベントリー、マシュー・ハーン、スティーブン・シェナンによる最近の研究は、浮動が予想以上に重要な役割を果たしていることを示した［★39］。ベントリーらは、遺伝的浮動の数理モデルに変更を加えて、文化の場合にあてはめた。あるモデルでは、二五〇人という比較的小人数の集団の各人が、それぞれ一つの文化的特徴を持っていると仮定する。世代が変わるごとに、二五〇人全員が新しい二五〇人に取って代わられる。この新しい世代の各人が、前世代のひとりを無作為に選んで、その特徴を模倣する。また、文化的変異として、個人が無作為に新たな特徴を生み出す可能性も想定する。すべてはまったく無作為に起きる。モデルは無作為に選ばれ、文化の変異も無作為であり、各特徴の適応の度合いは等しい。

この文化浮動モデルが数世代続いた結果は、特徴の頻度の「べき乗分布」と呼ばれ、それを図3・2で示した［★40］。横軸は、ある特徴の頻度、縦軸は、その特徴を持つ人の数を示している。文化浮動は、図3・2で示す通り、右肩下がりの直線を生み出す。それが示すのは、非常に珍しい特徴が非常に多く存在し（直線の左端）、非常に人気のある特徴は、ごくわずかしか存在しない（直線の右端）こ

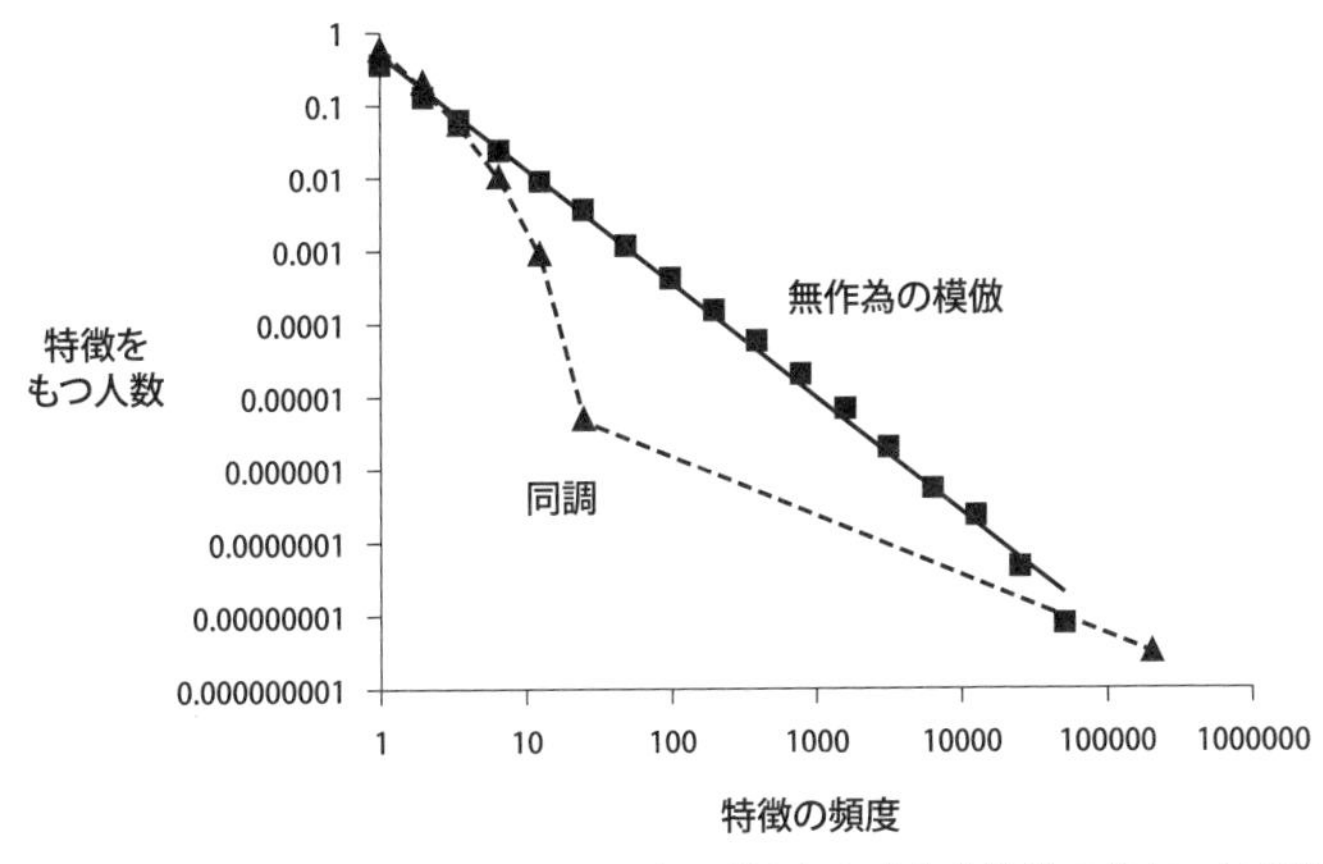

図 3.2　無作為の模倣と同調によって生みだされた文化的特徴の分布。無作為の模倣は直線の「べき乗」分布を生みだすが、同調はそうではない。
出典：Mesoudi and Lycett, 2009

とだ。一方、浮動しない、他の文化的プロセスは、直線のべき乗分布にはならない［★41］。例えば同調は、図３・２の下方のグラフを生じさせる。

続いてベントリーらは、このべき乗分布に適合し、したがって文化浮動の結果とみなせる文化的データセットを探した。すると、いくつか見つかった。一つは赤ちゃんの名前の分布である。赤ちゃんの両親は、何ヵ月も前からいろいろな名前の相対的価値を熟慮し、さまざまな本やウェブサイトを参考にして、子どもの人生を後押ししてくれそうな名前を見つけるのではないかと、私たちは考えがちだが、社会保障カードの申請書に記された名前によると、赤ちゃんの名前は、右肩下がりのべき乗分布を描くことがわかった。つまり、ごく少数の名前に人気が集中していたのだ。例えば二〇〇〇年から二〇〇八年までの間に生まれた男児の約三・六％が、ジェイコブかマイケルかジョシュアと名付けられ、女児の約三%が、エミリーかマディソンかエマと名付けられた[★42]。一方、大多数の名前は、珍しい名前だった。同期間で、ゼイン、クリシュ、スティーブン、エリベルト、ジャックスという名は、それぞれ新生男児の名前の〇・〇〇五%にすぎず、ジャスリーン、ザラ、デイシア、フィンリーはそれぞれ女児の名前の〇・〇〇七五%にすぎなかった。直感に反するが、ファーストネームは選択に関して中立的で、それぞれの間に適応度の違いはないようだ。

ベントリーらは、他のいくつかのデータセットで同様のべき乗分布を示した。その中には、技術の特許が引用される頻度、七〇〇〇年前の西ヨーロッパの陶器の模様の頻度、社会科学で用いられる専門用語(例えば「機関」や「組織構造」など)の頻度、ポピュラー・ソングの流行、犬種の流行などがある。この最後の例、犬種の流行は、文化浮動モデルの重要な利用法の一つを説明している。浮動は、定義によれば、どんな選択も含まず、ゆえに選択を証明する帰無仮説となる。つまり浮動モデルからの逸脱は、選択が働いていることを示すのだ。一九四六年から二〇〇一年までの犬種の流行の変化はべき乗分布を示し、文化浮動モデルと一致したが、途中で興味深い逸脱が起きた。一九八五年のディズニー映画『一〇一』の公開のあと、ダルメシアンの新たな登録が六倍になり、六年後に一九八五年以前のレベルに戻ったのだ。これはディズニー映画に後押しされて文化選択が起きたことをはっきりと語っていた。

自然選択

自然選択と文化選択には違いがある。自然選択では、異なる遺伝子が差別的に複製される。一方、文化選択では、文化的特徴が差別的に選択され、伝達される。ここまで、文化選択によって長年のうちに文化的特徴の頻度がいかに変わるかを見てきた。文化選択と自然選択の違いを念頭に置いた上で、自然選択にも同じ力があると想像することができる。文化的に伝達された特徴が、人の生存の機会を著しく阻害する場合を考えてみよう。その特徴を備えた人は、備えていない人より早く死ぬので、模倣のモデルになる機会が少なく、やがてその頻度は下がるだろう。生存者を減らす文化的特徴の例には、喫煙、スカイダイビングやバンジージャンプなどの極限スポーツ、食人などがある。食人にまつわる有名な事例は、二〇世紀半ばにパプアニューギニアのフォレ族で起きた。葬送儀礼として妻が死んだ夫の脳を食べるという文化的慣習が、クールー病という致命的な神経系疾患を招いたのだ［★43］。しかしこの事例に関して自然選択の作用は、少なくとも文化進化のプロセスに比べると、弱かったようだ。クールー病が抑制されたのは、それが生存を脅かしたからではなく、オーストラリア政府が脳を食べるという慣習を禁じたせいだった。フォレ族が、脳を食べることとクールー病との関連に気づかなかったのは、おそらくクールー病の潜伏期間が、一四年と長かったからだろう。他の生存を脅かす文化的特徴、例えば極限スポーツなどは、スリルへの欲求を満たす、あるいは、それにチャレンジする人の魅力を増すといった、マイナスを埋め合わす利点があるらしい。以上のことから、生存を脅かす文化的特徴が自然選択によって淘汰される可能性はあるものの、文化選択や誘導された変異などの文化的プロセスの方がはるかにスピーディに作用するため、自然選択はあまり力を発揮できないようだ。

文化的特徴は、個人の生殖能力にも影響する。カトリック教徒のように、避妊や中絶を禁止する宗教的信念を持つ人々は、プロテスタントやユダヤ教徒、あるいはまったくの無宗教の人など、そうした信念を持たない人々に比べて、より多くの子どもを持つ可能性が高い。このような宗教的信念が親から子へと垂直に伝達するのであれば、避妊や中絶に反対する信念の頻度は、他の信念よりも速く広まるだろう。前節では、宗教的信念が確かに、強力に垂直伝達することを学んだ。

ところが文化の伝達経路が垂直（親から子）に限られない場合、生物学的に適応とは言えない特徴が広まる可能性がある。カヴァッリ＝スフォルツァ、フェルドマン、ボイド、リチャーソンが構築したモデルは、生物学的に見て適応でない特徴でも、伝達が親から子に限られず、また、その特徴を持つ人が憧れの対象となる場合には、広まりやすいことを示している［★44］。例として、聖職者の独身主義を挙げることができる。独身主義は生物学的適応（多くの子を残すこと）をゼロにまで減らすが、聖職者は社会的地位が高い。したがって、人によっては名声バイアスに導かれて、聖職者に関係のある特徴を模倣するかもしれない。その一つが独身主義なのだ。このようにして、独身主義は集団内に広まる。カヴァッリ＝スフォルツァ、フェルドマン、ボイド、リチャーソンは、このプロセスのあまり極端でないバージョンが、過去一世紀にわたって脱工業化の国々で家族のサイズが劇的に縮小した原因かもしれないと示唆した。この経過は「人口転換」と呼ばれる。自然選択が大家族を好むのに対して、名声バイアスの文化選択は小家族を好む。それは、子どもが少なければ、親はより多くの時間を、社会的地位を高めるために使えるからだ。育児に費やす時間は、商品を売ったり、選挙運動を繰り広げたり、論文を書いたりできる時間でもある。そのような地位が高い人に備わる特徴を、他の人々は模倣しようとするだろう。その特徴の一つがおそらく「小家族」なのだ。こうして「小家族を持つ」という規範は集団内に広まり、結果として家族のサイズはより小さくなる。

以上見てきたように、自然選択は集団内の文化的特徴の頻度を変えるかもしれないが、文化選択や誘導された変異ほど強く働くとは思えない。というのは、文化選択や誘導された変異などは、垂直でない経路によって、自然選択よりはるかに速く作用するからだ。だからといって、文化進化が自然選択と無縁なわけではない。人間の認識器官は間違いなく自然選択の産物であり、そうした器官を介して、文化選択や誘導された変異は作用する。それは嫌悪感の内容バイアスの例で見た通りだ。このような自然選択の間接的な影響は、文化的特徴の頻度に対するその直接的な影響よりも、はるかに重要だろう。

文化移動

文化移動は、ある集団から別の集団へ文化的特徴が移動することを言う。これは、生物進化における遺伝子の移動（遺伝子流動）に対応するものだ。文化移動には二つの形がある。一つはカヴァッリ＝スフォルツァとフェルドマンが「デーム的拡散」と呼ぶもので、人がある集団から他の集団へと、文化的特徴を伴って実際に移動するものだ。もう一つは「文化的拡散」と言い、文化的特徴が人の移動なしに、ある集団から他の集団へ、これまでに述べた伝達経路の一つによって伝達するものだ。

どちらの移動がより重要だろう。先史時代には、デーム的拡散が文化移動の主な形だったと思われる。例えばおよそ一万一〇〇〇年前に、農業――動物の家畜化や植物の栽培品種化――が中東で考案された。約三五〇〇年後、それがヨーロッパに伝わった。これはデーム的拡散によって広まった（農民の集団が農法とともにヨーロッパに移住した）のだろうか、それとも文化的拡散によって伝達した（農法がヨーロッパにいた人々に伝わった）のだろうか。最近の研究で、先史時代のヨーロッパ人の骨格から抽出したミトコンドリアＤＮＡを分析したところ、この時代の狩猟採集民のＤＮＡと農民のＤＮＡが著しく異なることがわかった。これは農民がヨーロッパに移住して狩猟採集民に取って代わったことを意味し、デーム的拡散が起きたことを示唆している［★45］。

電話やテレビやインターネットなどのマスコミュニケーション技術の出現により、文化移動はますます文化的拡散によってなされるようになった。その伝達経路は、先に述べた一対多の形をとる。前述のアイオワ州の農家に普及したハイブリッド・コーンはその一例で、先史時代の農業の普及とは好対照をなす。先史時代の農業とは異なり、ハイブリッド・コーンが普及したのは、それを持つ農民がアイオワに移住し、伝統的なトウモロコシを育てていた農家に取って代わったからではない。ハイブリッド・コーンが、文化的に既存の農家に普及したのだ。

カヴァッリ＝スフォルツァとフェルドマンは、移動が大進化にもたらす結果を探究するために、移動をモデル化した。一つの集団の観点に立てば、文化の移動は文化的変異（新たな変異の導入）に相当する。この新たな変異は、集団内の個人が創出したものではなく、移民が持ち込んだか、あるいは集団の外の人を模倣して導入したものだ。一方、複数の集団の観点に立てば、移動には集団間の違いを減らす効果がある。つまり、文化的特徴が無作為に集団から集団へ移動するにつれて（他のプロセスが作用していないと仮定して）、最終的に、その特徴は各集団に等しく振り分けられるのだ。二つの液体か気体が、透過性の膜を通して溶け合うのと同じだ。その状況で集団間の違いを維持するには、他のプロセスが必要となる。同調がその一つであることは、すでに見てきた通りだ。移動と同調が拮抗しあって、世界や歴史に見られる集団内と集団間の違いのパターンを生じさせていると考えることができる。

結論――ダーウィン的な文化進化の定量的理論

カヴァッリ＝スフォルツァ、フェルドマン、ボイド、リチャーソンが一九七〇年代から一九八〇年代にかけて構築した文化進化のモデルは、それ以前の実験によらない非公式な理論（スペンサー流の文化進化論や、ミーム学に代表されるネオ・ダーウィニズム的な文化進化論）に比べて、格段の進歩を遂げた。カヴァッリ＝スフォルツァらは初めて実験に裏づけられた小進化の原理を提示し、生物学から借りた厳密な数理モデル化技術によって、その大進化の結果を探究したのだ。しかし彼らは、生物学からやみくもに仮説を取り入れたわけではなく、モデル化した文化の小進化のプロセス（融合伝達やラマルク的な誘導された変異など）は、生物進化のプロセスとははっきり異なっていた。本章では、このような小進化のプロセスを確認した。続く二つの章では、文化の大進化に目を向け、そのプロセスも、生物学から借りた進化を測る技術によって等しく定量化できるかどうかを見ていこう。

第4章　文化の大進化Ⅰ

——考古学と人類学

　前章では、文化進化の小進化の詳細を扱った。それらは、一つの集団内の、短期間の、個人の相互関係に関わることだった。例えば、人が文化的特徴を学ぶ相手（名声のある人や、多数派など）、記憶しやすく伝達しやすい情報の種類（嫌悪感をもたらす噂など）、文化の伝達経路（垂直か水平か）、その伝達の形（粒子的か、融合的か）といったことだ。多くの場合、このような小進化のプロセスと、大規模で長期間におよぶ大進化のパターンやトレンドにはつながりがある。例えば同調は、ミクロレベルでは異なる集団のメンバーがそれぞれの地域の行動基準を取り入れることを意味し、その結果、マクロレベルでは、文化的慣習や価値観や風習における集団間の違いを生みだすと予測される。この空間的パターン――集団間の大きな違いと、集団内の小さな違い――は、民族誌学者が観察した民族間の違いに似ているように見える。他のパターンは時間に関わるもので、文化進化の速度が含まれる。たいていの宗教的信念は、例えばポピュラー・ミュージックの好みほどには速く変化しない。それは、前者がおもに垂直に伝達するのに対して、後者は文化浮動の無作為なプロセスなどによって、水平に伝達するからだ。移動は、デーム的拡散（人の移動）でも、文化的拡散（人の移動を伴わない情報の伝達）でも、先史時代のヨーロッパにおける農業の普及のような、大規模な歴史的変化を導きうる。

　しかし、前章で例を挙げた大進化のパターンと流行の多くは、それほど公式なものではない。本書の最終的な目的が、土台となる小進化のプロセスによって大進化のパターンを説明し、社会科学における小進化と大進化の分離を解消することだとしたら、前章で概説したように、小進化が大進化に及ぼす影響を定量的に予測するだけでなく、そのような予測を検証するための、大進化のパターンとトレンドを厳密に把握し測定する方法が必要とされる。本章と次章では、考古学者、人類学者、言語学者、歴史学者のグループが、進化的手法（生物学者が生物学上の大進化を研究するために開発したもの）を用いて文化の大進化のパターンとトレンドを把握した過程を考察する。

系統学——命（と文化）の木を再構成する

『種の起源』に出てくる唯一の図である樹形図は、すべての種が元のところでは結びついている様子を、ダーウィンが描こうとしたものだった。現在でも生物学者たちは、種のグループの進化の歴史を表すのに樹形図を用いる。それらは今では系統樹と呼ばれ、系統樹を構築する学問が系統学である［★1］。系統樹は、生物の大進化におけるパターンとトレンドを説明する重要なツールの一つになった。

例えば図４・１は、現在認められている旧世界の霊長類の系統を表している［★2］。系統樹で近くに配されている二種は、より近縁である。つまり、系統樹で遠く離れている種に比べて、より最近に共通の祖先を持っていたということだ。図４・１の系統樹は、ヒトがゴリラよりもチンパンジーと近縁であることを語っている。ヒトとチンパンジーの共通の祖先は、約六〇〇万年前に生きていたが、ヒトとゴリラ（およびチンパンジー）の共通の祖先はもっと昔、約七〇〇〜八〇〇万年前に生きてい

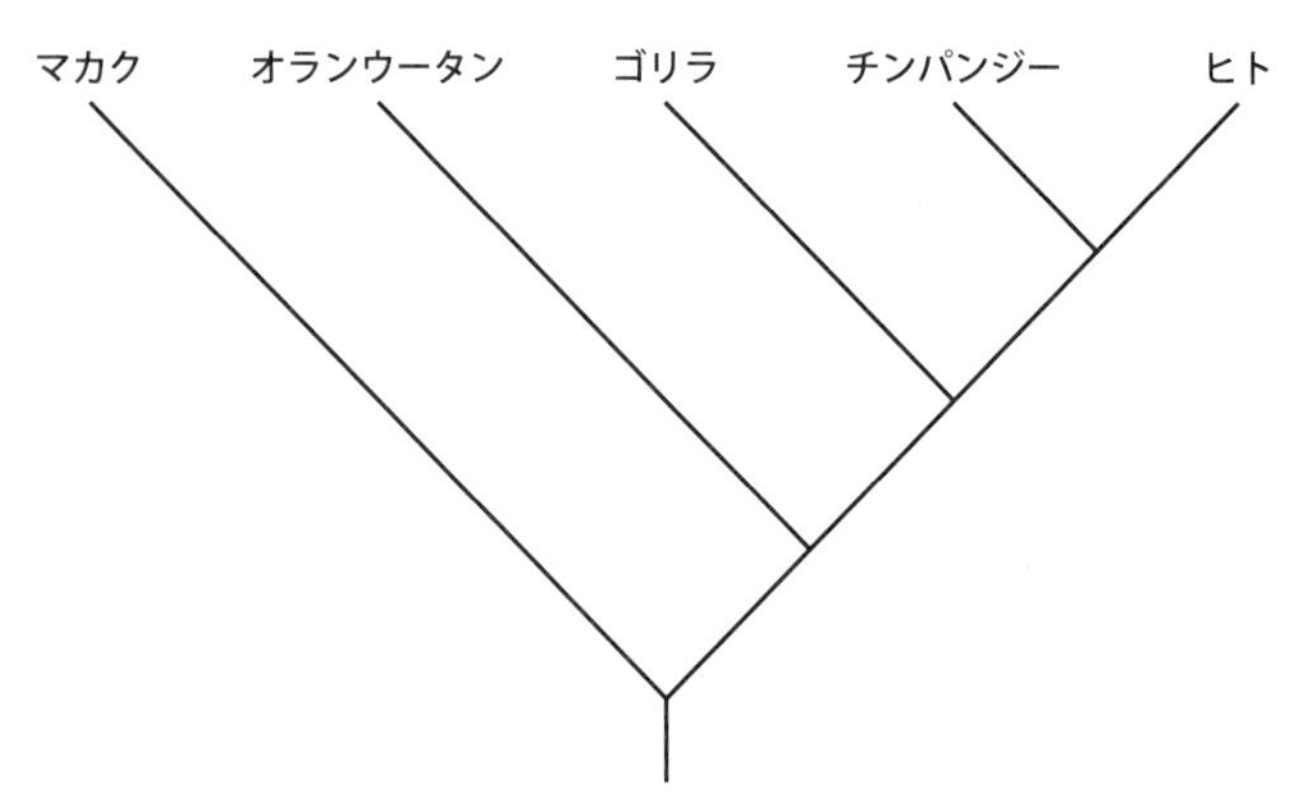

図 4.1　霊長類の系統樹

たからだ。生物学的系統樹は、スケールははるかに大きいものの、人間の家系図によく似ている。例えば家系図では、兄弟二人は従兄弟の二人より近くに配置される。これは、兄弟がより最近の「共通の祖先」、つまり一世代前の両親を持っているからだ。一方、従兄弟の共通の祖先は祖父母で、二世代前にさかのぼる。生物学者が作った系統樹は、家系図を非常に拡大したバージョンと見ることができ、土台となる論理は同じで、両者の関係が密接なほど、近くにあるはずだ。

しかし、系統学者と違って生物学者は、系統樹を構築するのに人の記憶や出生証明書などの歴史的記録に頼ることができない。その代わりに彼らは、種の違いによって系統樹を構築していく。初期の系統樹は、指の数や、翼や毛皮の有無といった身体的特徴に基づいて構築された。図4・1の系統樹を含む、より最近の系統樹は、遺伝子データに基づいている。この系統樹でヒトとチンパンジーが、ヒトとゴリラよりも近くに配置されているのは、ヒトとチンパンジーが、ゴリラは持っていない遺伝形質を共有しているからだ（実のところ、以前は、身体的類似からチンパンジーは人間よりゴリラに近いとされていたが、遺伝子分析によってゴリラより人間に近いことがわかったのだ）。

共有する特徴（遺伝子や身体的特徴）は、第2章で述べたダーウィン進化論の基本原理の一つ「継承性」から、近縁さを推測するのに用いられる。二つの近縁種は一般に特徴が似ている。共通の祖先種からその特徴を受け継いでいるからだ。二つの種が別々の系統で進化した期間が長いほど、より多くの変化が起き（遺伝的浮動による無作為の変化も、選択による作為的な変化も）、より異なっていく。

しかし類似性だけから近縁さを推察することには問題がある。というのも、二つの種が同じ特徴を持つ理由は、遺伝的近さだけではなく、関係のない系統の種が同じ特徴を独自に進化させた可能性もあるからだ。鳥の系統とコウモリの系統で別々に翼が進化したこと、あるいはクジラの系統と魚の系統で、別々にひれが進化したことを考えてみよう。系統学が類似性だけに基づくのであれば、コウモリを鳥類、クジラを魚類に誤って分類するかもしれない。ダーウィンが『種の起源』に記し、また本書の第2章で述べたように、このような現象は収斂進化によって生じる。二つの種がよく似た生態学的地位（ニッチ）に適応した結果なのだ［★3］。

この問題を解決するために、生物学者は、系統が近いために似ている特徴（相同という）と、収斂進化のせいで似ている特徴（成因的相同という）を区別するさまざまな手法を開発した。これらを区別すれば、系統の近さだけによる系統樹を構築することができ、それは真の歴史的関連を示すものと

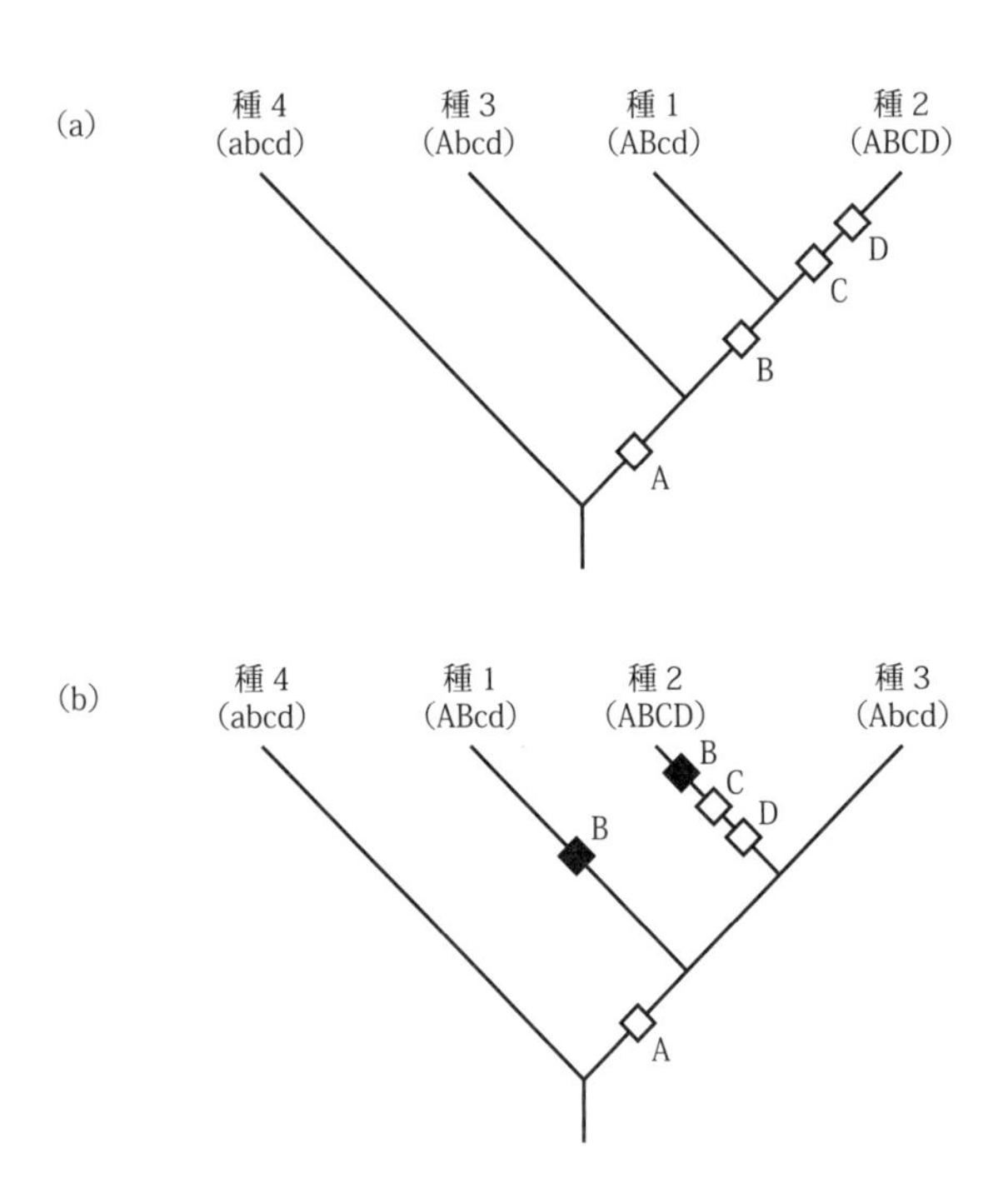

図 4.2　4つの仮定上の種の2通りの系統樹。小文字（a〜d）は祖先から受け継いだ形質を表し、大文字（A〜D）は派生した形質を表す。白い四角は一度だけ起きた進化的変化を表し、黒い四角は、同じ進化的変化（この場合は b → B）が異なる系統で起きたこと（成因的相同）を表す。
出典：O'Brien, Darwent, and Lyman 2001

なるはずだ。そうした手法の中でよく使われるのが、「最大節約法」と呼ばれるものだ。この手法は、「いちばん単純な説明がいちばん優れている」という科学の一般的仮定（「オッカムの剃刀」と呼ばれる）に基づいている。それを系統樹にあてはめて、最も正しいと思える系統樹は、観察される特徴の違いを、最小限の進化的変化によって説明できるものだとする。

図４・２は最大節約法の論理を図解している［★４］。二つの木はどちらも、１～４の四つの種の進化的関係を示している。四種は四つの形質を共有し、その形質には、Ａ－ａ、Ｂ－ｂ、Ｃ－ｃ、Ｄ－ｄの違いがある。小文字（ａ～ｄ）は祖先から受け継いだ形質、大文字（Ａ～Ｄ）は派生した形質を表す。派生した形質とは、祖先から受け継いだ形質が進化的に変化したことを意味する。例えばクジラのひれは、カバに似た祖先の脚から派生したものだ。そういうわけで、種「４」は、最も変化のない種で、祖先から受け継いだ四つの形質（ａｂｃｄ）をそのまま持っている。一方、種「２」は、最も変化した種で、四つの形質はすべて派生したもの（ＡＢＣＤ）になっている。種１（ＡＢｃｄ）と種３（Ａｂｃｄ）は、祖先から受け継いだ形質と派生した形質を併せ持つ。

図４・２ａは、これら四つの種の進化的変化を説明する、最も単純な系統樹を示している。種４は木の根元、つまり四種の共通の祖先から出ている。白い四角は、他の三種が共通の祖先から分岐した時に起きた進化的変化を表す。種３は、祖先から受け継いだ形質ａがＡになった後に、種４との共通の祖先から分岐した。同様に、種１は形質ｂがＢになった後に分岐し、種２はｃがＣ、ｄがＤになった後に分岐した。

一方、図4・2bの系統樹は、収斂進化（または成因的相同）の例を示している。つまり二つの別々の系統でbがBになり、一方は種1につながり、他方は種2につながる。この変化は黒い四角で示している。その結果、4・2bと4・2aでは種1、2、3の位置が違ってくる。そして、最大節約法によると、4・2bは4・2aに比べて、進化の歴史を正確に描いている可能性が低いとされる。最も節約型の系統樹は、観察される特徴のバリエーションを、成因的相同（収斂進化）が最も少ないシナリオで説明するものなのだ。系統学的手法は、成因的相同が最も少ない系統樹を生みだすように意図されている。特定の系統樹がこの要件を満たす度合いは、一致指数（ＣＩ）を用いて評価することができる。ＣＩは、ある系統樹において、理論的に可能な最小の形質状態変化数（＝モデルでは派生した形質の数に相当する）を、実際の変化数で割った値と定義される。ＣＩ＝一は、成因的相同のない（つまり、収斂進化が起きない）完全な系統樹を表し、図4・2aの系統樹はそのような系統樹の例で、四つの派生した形質（Ａ、Ｂ、Ｃ、Ｄ）と、四回の形質変化（四つの白い四角）が存在する。したがってＣＩ＝四÷四＝一となる。ＣＩ値が一より小さくなるほど、その系統樹の正当性は低くなる。例えば図4・2bの系統樹には、図4・2aと同じく四つの派生した形質が存在するが、形質変化が五回起きており、ＣＩ＝四÷五＝〇・八となる。他にも保持指数（ＲＩ）などの指標があり、後で詳述するが、ＲＩは異なるデータセットを比較する時に特に役に立つ。

以上、生物学分野で種の進化の歴史を再構成するのに用いる系統学的手法について概説したが、それは、成因的相同より相同に焦点を合わせる理由や、最大節約法の背後にある論理を明らかにしたいからだ。現在では系統樹の構築は、高性能のコンピュータ・プログラムによって行うようになり、数多くの種と形質から、最も可能性の高い系統樹を自動的に予測できるようになった。また、ゲノム解析技術が利用しやすくなったため、形態学的特徴に加えて、あるいはその代わりに、遺伝子データを用いて系統樹が構築されている。その結果、最尤法（さいゆうほう）やベイズ推定法など、最大節約法より高度な技術が開発された。これらは分子進化の速度やパターンに関する、より明確な仮定（例えばあるヌクレオチドが別のヌクレオチドに置換される確率など）を含む［★5］。

系統学的手法を用いて過去の文化進化を復元する

生物学者が系統学的手法を用いて種間の進化的関係を復元するように、文化的に伝達された人工物、行動慣習、言語などの進化的関係も系統学的手法によって復元できることを、文化進化の研究者のいくつものグループが最近になって明らかにした。文化的データに系統学的手法が適用できるのは、文化的特徴も種と同様に、変化しながら受け継がれていくからだ。つまり模倣などの社会的学習によって個人から個人へ、世代から世代へ伝達し、特徴の類似による系統樹を形成するのである。

考古学分野で最初に系統学的手法を適用したのは、ミズーリ大学コロンビア校のマイケル・オブライエンとリー・ライマンである。彼らは一連の論文や書籍の中で、考古学者にとって系統学的手法は、人工遺物の進化の歴史を復元する貴重な手段になると主張し、実際にそれをしてみせた［★6］。彼らは尖頭器に焦点を絞った。それは投げ矢、槍、矢などの先端につける尖った石器で、先史時代のハンターが獲物を狩るのに使った。北米全体で見つかっており、およそ一万一五〇〇年前に出現したと考えられている。作り方はほぼ同じで、大きな石から薄片を削りとり、左右対称の先のとがった形にしていくのだが、そのデザインには地域差が見られる。幅、厚さ、長さ、それに先端や基部の形もさまざまだ。例えば、基部に小さな切れ込みが二つあるものや、小さな突起（「舌」と呼ばれる）が基部から突き出ているものがある。いずれも矢や槍の軸につけやすくするための工夫だ。このようなバリエーションに対処するために、考古学者たちは伝統的に、出土した地域や全体的な特徴によって尖頭器をいくつかのタイプに分類してきた。そうしたタイプには、クローヴィス、カンバーランド、ダルトン、フォルサムなどがあり、例えば、カンバーランド尖頭器は全体的にクローヴィス尖頭器より細くて厚く、またそれと違って基部に舌がある。

長年にわたって考古学者たちは、異なるタイプの尖頭器の歴史的関係について思索し、どのタイプが最初に出現したのか、それぞれのタイプの歴史的つながりはどうなのか、と議論してきた。放射性炭素年代測定法によっても、そうしたことは正確にはわからないので、考古学者たちは尖頭器の類似に注目し、似ているものはより近い関係にあるとして、その歴史的シナリオを組み立ててきた。これまで動物の進化で見てきたように、これはよい出発点である。よく似た種は、より最近に共通の祖先から枝分かれした近縁種である可能性が高く、同様に、よく似た尖頭器は、より最近に共通の原型から枝分かれした、近い関係にあるものと思われる。しかしそれだけでは不十分だ。類似を遺伝（相同）

によるものと、収斂進化（成因的相同）によるものに区別し、成因的相同が最小となるシナリオを組み立てる必要がある。

そういうわけでオブライエンとライマンは、考古学者ジョン・ダーウェントとともに、系統学的手法によって北米の尖頭器の進化史を復元した［★7］。彼らは、系統学的手法が適用できるのは、人工遺物が真の進化的変化、すなわちダーウィンが『種の起源』で述べた「変化を伴う継承」が起きた場合に限られると主張した。種の系統が、遺伝情報を継承するために連続性を示すのと同じく、人工遺物の系統も連続性を示す。それらを作るための知識と技術が、先史時代の狩猟採集民の間で何世代もかけて、人から人へ文化的に伝達してきたからだ。そして生物の二つの種が共通の祖先から枝分かれした後、年月とともに無作為の遺伝的変異や、異なる環境への適応による違いが積み重なっていくように、人工物の系統も、共通の原型から分岐した後、無作為の革新や、異なる環境への文化的適応によって違いが積み重ねられていくので、年月がたつにつれて形が異なっていく。

オブライエンらは、まず尖頭器の八つの基本的な特徴を明確にした。生物学の系統樹を構築するのに用いる、身体的形質や遺伝的形質に相当するものだ。これらの特徴は、不連続な等級の一つに分類される。例えば基部の形は、四つの値、「弓形」「通常のカーブ」「三角」「フォルサム型（凹形）」の一つに分類され、縦横比は六つの範囲（一・〇〇～一・九九、二・〇〇～二・九九、三・〇〇～三・九九……最大値は六）の一つに分類される。オブライエンらは、アメリカ南東部の各地で発見された六二一個の尖頭器の特徴を組み合わせた。それらのうち、一七の組み合わせが、サンプルの尖頭器の少なくとも四つに見られ、合計で八三個がこの組み合わせに合致した。オブライエンらは、この一七の組み合わせを、等級、あるいはよく似た尖頭器の共通の型とみなした。（興味深いことに、経験的に引き出したこれらの等級は、従来、考古学者が用いていたクローヴィス、ダルトン、フォルサムなどの型と一致せず、定量分析が主観的バイアスを減らすことが明らかになった）。彼らは尖頭器の進化の過程で起きた独立した変化（収斂進化に相当する）の数が最小になる、節約的なシナリオに沿って、この一七の等級の系統樹を構築した。

その結果が図4・3で示した系統樹である。系統樹の根元になっているのは、演繹的な根拠から他の一六の尖頭器――この原型から分岐している――の原型とみなされた尖頭器である。図4・2と同じく、白い四角は形質の単独の変化を表し、それは系統樹全体で一度だけ起きる。黒い四角は、異なる系統で二度以上起きた変化を表し、成因的相同（収斂進化）を表す。変化は合計で二二回起きた。独自の変化が七回、成因的相同が一五回である。この系統樹の一致指数は〇・五九となり、それは多くの生物学的系統樹の指数と同等である。

こうしてオブライエンらは、系統学的手法が、考古学的人工物の進化的関係を復元する強力な定量的方法を提供することを立証した。考古学者たちは長年にわたって、人工物の型の歴史的関係について思索してきたが、正しい歴史的系統樹を見つけるための、明白な仮定（最大節約法など）に基づく厳密で正確な方法を、系統学的手法が提供することがわかったのだ。もちろんオブライエンらが選んだ形質や分類の仕方、あるいは土台とした仮定について、異論を述べる研究者もいるだろう。しかし

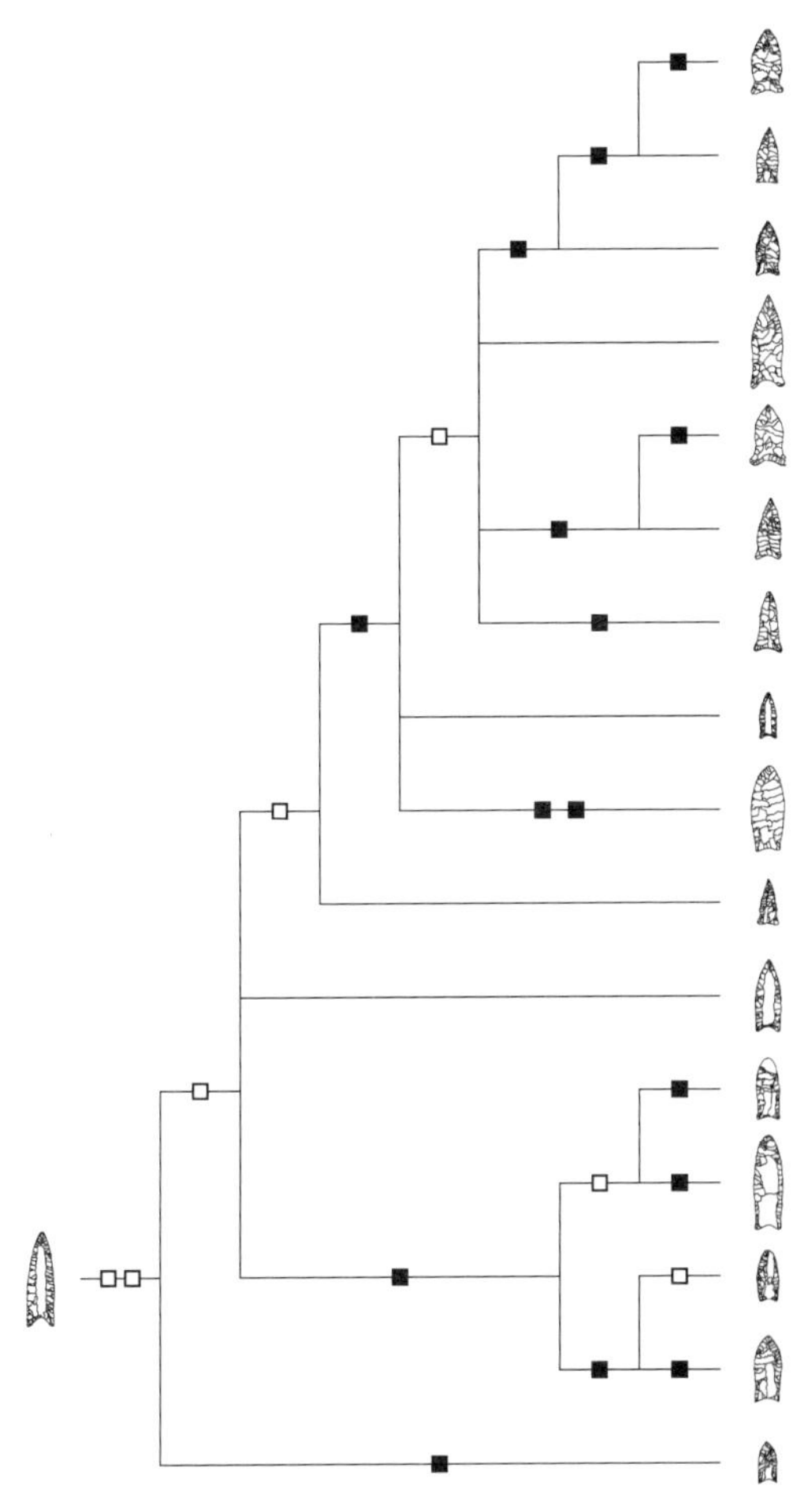

図4.3 アメリカ南東部で発見されたパレオ＝インディアンの槍先形尖頭器の文化的系統樹。白い四角は一度だけの進化的変化を示し、黒い四角は異なる系統で二度以上起きた進化的変化（成因的相同）を示す。
出典：O'Brien, Darwent, and Lyman 2001

系統学的手法は正式で定量的であり、明白な仮定と反復可能なアルゴリズムを伴うので、彼らは彼らで、独自の（明白な）仮定に基づいて、別のデータから系統樹を構築することができる。そうした方が、異なる歴史的シナリオについて根拠の怪しい議論を繰り返すよりはるかに生産的である。

系統学的手法を用いて有効な仮説を検証する：ゴルトンの問題

秘かに地球を調査するために他の惑星からやってきた宇宙人の人類学者になったつもりで考えてみよう。あなたは、異なる人間集団の類似性や違いに特に興味を持っている。まず気づいたのは、集団によって平均的な裕福さに差があることだ。ある社会では、人は暖房（またはエアコン）完備の大きな家に住み、病気で若くして死ぬことは稀で、いつも充分すぎるほど食べたり飲んだりしている。他の社会では、人は小さなあばら屋に住み、食べ物や飲み物は不足気味で、子どもは病気で死ぬことが多い。これらの違いを説明しようとして、あなたは、裕福な社会の男性の多くが、首に色のついたひも（ネクタイ）をつけているのに対して、貧しい社会の男性は、それをつけている人がいたとしてもごく少数であることに気づく。興味を引かれ、さらによく見てみると、それぞれの社会において、ネクタイを着けている男性はネクタイを着けていない男性より、大きな家に住み、たくさん食べている。あなたは宇宙人科学者のボスに報告する際、ネクタイは人類の富の重要な源であり、大きな家と食料を（宇宙人心理学者や宇宙人ミクロ経済学者には理解しえない未知のメカニズムで）どうにかして生みだすのだと、確信を持って述べる。

明らかにこの結論は間違っている。それは歴史を無視しているからだ。裕福な社会（と人々）は、ネクタイのおかげで裕福なわけではない。ネクタイは単に個人の意志による着衣習慣で、一八〇〇年代末の産業革命の頃に英国で流行しはじめた。産業革命で技術が進歩したおかげで英国は裕福になり、その影響は大英帝国領を通じて世界中に及んだ。ネクタイをつける習慣も、英国の他の習慣や技術とともに世界に伝わった。やがてネクタイをつける習慣が裕福なビジネスマンと結びつくようになり、日本のように直接英国の影響を受けなかった社会でさえ、ビジネスウェアとしてネクタイを取り入れた。

歴史がもたらす偽の相関という問題は、一八八九年という昔にダーウィンの従兄弟のフランシス・ゴルトンが指摘している［★8］。人類学者、エドワード・バーネット・タイラーの、さまざまな慣習や風習には社会を超えた相関が見られるという主張に対して、ゴルトンは次のように反論した。「二つの文化的特徴の相関がいくつもの社会で見られることについての機能的な説明はいずれも、それらの社会に結びつきがあるという可能性に対して脆弱である。それらの社会は、歴史を共有しているかもしれない。その場合、複数の文化的特徴が同時に見られるのは、単に元の社会が両方の特徴をたまたま備えており、機能的結びつきがないにもかかわらず、それらがそのまま次世代の社会に伝えられたとも考えられるのだ」。この問題は人類学分野で「ゴルトンの問題」――異なる民族で同じ文化が見られた時、それが歴史を共有するせいなのか、それとも環境への適応なのか、見極めが難しいこと

――と呼ばれるようになった。

生物学者もまさに同じ問題に直面する。なぜだろう。それは、人類学者と同じく彼らも変化を伴いつつ継承される進化システムを研究しているからだ。カワスズメ科の魚――小さな熱帯の淡水魚で、東アフリカの多くの湖で見られる――の種が一つの例である。カワスズメ科の種は、子育ての二つの側面に違いが見られる［★9］。一つは、「ネストガーダー」（卵を巣に生み、片親か両親が守る）か、「マウスブルーダー」（一方の親の口の中で卵を孵化させる）か、という違いだ。もう一つは、子育てをするのがメスか、オスか、両方かという違いだ。カワスズメ科の種は、ネストガーダーよりもマウスブルーダーのほうが多い。また子育てをするのは、メスだけの場合が一般的で、続いてメス・オス両方、オスの順になる。これらの特徴のどれが最初に進化し、どれが後で進化したのだろう。特定の組み合わせが他よりも進化しやすかったり、ある特徴が他の特徴を誘発したりするのだろうか。例えば、現実的な理由から、単親による子育ては、ネストガーダーよりもマウスブルーダーで進化しやすいと予測できそうだ。マウスブルーダーは自由に動き回ることができ、一方の親が去ってしまうこともあるからだ。実際、この予想は当たっているらしい。単親で子育てするのは、マウスブルーダーでは八九％にのぼるが、ネストガーダーではわずか二二％なのだ。しかしこのように、ネストガーディングかマウスブルーディングか、単親か両親か、の組み合わせで種を分けると、ゴルトンの問題が生じやすい。単親のマウスブルーダーの頻度が高いのは、単親による子育てとマウスブルーディングが何度も共進化したからなのか、それとも、単親でマウスブルーディングをしていた祖先に由来するのだろうか。

この問題を解決するために、生物学者のニコラス・グッドウィン、シーガル・バルシャイン゠アーン、ジョン・レイノルズは、まず東アフリカのカワスズメ（シクリッド）一七四種の系統樹を、形態の特徴と遺伝子データに基づいて構築した［★10］。それから、それぞれの種がマウスブルーダーかネストガーダーか、子育てするのがオスだけか、メスだけか、両親かといった詳細を、この系統樹に記載した。その結果、ネストガーダーからマウスブルーダーへの進化は、予想をはるかに超えて一〇～一四回起きていたが、マウスブルーダーからネストガーダーへの進化はめったに起きなかった。同様に、両親での子育ては単親での子育ての原型で、単親で子育てするのは主にメスのみだということがわかった。この推移は、二一～三〇回起きていた。これらの分析により、カワスズメ科の子育ての原型は、両親によるネストガーディングで、メスだけによるマウスブルーディングへの推移は、別々の系統で何度も起きたことがわかった。このことは、そのような移行が偶然にではなく、実際的な理由があって起きたことを示唆している。先に述べたようにマウスブルーダーが自由に動き回れることは、その理由の一つかもしれない。

一九九四年、人類学者のルース・メイスと生物学者のマーク・パーゲルが、社会科学者は系統学的手法を用いて、異文化間の違いに関する同様の仮説を検証することができると示唆した［★11］。すでに尖頭器のケースで見てきたように、系統学的手法によって一連の特徴の進化の歴史を復元することができる。しかし、メイスとパーゲルは、系統学的手法を使えば、進化の歴史を復元できるだけでなく、文化的特徴がランダムでない明瞭なパターンで同時発生する理由に関する仮説を検証できる、と主張した。その好例は、ルース・メイスと仲間の人類学者のクレア・ホールデンによって提供された。彼らはサハラ以南の異なる社会に見られる文化的バリエーションを調査した［★12］。これらの社会の一部は牧畜民で、ウシなどの大型家畜動物を飼っている。それ以外は農耕民で、家畜を飼わず、小さな土地で作物を育てている。また、社会によって、家庭内で財産を相続する方法も異なる。（政治権力、集団の帰属関係、所有地なども含め。）財産を母から子へと女系で相続する社会があり、これは母系社会と呼ばれる。一方、父から子へと男系で相続する社会もあり、これは父系社会である。（母系と父系が混在する集団もあるだろうが、わかりやすくするためにここでは取り上げない。）文化人類学者らは、アフリカ社会のこの二つの特徴のつながりに長く注目してきた。牧畜社会は父系の傾向が強く、農耕社会は母系社会の傾向が強い。例えばデイヴィッド・アバーリは一九六一年の研究で、世界の牧畜社会のうち、母系社会はわずか八％だが、農耕社会は三〇％が母系であることを発見した［★13］。これは父系と牧畜、母系と農耕の機能的結びつきを示唆している。

しかしホールデンとメイスが指摘したように、アバーリの分析はゴルトンの問題を生じやすい。つまり父系と牧畜、母系と農耕の結びつきは、見せかけのものかもしれず、現代のすべての社会はたまたま、父系の牧畜社会か、母系の農耕社会のどちらかに由来し、複数の集団に見られるそのつながりは、単なる歴史の偶然という可能性があるからだ。この問題を解消するために、ホールデンとメイスは、言語データに基づいてサハラ以南の六八社会の系統樹を構築した。それは、言語がよく似た社会を近くに位置づけた系統樹で、言語は比較的ゆっくり変化し、社会の中で比較的忠実に伝達されるという仮定に基づいている。次にホールデンらは、系統樹上の社会を、家畜を飼っているか、飼っていないか、母系か父系かで分類した。その結果、最近に共通の祖先を持ち、密接につながっている社会は、生存と相続のルールの同じ組み合わせを持つことが多いことがわかった。言い換えれば、それぞれの社会は、独立した存在とはみなせないらしい。一群の社会の文化的特徴が似ているのは、共通の祖先からそれを受け継いだからなのだ。ところが、母系から父系へ、あるいはその逆、そして家畜を飼う生活から、家畜を持たない生活へ、あるいはその逆という推移が、何度も独自に起きたことを示す証拠がある。最尤法と呼ばれる統計学的手法により、これらの事象につながりがあることがわかった。一つの特徴の変化は、偶然として予想される以上に他の特徴の変化と関係があることが示されたのだ。また、特定の方向の変化が他より起こりやすいこともわかった。母系の家畜を飼う社会は、父系の家畜を飼う社会か、母系の家畜を持たない社会のどちらかになりやすい。言い換えれば、母系と家畜を飼うことのつながりは不安定なのだ。しかし家畜を飼う社会が父系になると、どちらの特徴も変化しにくい。このような転換は、図4・4により詳しく示されている。

ホールデンとメイスは、この進化の歴史は説明可能だと主張した。家畜は、娘より息子にとってより役に立つので、父系相続への転換を後押しするのだ。アフリカの多くの社会では、結婚を望む男性は、相手の女性の家に婚資（金品や財産）を贈る。家畜の大群を持っていれば、それを贈ることができるので、結婚できる可能性が高くなる。したがって、家畜を飼うことは、父系相続への推移を起きやすくするのだ。ローラ・フォルトゥナート、クレア・ホールデン、ルース・メイスは、系統学的手

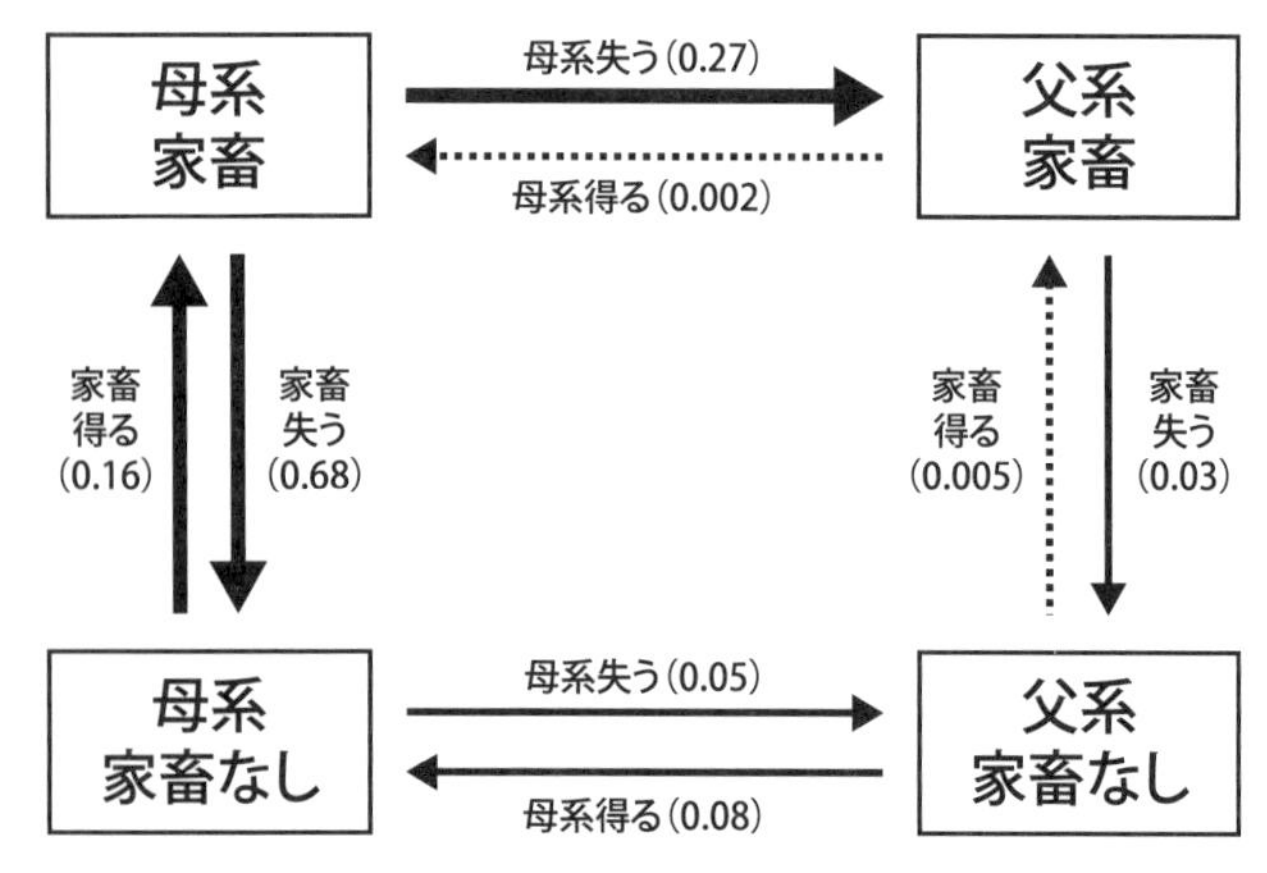

図 4.4　サハラ以南のアフリカの六八社会における家畜保有と相続のルールの系統学的分析。カッコ内の数字と矢印の太さは、ある組み合わせから別の組み合わせへの推移の可能性を表す（大きい数字および太い矢印ほど高い可能性を表す）。
出典：Holden and Mace 2003

法によって、さらに婚資制度そのものの起源を探究した［★14］。婚資制度は持参財制度と対をなす。持参財制度は、花嫁の家族が新婚夫婦に金品や財産を贈るというものだ。世界の伝統的な社会の大半には婚資制度があるが、持参財制度を持つ社会ははるかに少ない。婚資制度のほうが古く、持参財制度は最近に出現したので、まだそれほど広まっていないのだと言う人類学者もいる［★15］。ところがフォルトゥナートらの系統学的分析の結果は、持参財制度のほうが先祖から受け継いだ状態であり、一方、婚資制度は少なくとも四回、独自に進化したことを示唆していた。以上のことは、従来の非進化的で非系統学的な手法に比べて、系統学的手法が歴史的文化事象の理解をはるかに向上させた、明白な事例である。

だが文化進化は樹状なのか？

このように、オブライエン、ダーウェント、ライマン、メイス、ホールデン、フォルトゥナートといった研究者は系統学的手法を文化進化に適用したが、問題がなかったわけではない。よく議論の的になったのは、生物進化は種分化という性質から樹状になるが、文化進化は樹状にならないのではないか、ということだ［★16］。考え方、慣習、風習、技術は、しばしば水平に文化の系統を超えて伝達し、他の文化のものと融合していく［★17］。例えば、単語がある言語から別の言語へ広まったり（「impasse（難局）」や「sabotage（サボタージュ）」など、英語にはフランス語由来の単語が少なくない）、発明者が既存のものを組み合わせて新たなものを発明したり（さまざまな既存の刃物を一緒にしたスイスアーミーナイフなど）、科学者が二つの理論を統合したり（ジェームズ・クラーク・マクスウェルをはじめとする一九世紀の物理学者たちが、電気と磁気の別々の理論を統合して電磁気学を誕生させたように）といったことだ。

文化の大進化の構造が樹状にならないことを初めて議論の場に持ち出したのは、二〇世紀初期の文化人類学者、アルフレッド・クローバーだった。彼は、文化進化は樹状というより、はっきりした系統のない、からみあった低木のような様相をなす、と考えた［★18］。後の学者たちはクローバーの指摘を根拠として、系統学的手法は生物学のデータセットを基に、進化の系統樹を確認するために生物学者が作りあげたものなので、文化のデータセットには適合しない、と主張した。生物学者のスティーヴン・ジェイ・グールドもそのひとりだ。

生物の進化は文化の変化の喩えとするにはふさわしくない……。生物の進化はひたすら分岐が進むシステムで、分岐した枝がふたたび結びつくことはない。系統はいったん分かれると、永遠に分かれたままだ。しかし、人類の歴史において文化の変化の主な動因になってきたのは、系統を超えた伝達である［★19］。

この批判は第2章で見た文化進化に対する批判――生物進化と文化進化の明らかな違い（粒子的伝達対融合伝達、ラマルク的対非ラマルク的など）から、文化進化を否定する――が形を変えたものだ。そうした批判について言えば、生物進化と文化進化の違いは、よく言われるほど明確ではない。そして、生物進化は分岐を軸とし、文化進化は融合し収斂するという区別は、生物と文化のどちらをも正しく捉えていない。かつて、生物進化は樹状だと考えられていたが、この数十年でその仮説は大幅に再考されている。遺伝学者たちは、細菌でも植物でも、遺伝物質がウィルスによって種の境界を越えて運ばれ、水平の遺伝子導入がよく起きていることを発見した［★20］。実のところ、ある分析によって、細菌の進化ではそれが何度も起きており、その進化の歴史は命の木と言うより、命の輪と呼ぶほうがふさわしいことがわかった［★21］。ゆえに、文化進化の過程は、よく知られる脊椎動物の進化の樹形図には似ていないかもしれないが、融合が頻発する無脊椎動物の進化とはかなり共通点がありそうだ。

しかし、クローバーが構築し、グールドが受け継いだ、「文化進化は分岐ではなく融合である」という仮説もまた、壁に突き当たった。検証実験により、文化進化では、むしろ分岐が一般的なパターンであるらしいとわかったのだ。人類学者のジャミー・テヘラニとマーク・コラードは、一九世紀にトルクメニスタン、イラン、アフガニスタンの五つの民族に属するトルクメン人女性が織った敷物の模様の伝承における、分岐と融合の役割を検証した［★22］。これらの模様は、鳥などの動物、矢などの物体、星などの抽象的模様を特徴とし、デザインは民族によって異なる。もし、模様が主に民族内で、例えば母から娘へと垂直に伝われば、その進化は成因的相同がほとんどない系統樹になる、とテヘラニとコラードは推論した。この場合、成因的相同とは独立した発明や、系統または集団を超えた伝達を指す。一方、もし系統を超えた融合が多く起きるのであれば、系統樹は成因的相同を多く含むはずだ。これを調べるために、彼らは一致指数（ＣＩ）を用いた。先に述べた通りそれは、系統樹における成因的相同の多寡を示す指数で、ＣＩ＝一なら成因的相同のない完全な系統樹を表し、ＣＩが小さくなるほど、系統樹は崩れていく。そして彼らは、〇・六八というかなり高いＣＩ値を発見した。それが意味するのは、成因的相同はかなり起きているものの、織物の模様の進化は、はっきりとした樹形（系統が枝分かれしていくさま）を示すということだ。

コラード、テヘラニ、スティーブン・シェナンはその後の研究で、文化と生物学の他のデータセットについてもこの分析を行った［★23］。生物進化と文化進化が完全に異なるプロセスで、クローバーとグールドが示唆したように、前者が分岐し、後者が融合するのであれば、生物と文化の樹状構造には体系的な違いが見られるはずだ、と彼らは推理した。それを検証するために彼らは、トカゲ、鳥類、ヒト科、ハチ、霊長類などさまざまな分類群から、遺伝子データ、形態学的データ、行動データを含む二一の生物学的データセットを集めた。彼らはまた、テヘラニとコラードが調べたトルクメン人の織物の模様や、オブライエンらが調べた北米の尖頭器、それに新石器時代の陶器の装飾といった、他の人工物に関わる二一の文化的データセットに加えて、食事にまつわるタブー、宗教的信念、思春期の通過儀礼に関わる非物質的データセットも集めた。そして、それぞれのデータセットについて、成因的相同の多寡を調べたが、その指標として今回は保持指数（ＲＩ）を利用した。ＲＩは、種や形質の数の違いを調整して先に挙げたようなデータセットを比較するときに特に有用である。ＣＩと同様、ＲＩ＝一なら成因的相同が起きない、完全な樹状の進化パターンを表す。ＲＩ値が低いほど樹状から遠ざかる。その結果は、生物学的データセットと文化的データセットのＲＩの平均値がそれぞれ〇・六一と〇・五九で、非常に近いことがわかった。生物学のデータセットがおもに種の分岐によって生まれることから、この結果は、文化のデータセットもそれと同様の分岐プロセスによって形成されたことを示唆している。

どんな小進化のメカニズムが、文化進化の樹状パターンを作っているのだろう。批評家たちが指摘したように、考え方、信念、技術、言葉などは間違いなく集団から集団へと広まるが、コラードらが検討した文化のデータセットでは、それは起きなかったか、起きたとしても、樹状パターンの形成を著しく阻害するほどではなかった。人類学者のウィリアム・ダラムは、集団間の文化的情報の伝達を妨げる「伝達分離メカニズム（transmission isolating mechanisms）」、略して「TRIM」のせいで、文化進化でも樹状パターンは維持されるのだろう、と示唆した［★24］。それは、生物進化において種の垣根を越えての生殖を阻むメカニズム、例えば配偶子の融合を妨げる染色体数の違いや、山脈や川といった物理的障害などに匹敵する。では、文化進化では何がTRIMになるのだろう。言語はおそらくその候補の一つになる。異なる言語を話す人々は、考えや信念や知識をスムーズに伝えることができないからだ。自民族中心主義も、有力候補と言える。自民族中心主義とは、自分の集団（内集団）に帰属意識をもち、他の集団（外集団）のメンバーに対しては、避けたり傷つけたり攻撃的になったりする一般的な傾向を指す。自民族中心主義は、これまでに人類学者が研究してきたほぼすべての社会で確認されており、心理学研究のコントロールされた環境でも等しく確認された［★25］。それがもたらす民族の境界は、何かが伝達されるのを妨害し、社会集団の違いを明確にするだけでなく、違いをさらに拡大する可能性がある。

TRIMが果たす役割については、テヘラニとコラードが織物の模様に関して調査した［★26］。テヘラニは、イラン南西部に住むある部族の女性にインタビューし、織物の技術や模様を誰から学んだのかを尋ねた。「技術」はもっぱら母親から学んだ、と彼女らは答えた。つまりその文化は垂直に伝達したのだ。これは系統学的分析で認められた樹状パターンとも一致する。一方、「模様」の伝達には、垂直と水平の方向が認められた。母親からだけでなく、コミュニティの他のメンバーからも学んだのだ。だが重要なのは、この水平の伝達が総じてコミュニティ内に限定されることだ。その社会のルールにより、女性は男性を伴わずに他の村へ行くことができず、他の部族の織り手との接触はまれである。さらに、女性は概して部族内で結婚するということも、部族間の交流を妨げている。このような社会規範は強力なTRIMとなり、おそらくは、前述したテヘラニとコラードによる分析で、トルクメン人の織物が樹状パターンに高度に適合したことの理由を説明するだろう。

しかしTRIMはどこにでもあるわけではない。考古学者のピーター・ジョーダンとスティーブン・シェナンが、一九世紀末から二〇世紀初期にかけてカリフォルニアの先住民族が作った篭細工のデザインを系統学的に分析したところ、約〇・三五という低いCI値が出た。これは、言語と民族の境界を越えた文化伝達が起きて、この技術の樹状パターンが大幅に崩れたことを示している［★27］。覚えておくべきは、文化的事象に系統学的手法を適用した研究の中でも、産業化以前の社会に関わるものは、民族の境界などのTRIMがはっきり認められるということだ。それが脱工業化時代になると、テレビやインターネットのようなマスコミュニケーションの影響により、少なくとも表面的には、従来の社会よりはるかに集団間の伝達が盛んになった。したがって、現代の技術的進化は、めったに樹状パターンをなさないだろう。研究による証明はまだなされていないが。

文化の大進化における浮動と人口統計学

文化進化の研究者がその大進化のパターンと傾向を研究するために生物学者から借りたのは、系統学的手法だけではない。第3章で述べたように、一部の研究者は、文化的変化のある種のパターンを説明するために、集団遺伝学者から遺伝的浮動のモデルを借用した。遺伝的（もしくは、中立的）浮動とは、自然選択によってではなく、サンプリング誤差などの無作為のプロセスから、小さな集団で進化的変化が生じることを指す。それを説明するのに、第3章では宝くじに喩えた。宝くじのそれぞれの番号が引き当てられる確率は、理論的には等しいはずだが、実際には単なる偶然から、ある番号が他の番号よりよく引かれる。同様に生物の小集団では、選択的に見れば同等な対立遺伝子のどちらかが、単なる偶然から頻度を増したり、逆に消滅したりすることがある。珍しい対立遺伝子を持つ個体が若くして死に、その遺伝子が消滅するというような場合だ。一九三〇年代のシューアル・ライトや後の木村資生などの集団遺伝学者は、これらのプロセスを数理モデルで公式化し、遺伝的浮動を観察できそうな状況や、自然の個体群で浮動が起きた時に出現すると予想されるパターンについて、重要な洞察をもたらした。例えば、浮動が唯一のプロセスである場合、モデルはこう予測する（それが正しいことは、後に実験で確認された）。

（一）遺伝的バリエーションは徐々に減少していく。そして、前述したように、最終的に珍しい対立遺伝子は消滅し、唯一の対立遺伝子が残る。
（二）無作為に起きるという浮動の性質ゆえに、集団ごとに定着する対立遺伝子は異なる。
（三）小さい集団はサンプリング誤差の影響を受けやすいため、浮動は集団が小さいほど速く進む［★28］。

これらのモデルは、野生生物を研究する生物学者たちに具体的な予測を提供する。例えば研究対象の種で、集団内の遺伝的多様性が低く、集団間の多様性が高い場合、それは浮動が起きた結果とみなせるだろう（先述の（一）と（二）に合致するため）。

考古学記録における浮動

文化の浮動もそれによく似ており、複数の文化的特徴の適応度（模倣されたり伝達されたりする可能性）が等しくても、サンプリング誤差から予測可能な文化的多様性のパターンが生じる。一九九五年の考古学者フレイザー・ニーマンによる画期的な論文を発端として、多くの考古学者が考古学記録に見られるパターンと傾向を、文化的浮動の原理によって説明してきた［★29］。考古学者が興味を持つ事象の多くは、浮動の影響を受けやすいはずだとニーマンは予測した。その理由を彼はこう述べた。まず、陶器の模様のような人工物の特徴は、機能上の目的はなさそうなので、文化選択は働かないだろう。さらに、先史時代の人類の集団は概して小さかったので、サンプリング誤差の影響を受けやすい。また人工物を作ったのは、大人の女性など、集団の一部に限られるので、集団の大きさはさらに縮小する（この小集団のサイズは、母集団と区別するために「有効個体数」と呼ばれる）。

ニーマンはこの推論を検証するために、遺伝的浮動のモデルを土台にして、文化浮動の単純な数理モデルを構築した。このモデルでは、小さな集団内の個人（例えば五〇人）が完全に無作為に、集団内の別の人の文化的特徴（魅力や効果は同等）を模倣すると仮定される。各個人が特徴に革新を加える可能性も残す。それは、新しい特徴を発明するか、あるいは集団外（例えば近くに住む集団）から新たな特徴を模倣するかのどちらかである。ニーマンはこのモデルを用いて、人工物にも文化浮動が働くのであれば、二つの定量的予測ができることを明らかにした。第一の予測は、集団の有効個体数が大きいほど、文化のバリエーションが豊かになるということ。これは、大きな集団のほうが、文化的特徴が消滅する可能性が低くなるからだ。第二の予測は、革新率が高いほど、バリエーションが豊かになること。これは、革新が集団に新たな変異をもたらすからだ。したがって浮動が働いていれば、文化的多様性は、有効個体数の大きさと革新率の両方に比例して増加するはずだ。

次にニーマンは、集団内と集団間の多様性のつながりが、文化的浮動モデルのもとでどう予測されるかを明確にした。革新率が高いほど、集団内の多様性は高くなる。その革新の一つの形は、近くに住む集団から新しい特徴を導入することだ。この集団間の伝達がよく起きれば、同じ文化的特徴がすべての集団に広まり、集団間の多様性は失われていくだろう。つまり、集団間の伝達による革新が高率で起きると、集団内の多様性は高まり、集団間の多様性は低くなるのだ。逆に、革新率が低いと、集団内は均質になり、集団間の多様性は高まる。いずれの場合も、集団内の多様性と集団間の多様性は反比例する。つまり一方が高いほど、他方が低くなるのだ。

ニーマンはこの予測――集団内多様性と集団間多様性は反比例する――をイリノイ州南部で発掘された、紀元前二〇〇年から西暦八〇〇年頃までのウッドランド期の陶器という考古学的データセットで検証した。ニーマンは観察の対象として、鍋の縁に施された装飾を選んだ。その装飾には、二六種の様式や模様が確認されている。規則的な模様を刻んだり、ひも状の粘土を縁に巻きつけたり、異なる模様を刻んだり、といったものだ。これらの装飾は実用目的ではないので、浮動が起きやすい。調査の結果、三五ヵ所の遺跡で発見された陶器の装飾に関して、遺跡内の多様性と遺跡間の多様性は確かに反比例しており、ニーマンの予測を裏づけた。遺跡内の多様性の高い遺跡が、他の遺跡との違いが少ないのは、おそらく集団間の伝達がよく起きたからだ。逆に、遺跡内の多様性が低い遺跡が、他の遺跡との違いが多いのは、集団間の伝達がそれほど起きなかった結果だと推測できる。

ニーマンは、集団間の伝達が長期的に及ぼす影響についても、ある推論を導きだした。ウッドランド期は、初期（紀元前二〇〇年以前）、中期（紀元前二〇〇年〜西暦四〇〇年）、後期（西暦四〇〇〜八〇〇年）の三つに分けられる。ニーマンは、集団内、集団間の多様性がこの三つの期間で変わることを明らかにした。初期と後期は、低い集団内多様性と高い集団間多様性を特徴とし、集団間の伝達があまり起きなかったことを示唆するのに対して、中期は高い集団内多様性と低い集団間多様性という逆のパターンを特徴とし、集団間の伝達がよく起きたことを示した。これはウッドランドの社会の変化についての、考古学者の従来の見方、つまり、集団間の接触や伝達は、前期、中期、後期を通じて増えつづけたという仮定と矛盾する。すなわち、単純な進化モデルが、考古学的変化を知るための新たな手がかりをもたらし、従来の進化によらない理論では知り得なかった事実を明かしたのだ。

もっとも、ニーマンは、この特定の地域と期間における陶器装飾の多様性のパターンが文化浮動モデルと一致することを証明したが、他の地域や期間の人工物に関して、そのような一致は見られなかった。例えばスティーブン・シェナンとジェームズ・ウィルキンソンは、西ドイツで発見されたはるかに古い新石器時代（紀元前五三〇〇～四八五〇年）の陶器で文化浮動モデルを検証した［★30］。ニーマンと同じく彼らも観察の対象として、中立的な（実用目的ではない）特徴——鍋の両側に刻まれた装飾的な帯——を選んだ。三五種類の模様が確認された。例えば間隔の広い平行線からなる帯もあれば、間隔の狭い平行線や点線もあった。文化浮動モデルでは、ある遺跡内で発見された人工物の文化的多様性は、革新率や集団の大きさに比例し、多様性が高いほど、革新率は高くなり、集団は大きくなることを思い出してほしい。幸運にも、シェナンとウィルキンソンは、この三つの程度を直接調べることができる、二つの遺跡のとてもよいデータを持っていた。つまり、多様性の指標となるのは、異なる帯の種類の相対的頻度である。革新性は、新たな種類の帯を施された鍋の数を鍋の総数で割った数字。そして集団の大きさは、記録された異なる模様の総数である。

シェナンとウィルキンソンは、これらを文化浮動モデルの方程式にあてはめたが、予測される関係にはならなかった。多様性は、革新率と集団の大きさの積に比例しなかったのだ。実際、新石器時代の大半を通じて、人工物の多様性は予想されるよりはるかに高かった。したがってシェナンとウィルキンソンは、この期間の陶器の装飾は、文化浮動の対象にはならず、反同調のバイアスの影響を受ける、と結論づけた。つまり陶工は、新しい模様や珍しい模様を好んで模倣したのだ。文字による記録がないので、新石器時代の陶工がなぜ新しい模様を好んだのか、その確かな理由を述べることはできないが、シェナンとウィルキンソンは、反同調のバイアスが起きる時期と、その地域の世帯数が安定する時期が一致することに気づいた。これは「その地域が多かれ少なかれ人でいっぱいになった後、新たな模様は、世帯のアイデンティティを確立する」のに役立ったことを示唆している［★31］。つまり、新しく珍しいデザインを選ぶことで、他の世帯と自分たちを区別したのだ。このことは、（珍しい特徴は同じ世帯内で次世代に伝えられると仮定して）文化の系統を明確にし、文化進化を樹状にするTRIMのもう一つの例と言ってもよさそうだ。

ディズニー映画の『一〇一』が公開されたあと、ダルメシアンの人気が増した（文化浮動からの逸脱により、選択が働いたことがわかった）ように、この研究は、犬のブリーディングや新石器時代の陶器装飾に見られる反同調のような、作為的なプロセスを確認するのに、帰無仮説として、文化浮動が役立つことを実証している。

握斧によって初期の人類の拡散を追う

前述した文化的変化のほとんどは、過去数千年以内に起きたことだ。しかし、人類――あるいは、ホミニンと総称される複数の種――はそれよりずっと昔から存在している。近年、考古学者と同様、古人類学者も、初期のホミニンの文化的変化を説明するのに進化モデルを使うようになった。化石証拠によると、ホミニンはおよそ二〇〇万年前の東アフリカに、ホモ・ハビリスやホモ・エルガステルとして出現し、その後ホモ・エレクトスが現れた。ホモ・サピエンスが生まれたのは、比較的最近で、およそ二〇万年前である。これら初期のホミニンの明確な特徴は、体の構造と石器の使用だ。中でも広く使われた石器は、握斧である。それは、大きめの石塊から薄片を削り取って、左右対称の形にしたもので、縁が鋭利になっている。その鋭利な縁で、狩った獲物や見つけた動物の死体を切り、さばいた。握斧は私たちの祖先であるホミニンにとって、とても便利な道具だったらしい。握斧は、一六〇万年前頃に東アフリカに出現して以来、ホモ・サピエンスが誕生するまで、ずっと主要な道具でありつづけた。そしてその基本的なデザインは、ホミニンがアフリカを出て、東アジア、南アジア、ヨーロッパへと分散しても、ほとんど変わらなかった。実際、ホミニンが比較的短期間にこれほど遠く広く分散することができた主な理由の一つは握斧だ、と主張する古生物学者もいる［★32］。

握斧は、人類の技術が文化的に伝達したことを示す最古の例の一つでもある。それが数十万年以上存続してきたのは、模倣やおそらく直接の指導といった社会的学習によって、個人から個人、世代から世代へと伝達したからに違いない。だとすれば、文化進化モデルを握斧のデータに適用できそうだ。考古学者が、浮動などの文化進化モデルを、尖頭器や織物の模様といった、より最近の人工物に適用したのと同様である。

古人類学者のスティーブン・ライセットとノレーン・フォン・クラモン＝タウバーデルは、最近それを実際に行った［★33］。先に述べたように、生物学の遺伝的浮動のモデルから得られる重要な洞察の一つは、遺伝的多様性は集団の大きさに比例するというものだ。つまり小さな集団は、サンプリング誤差の影響で珍しい遺伝子を失う可能性が高く（珍しい遺伝子を持つ生物が、その遺伝子を伝達する前に死ぬなどして）、大きな集団よりも遺伝的多様性が低くなる。生物学者はこの基本原理を、集団が広大な地域に拡散する状況にあてはめた。概して種が拡散する時には、一連の「ボトルネック効果」が起き、新たな地域に定着したコロニーは、母集団よりはるかに小さくなる。それは、拡散には危険が伴うからで、例えば、未知の補食獣や、なじみのない食料に集団をさらし、個体数が激減するのだ。そのようなボトルネック効果が起きるたびに、集団は小さくなり、先に述べた遺伝的浮動の原理により、遺伝的多様性も縮小する。

繰り返されるボトルネック効果は、アフリカを出たホミニンの拡散を特徴づけることがわかっている。現代人のDNA分析によると、アフリカの人々は遺伝的に最も多様であり、その遺伝的多様性は、中東、南東アフリカから遠ざかるにつれて着実に減少する（遺伝的多様性の豊かな順に地域を並べると、中東、南西アジアとヨーロッパ、東南アジア、オセアニア、そして最後にアメリカ、となる）［★34］。実際、現代人の遺伝的多様性の八五％は、東アフリカからの距離によって予測できるのだ。ライセットとフォン・クラモン＝タウバーデルは、対立遺伝子の伝達に適用される原理が、文化的に伝達された握斧にも適用できるかもしれないと考えた。遺伝子がサンプリング誤差のせいで小さな集団から失われるように、握斧を作る方法や、そのデザインといった文化的特徴も、小さな集団では手本となる人が少ないため、失われる可能性が高い。

そこで二人は、握斧の幅と長さにおける多様性を調べた。これらの握斧は、初期のホミニンが拡散する時に通ったと思われるルート上にある旧石器時代の遺跡、一〇ヵ所で発見されたものだ。そのルートは東アフリカを出発して中東へ至り、その後、二つに分かれ、一つはヨーロッパへ、そしてもう一つは南アジアへ進んでいく。結果は、ボトルネック効果のモデルで予測した通り、遺跡が東アフリカから遠いほど、握斧の多様性は低かった。定量的に言えば、握斧の多様性の五〇％は、東アフリカからの距離によって説明できた。遺伝的多様性の八五％ほど高くはないが、かなりの割合である。そして、拡散の起源をイギリス、あるいはインドに変えると、握斧の多様性と距離の相関は消えた。

したがって彼らの研究は、遺伝的進化と文化進化はよく似ていることを実証したと言える。つまり生物進化でボトルネック効果が繰り返されると、その都度、珍しい対立遺伝子が失われ、遺伝的多様性が低くなっていくのと同様に、文化進化でも、ボトルネック効果が繰り返されることにより、手本となる人がいなくなり、文化的多様性が低くなるのだ。もっとも、これは、人口統計学的要素（集団の大きさ、構造、分布など）が、文化の大進化に影響することを明かした唯一の研究ではない。集団の縮小によって先史時代の技術が失われた、さらに劇的な変化は、タスマニアで起きた。それについては人類学者のジョセフ・ヘンリッヒが報告した［★35］。先史時代のタスマニア人は、約一万年前にオーストラリア大陸の母集団から分離され、骨製の道具、冬着、銛、ブーメランなど、さまざまな技術的特徴を失った。これは、孤立したタスマニア人の集団が縮小し、複雑な人工物の作成や使用に必要な知識と技能が失われたせいだとヘンリッヒは見ている。近年、生物学者で人類学者のアダム・パウエル、スティーブン・シェナン、マーク・トーマスは、ヘンリッヒの人口統計学モデルを応用し、洞窟壁画や身体装飾、投槍器や弓矢などの狩猟道具、楽器といった複雑な技術や慣習の出現が、集団の大きさから予測できることを明らかにした［★36］。集団が十分大きく、浮動やボトルネック効果のマイナスの影響を乗り越えられる場合のみ、そのような行動はサンプリング誤差で失われることなく維持される。つまり、人口統計学的要素は、遺伝子に影響するのと同じように文化にも影響し、どちらの場合も同じ定量的浮動モデルによって、それを証明できるのだ。

結論——文化の遠い過去を進化的に洞察する

考古学者や古人類学者は、私たちの種の遠い過去の解明に取り組んでいるが、祖先が残した物質的な証拠はあいまいで不完全なため、その仕事は容易ではない。文化人類学者も、慣習や風習に見られる社会や文化による膨大な違いをどうにか説明しようとしている。さらには、生物学者も等しく膨大な種の多様性を説明するべく、断片的であいまいな化石記録を相手に奮闘している。彼らは主に系統学的手法や中立浮動モデルなどの定量的手段によってそうした困難な仕事をこなしてきた。それらの手段の正当性は、観察された比較可能な歴史的データによって検証されている。本章では、人類学者と考古学者のグループが同じ進化的手段を文化的データセットに適用した事例を見てきた。このような手法が文化的事象に適用できるのは、文化が進化するからだ。文化は、種の遺伝的な進化と同じく、変化しながら継承されていく。しかもこれは、ある分野の手法がたまたま他の分野で役に立つことを示す、無益な学問上のチャレンジなどではない。私たちは、このような進化的手法が、現実の文化的変化について、従来の社会科学の手法では得られなかった重要な洞察をもたらすのをいくつものケースで見てきた。オブライエンらは尖頭器の進化史を復元し、ホールデンとメイスは家畜保有と財産相続に関する機能的仮説をゴルトンの問題に陥ることなく検証した。ニーマン、シェナン、ウィルキンソンは、先史時代の人工物の特徴が無作為に模倣されること（あるいは、されないこと）を実証し、ライセットとフォン・クラモン＝タウバーデルは、旧石器時代の握斧の多様性が人口のボトルネック効果に影響されることを発見した。次章では、特に言語と文書の歴史に注目して、文化の大進化におけるパターンとトレンドの探究をさらに続けよう。

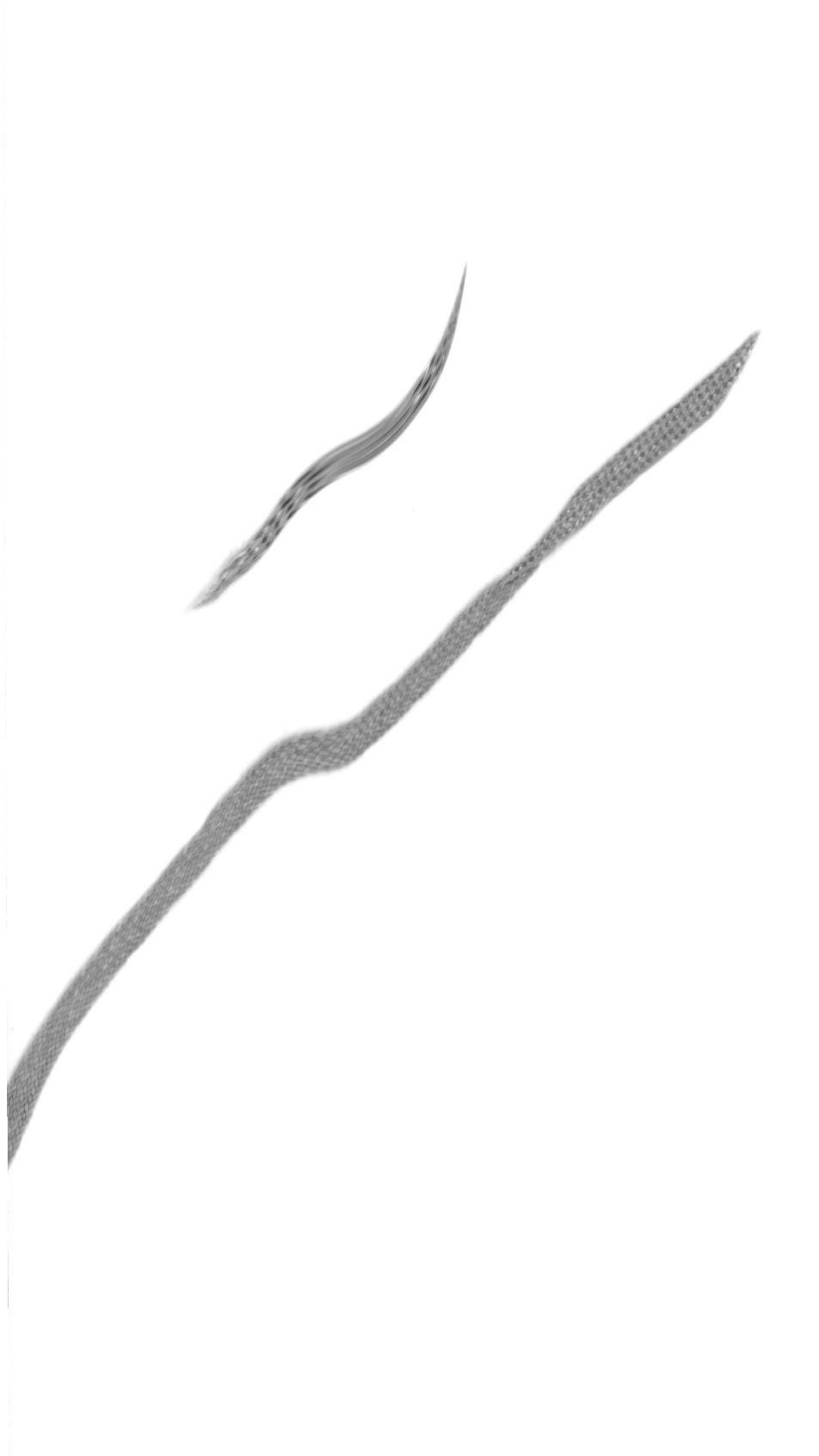

第5章 文化の大進化Ⅱ――言語と歴史

系統学的手法によって進化の関係を再構築できるのは、人工物に限らない。過去数千年の間に出現した多様な言語の歴史的関係も、その手法によって再構築できるはずだ。実際、言語の進化と遺伝的進化には、驚くべき類似が多く見られるので、言語は進化的な分析に向くといえるだろう〔★1〕。単語や文法の規則は、遺伝子と同様に忠実に継承されていくように見える。したがって、あなたが両親と同じ言語を同じように話し、両親はその両親と同じように話し、数世代前にさかのぼっても、同じように話していた可能性は高い。その結果、例えば科学的知見や服装の流行に比べて、言語の変化は非常に緩慢で、おそらく多くの種の変化のスピードに似ているだろう。けれども、一般に歴史言語学者は、言語の変化を定量化し説明するのに、進化生物学者の系統学的手法を借用しようとしない。本章では、インド・ヨーロッパ語族の起源から、オーストロネシア語族が太平洋地域全体に急速に広がった理由まで、歴史言語学が抱えるいくつもの重要な謎が、系統学的手法を使えば解明できることを検証する。次に、口語から文語に目を転じて、系統学的手法を使えば、印刷機の発明以前に写本から写本へと書き写されていった過程を再構築できることを見ていく。最後に、比較的最近の帝国の盛衰を説明するのに、個体群生態学から借りた量的モデルがどのように用いられてきたかを考察する。

言語の進化——バベルの塔の系統

『創世記』によると、人類はもともと皆、同じ言語を話していた。やがて彼らは、「天まで届く塔のある町を建て、有名になろう。そして全地（世界中）に散らされることのないようにしよう」と、バビロンにバベルの塔という名の巨大な塔を建てた。神は人間のそのような傲慢さに腹を立て、彼らを全地に散らし、言葉を混乱させ、互いの言葉を聞き分けられないようにしてしまった。

当然ながら現在の言語学者の中に、世界に見られる言語の多様性がこうして始まったと考える人はいない。長く真実とされてきたのは、言語は系統的につながっており、集団が地形や紛争のために分断されると、既存の言語から新たな言語が生まれ、年月がたつうちに、それぞれの中で変化が蓄積してきたという筋書きだ。また、変化を伴う継承というこのプロセスが、生物学的な種の進化によく似ていることにも、多くの人が気づいていた。実のところ、「言語の変化は分岐していく進化の過程とみなすことができる」という考えは、『種の起源』が書かれる以前から存在した［★2］。一七〇〇年代後半にサー・ウイリアム・ジョーンズは、サンスクリット語、ラテン語、古代ギリシャ語が、共通の祖先をもち、印欧語族を形成することを、他に先駆けて示唆した。言語には歴史的・系統的つながりがあるという彼の見方をさらに発展させ、普及させたのは、一八三〇年代に活躍した言語学者らで、彼らは異なる言語間における語形や文法の類似を記録していった。一八五〇年代には、最初の印欧語の系統樹が、アウグスト・シュライヒャーをはじめとする比較言語学者らによって発表された。ダーウィンが『種の起源』の執筆に際して、そうした系統樹の影響を受けなかったはずはない。実際、英国屈指の言語学者の一人はダーウィンのいとこで義理の兄弟でもあるヘンズレー・ウエッジウッドで、彼はロンドン言語学会を設立し、『オックスフォード英語辞典』の原型作りに尽力した。

『種の起源』が刊行されて間もなく、言語学者は言語の変化が種の変化によく似ていることに気づいた。シュライヒャーが『ダーウィンの進化理論と言語学』と題した冊子を書いたのは、『種の起源』刊行のわずか数年後のことだった。そして一八七一年に刊行された『人間の由来』において、ダーウィン自身、言語の進化と生物進化が明らかに似ていることに言及している。

多様な言語の形成と多様な種の形成、そして両者が段階的なプロセスを経て発展してきたことを示す証拠は、奇妙にもよく似ている。（中略）異なる言語に驚くべき相同が認められるのは、同じ系統に属するからであり、両者がよく似ているのは、形成過程が似ているからだ。（中略）言語にも種にも、基本形が認められるのは、さらに驚くべきことだ。（中略）有力な言語は広く普及し、他の言語のゆるやかな消滅をもたらす。そして言語は、種と同じく、いったん絶滅すると、再び現れることはない。（中略）あらゆる言語には可変性が認められ、新しい単語がたえず出現するが、記憶力には限界があるため、単語も、特定の言語も、やがて消滅する。（中略）好まれる単語が生存競争を生きながらえ、保存されるのは、自然選択と言える［★3］。

現代の比較言語学あるいは歴史言語学は、こうした基盤の上に、言語族の起源を再構築してきた。歴史言語学の主な手段は比較である［★4］。そして言語の比較研究は、系統発生の分析と同じ論理に基づいている。つまり、よく似ている言語は、似ていない言語よりも互いに近い関係にあるとみなし、類似をもとに、言語族の歴史を再構築していくのだ。例えば英語、ラテン語、ドイツ語の同義語、father・pater・Vater、fish・piscis・Fische はとてもよく似ているので、別々に生まれたとは考えにくく、これらの類似は、その三つの言語が比較的最近に共通の祖先を持つことを示唆している。

もっとも、基本的な理屈は同じでも、言語の比較は、生物学者が開発した厳格な統計学的手法や系統学的手法に比べて、より主観的である。一般に言語の系統樹は、どのような変化が起きやすく、どちらの方向に向かいやすいかといった言語学者の直観に基づいて構築される。言語学者のエイプリル・マクマホンとロバート・マクマホンが指摘したように、問題は、そのような比較法に広く認められたルールがないということだ［★5］。その結果、さまざまな言語学者がさまざまな歴史的つながりを案出し、その上、言語の近さを測る客観的な基準も統計的な検査もないため、どの系統樹が正しいのか判断できないのである。

系統学的手法はこの問題に、定量的な解決策をもたらす。生物学者が系統樹を構築する時には、どの種が互いによく似ているかを主観的に判断するのではなく、最大節約法、最尤法、ベイズ推定法といった厳密な統計的手法を用い、明確で客観的な仮説とアルゴリズムに照らして、構築した樹形図が実際の進化の歴史をどのくらい正しく再現しているかを定量化する。とは言え、系統学的手法が常に一〇〇パーセント正しい系統樹を生み出すわけではない。それどころか、そこには常に大幅な不確実性が存在するのだ。重要なのは、統計学的手法を使えば、従来の言語学の手法ではできなかった不確実性の定量化が可能になり、ひいては継続的にその低減を図ることができる、ということだ。そういうわけで、文化進化を研究するあるグループは、系統学的手法を用いて言葉の進化にまつわる一連の疑問の答えを探り始めた。それは、言語族の起源、異なる言語が出現した順序、言語が分岐した時期、さまざまな時代のさまざまな言語の変化率といった疑問で、言語学者による従来の研究では、満足な答えを出すことができなかった［★6］。以下に、いくつか紹介しよう。

台湾からハワイまで急行列車に乗って

第3章では、新たな遺伝学的証拠により、中東からヨーロッパへの農業の伝達が、農業技術の模倣によってではなく、農民がヨーロッパに移住し、狩猟採集民に取って代わった結果であることが明かされたことに触れた。しかし、農業が大量の人口移動を招いた地域はそこだけではない。ジャレド・ダイアモンドとピーター・ベルウッドは最近、世界の数ヵ所で、別々に起きた農業の発生の結果、大規模な人口移動が起き、いずれの場合も農業人口が急速に広がり、狩猟採集民に取って代わったと主張した。彼らの主張によると、こうした急速な拡大は、世界中に文化的、遺伝的、言語的多様性をもたらした。例えば、中東と同じく、大量の人口移動が東南アジアでも起きた。それは、およそ九〇〇〇年前の、中国揚子江周辺で米作が定着した時期のことだった。中東から小麦栽培農家が広がったように、米作農家も、中国本土から台湾経由でフィリピン、ニュージーランド、ハワイにいたる太平洋の島々に移住した。この農業の拡散は著しく急速で、台湾から一万キロも離れた島々にたどりつき定着するのにわずか二〇〇〇年しかかからなかった。実際、それはあまりに速かったので、オーストロネシア拡散の「急行列車」モデルと名付けられた。ヨーロッパと同じく、これら東アジアでも、農民は、拡散する過程で先住者たる狩猟採集民に取って代わり、農業の手法だけでなく言語も持ち込んだ。オーストロネシア全域で膨大な数の集団が似たような言語を話していることは、この比較的最近起きたスピーディな農民の拡散によって説明できる［★7］。

しかし、この急行列車モデルがすんなり受け入れられたわけではない。また、考古学者のなかには、オーストロネシア語族は、台湾の農民ではなく、インドネシア東部に起源があり、その拡散は農業が広がるよりずっと前だったと考える人もいる。また別の学者は、オーストロネシア語族は、集団間でひんぱんに伝達されたため、その伝達の過程を正確に再構築することはできないと見ている。これは先に述べた系統学的手法に対する批判によく似ている［★8］。

ラッセル・グレイとフィオナ・ジョーダンは、急行列車モデルを系統学的手法で検証し、これらの議論にいくらかの精密さを加えた［★9］。彼らはオーストロネシアの七七の言語の基本的な語彙を調べ、同語源語（同じ意味を持つよく似た言葉）を多く持つ言語ほど密接につながっているという仮定のもと、それらの系統樹を構築した。次に彼らは、急行列車モデルから予想される地理的な近さに基づく別の系統樹を構築した。つまり、台湾の言語を最古とみなし、続いてインドネシアとパプアニューギニアの言語、そしてハワイとニュージーランドの言語が最も新しいという、推察される人口移動ルートに合致するものだ。これら二つの系統樹は統計的に強く合致し、急行列車モデルを支持した。グレイとジョーダンの分析の結果は、台湾の言語が最古の言語、つまりオーストロネシア諸言語の原型であることを示唆しており、インド起源モデルを否定する証拠となった。これは系統学的手法が、言語拡散のパターン構築に役立ち、ゆえに世界中の言語分布を説明しうることを示している。

インド・ヨーロッパ語族の起源

さらにラッセル・グレイは、クエンティン・アトキンソンと協力して、印欧語族の起源を系統学的手法によって調べた。先に述べたように、数百の関連する言語からなるこの大きな語族は、ヨーロッパからイラン、インドにかけて話されている。言語学分野では、その共通の祖先たる言語がいつ誕生したのかについて、長く議論されてきた。言語比較法でわかるのは言語の相対的な類似性だけで、絶対的な年代は明かせない。言語の年代測定を担当するのは言語年代学である。それは、さまざまな言語が共有する同語源語の割合を測定し、それを元に分岐してからの年月を推定する。言語が一定の速さで入れ替わっていくと仮定すると、二つの言語が分かれてからの時間に比例して、類似性は減っていくからだ。その意味において、この手法は、放射性炭素年代測定によく似ている。放射性炭素年代測定では、放射性炭素が一定のスピードで崩壊していくことを利用して、植物や動物の化石の年代を見積もるのだ。しかし言語年代学は、言語が一定の速度で入れ替わっていくという前提が現実に即していない、と厳しく批判されてきた。実のところ、言語は、爆発的変化と停滞を繰り返すという証拠が存在するのだ（後ほど紹介する）。したがって、言語学者にとって言語の絶対年代を判断する手段はほとんどないということになる。ある言語学者は、インド・ヨーロッパ語族が生まれた年代に関しては「なんでもあり、つまり、今から四〇〇〇年前かもしれないし、四万年前かもしれない（そのあいだのどの年代もありうる）」とこぼす［★10］。この不確実さが、いくつかの相反する仮説を生み出した。五〇〇〇年前から六〇〇〇年前にウラル山脈のある地域（現在のカザフスタン）で生まれ、クルガン騎馬民族とともに広がっていったという説（クルガン騎馬民族仮説）もあれば、それよりずっと古く、八〇〇〇年前から九五〇〇年前にアナトリアで生まれ、農業とともに広がったとする説（アナトリア農業仮説）もある［★11］。

そしてここでも、生物学から借用した系統学的手法が解決策となる。グレイとアトキンソンは、ほぼ二五〇〇語にのぼる同語源語に基づいて、インド・ヨーロッパ語族に属する八七の言語の統樹を構築した［★12］。その保持指数（ＲＩ）は〇・七六で、明確な樹状構造を示していた（ＲＩ値には〇～一の幅があり、一は系統間での借用を含まない完全な樹形図を示す）。この樹形図は、言語比較などの伝統的な言語学の手法によって推定された樹形図と多くの点で似ていた。例えば、ゲルマン語（ドイツ語、オランダ語、英語）は一つの枝にまとまり、イタリック語派（ラテン語、イタリア語、スカンジナビア語）は別のグループを形成し、ケルト語（ウェールズ語、ゲール語、アイルランド語）もまた別のグループをなす。グレイとアトキンソンは、構築した樹形図に、一四の歴史上のできごとをあてはめてみた。オーストロネシアの言語とは違って、インド・ヨーロッパ語族に関しては、年代が明らかな記録が残っている。例えば紀元五世紀にアイルランド語で書かれた碑文を見ると、その時代より前に、アイルランド語がウェールズ語などのケルト語から分岐したことがわかる。こうした歴史上の年代によって系統樹に根拠を与えていけば、言語が一定の速さで変化すると仮定しなくても、印欧語族が誕生した年代を見積もることができる。そうして得られた今から七八〇〇年〜九八〇〇年前という年代は、考古学的遺物の放射性炭素分析に基づいて推定されたアナトリアの農業の起源と一致した。つまりこの結果は、クルガン騎馬民族仮説よりアナトリア農業仮説を支持しているのだ。

言語の進化における断続

先に述べたように、言語年代学の欠陥の一つと目されているのは、言語が一定の速度で変化すると仮定するところだ。クエンティン・アトキンソン、マーク・パーゲルらは、最近の研究において、言語の進化スピードをさらに詳しく調べた［★13］。彼らが特に知りたかったのは、言語の進化が一定の速度で段階的に進むのか、それとも、短期間の爆発的な変化と長期間の安定が繰り返されるのか、ということだった。後者の、急速な変化と長い停滞というパターンは、生物学分野では「断続平衡」と呼ばれ、化石記録にもはっきりと表れている。例えば、節足動物、軟体動物、棘皮動物（ヒトデ、ウニ、ナマコなど）を含むほとんどの現世動物のグループは、五億四三〇〇万年前に、三〇〇〇万年間という地質学的には短いが、進化的には激動の時代に出現した。それを「カンブリア爆発」と呼ぶ。

では、言語の進化も断続平衡を特徴とするのだろうか。具体的に言えば、いくつもの新たな言語がいっせいに出現する時期と、停滞期が繰り返されるのだろうか。それを調べるために、アトキンソンらは三つの主要な言語族――アフリカ大陸サハラ以南のバンツー語群、インド・ヨーロッパ語族、オーストロネシア語族――の系統樹を構築した。その際には、前章で検討した、節約法に基づく単純な手法――分岐だけを描く手法――ではなく、より洗練されたベイズ推定法を用いた。これは、分岐を特定するだけでなく、分岐と分岐の間に起きた語彙変化の量を見積もるものだ。変化の量は、枝の長さによって示される――つまり、枝が長ければ長いほど多くの変化（単語の置き換え）が起きたことを示す。言語の進化スピードが一定なら、根元から先端に至るまで、枝の長さは、その枝上に見られる枝分かれの数には左右されない、つまり、新たな言語の出現（枝分かれ）は単語変化のスピードに影響しないはずだ。一方、言語の進化が断続平衡的に進むのであれば、より長い枝には短い枝よりも多くの分岐が見られる、つまり、新たな言語の出現と単語変化の加速につながりが見られるはずだ。

アトキンソンらの分析の結果は、言語の進化は一定ではなく、断続平衡的と言えることを示していた。確かに分岐と分岐の間には、大量の語彙変化が見られた。例えばバンツー語では語彙全体の三一％もが変化した。なぜ言語の分岐は単語変化のスピードを加速するのだろう。もしかするとそれは、化石記録に断続平衡が見られるのと同じ理由、つまり「適応放散」が起きるのではないだろうか。ある種が新たな環境に住みつく時、空いているニッチがたくさんあることに刺激され、それぞれのニッチに適応する新種がいくつも生まれることがある（オーストラリアで有袋類が多様に進化したように）。それを適応放散と呼ぶが、人間が新たな環境に移住した時、言語でも同じようなことが起きると考えられる。例えば、急行列車モデルが描く、オーストロネシアの言語が農業とともに急速に拡散した場合などだ。アトキンソンらは、社会的圧力が爆発的進化を誘発しうることを示唆している。例えばアメリカの独立後には、英国英語とは異なる米国英語を確立しようとする努力がなされた。一七八九年に刊行された『アメリカ英語辞典』でノア・ウェブスターは、「独立した国家としての名誉にかけて、政治のみならず言語においても独立したシステムをもつ必要がある」［★14］と述べた。おそらく大英帝国からローマ帝国に至るまで、帝国の崩壊はこのような形で言語の爆発的進化を刺激したのだろう。

使わなければ失う

最後に紹介する研究は、言語全体ではなく、個々の単語レベルで、変化の速度を調べたものだ。かねてより言語学者は、単語によって変化のスピードが異なることを知っていた。単語の中には、形式や意味が変わりやすいものもあれば、変わりにくいものもあるのだ。このような変化のスピードは、言語間の相似と違いに置き換えることができる。例えば「水」を表す英語の"water"、ドイツ語の"wasser"、スウェーデン語の"vatten"、ゴート語の"wato"は互いによく似ている。なぜならこの単語は、英語、ドイツ語、スウェーデン語、ゴート語の共通の祖先の時代からあまり変化していないからだ。しかし、急速に変化する単語は、複数の言語に共有される可能性が低い。なぜならそれらは、言語が分岐した後に、変化を遂げるからだ。例えば、英語の"tail"、ドイツ語の"schwantz"、フランス語の"queue"はすべて「しっぽ」を意味するが、共通の祖先の時代からは大いに変化した。このように変化のスピードが異なるのは、いったい何が原因なのだろう。

マーク・パーゲル、クエンティン・アトキンソン、アンドルー・ミードは、その主な原因は、単語が日々の会話で用いられる頻度ではないかと見ている[★15]。"water"のように頻繁に使われる単語は、まれにしか使われない言葉より、変化の可能性が低い。彼らはインド・ヨーロッパ語族の八七言語について、それらの系統学的関係を調整しつつ、二〇〇の単語の意味の変化のスピードを調べた。スピードにはかなりの幅があり、"one"や"two"や"night"などのように非常に遅いものは、インド・ヨーロッパ語族の約一万年の歴史のあいだに〇～一回しか変化しなかったが、"dirty"や"turn"や"guts"など、非常に速いものは、同じ期間に九回も変化した。パーゲルらは雑誌、新聞、書籍、および録音された話し言葉などから英語、スペイン語、ロシア語、ギリシャ語におけるそれらの単語の使用頻度を調べた。予想通り、使用頻度が高いほど、単語は変化しにくかった。特筆すべきは、単語の変化のスピードの違いのおよそ五〇％が、使用頻度によって説明できたことだ。パーゲルらは、この強いつながりに、二つの理由があることを示唆する。まず、よく使われる単語は、記憶違いによる変化を受けにくい。毎日のように使う単語は、滅多に使わない言葉に比べて、意味や発音や綴りを覚えやすいからだ。もう一つの理由は、よく使われる単語は、同調ゆえに維持されやすい、ということだ。多くの人が頻繁にその単語を使うのを聞けば、その使い方、発音、綴りについて、同調（多数派に合わせようとする傾向）が起きやすい。一方、あまり使われない単語は、使われないがゆえに、同調の圧力を受けない。つまり、定量的な系統学的手法を使えば、系統樹の形や変化の速さなどについて単に表面的な説明をするのではなく、その根底にある小進化のメカニズムを解明し、言語の大進化のパターンの理由を説明することができるのだ。

写本の進化

ここまで見てきた系統学的分析は、主に話し言葉に関するものであった。アトキンソンらはインド・ヨーロッパ語族の年代を特定するために、また、パーゲルらは異なる言語における単語の使用頻度を明らかにするために、書き言葉を調べたが、これらの研究の最終的な目標は、話し言葉の形態における言語進化の歴史を再構築することだった。しかし、書き言葉も、それ自体、考察に値する。実のところ直感的には、書き言葉の継承の方が、話し言葉のそれよりも、忠実な遺伝的継承に似ているように思える。世代から世代へと受け継がれる民話について考えてみよう。もし、その伝達が、話し言葉のみによるのであれば、記憶違いのせいで、多くの変化や間違い、歪みが生じる。誰でも似たような経験があるはずだ。家族やパートナー、さらには自分自身が、同じ逸話を別々の人に何度も話すうちに、日付が変わることもあるし、部分的に誇張されることもあれば、細部が省略されることもある。もちろん、それ以外に、聞く側による聞き違いや誤解、思い違いも起きる［★16］。しかし、書き言葉の方は、はるかに忠実に内容を伝承する。情報を書き記すことは記憶する必要を減らし、ゆえに、記憶違いによる歪みや曲解を減らすのだ。

印刷機の発明とともに、書き言葉はほぼ完璧に再現されるようになったが、それ以前は、書き言葉の伝達は写字生によって行われ、彼らは重要な書物や人気のある書物を手作業で写していた。写字生と聞くと、聖書などの宗教書を書き写す修道士の姿が思い浮かぶが、実際には、写字生の大半は、裕福な上流階級に高級で雇われた専門家で、例えば一四世紀に書かれたチョーサーの『カンタベリー物語』のような文学作品を、雇い主の娯楽のために書き写していた。写本は口承による再話よりはるかに忠実に原本を再現するが、それでも完璧とは言えない。ろうそくの灯のもとで作業をしていた写字生は、ときどき単語を見落としたり、単語や文をうっかり繰り返したりといったミスを犯した。時には、意図的に改ざんしたり、よりよくしようと修正を加えたりもしたようだ。そうやって原本が次々に書き写されていくうちに、生物の遺伝的変化が世代交代を経て蓄積していくように、これらのミスは積み重なっていった。

ケンブリッジ大学のクリストファー・ハウとエイドリアン・バーブルックらのチームは、このような文章の伝達と生物の遺伝との相似に注目し、系統学的手法を用いて、写本の進化の歴史を再構築した[★17]。その論理と手法は、先に述べた話し言葉に関するものとほぼ同じで、写本間の相違の数が多ければ多いほど、写本と写本の関係は遠いとみなす。言語学者と同じく、写本学者もかねてよりそのことに気づいており、写本の系統樹を作っていたが、彼らは生物学の手法を借用せず、非公式で主観的な方法によった。しかも根拠としたのは、特定の文献の現存する写本に含まれる情報だけだった。

そういうわけで系統学的手法は、言語学の場合と同じく文献学においても、主観的な比較に陥ることなく、大量のデータから写本の進化を再構築する、強力な定量化のツールを提供したのだった。

バーブルックらは、ある研究でチョーサーの『カンタベリー物語』の文化進化について調べた。対象としたのは、一五世紀に書き写された「バースの女房の物語」の現存する写本、四三冊だ。バースの女房が、自分の五回に及ぶ結婚生活とその経験から学んだ教訓を語る物語である。バーブルックらはプロローグから八五〇行を選び、写本間の違いをコード化した。そして二通りの系統学的手法によって、それらのデータを処理した。一つは第4章で概説した最大節約法、もう一つは分割分析法である。後者は、このデータが樹状構造になることを前提としない。すでに述べたように、それはバクテリアや植物など、しばしば水平方向に遺伝情報を交換する生物について言えることだ。バーブルックらは、同じことが文化的に伝達される情報についても言えると主張する。例えば写本では、写字生が書き写す時に、唯一の原本だけでなく、他の本からも部分的に借用する可能性があるからだ。

彼らの系統学的分析により、それぞれ単一の本に由来する、互いに近い写本のグループが六つ見つかった。ほっとしたのは、この系統樹が、文献学者が略式の比較によって見つけていた写本どうしの関係をほぼ再現していたことだ。例えば、文献学者たちがチョーサーの原作に最も近いと考えていた写本Hgは、系統樹でも根元近くに位置づけられた。しかし、新たな発見もあった。例えば、これまで文献学者に無視されてきたいくつかの写本が、写本Hgと密接につながっていることがわかり、それらを詳しく調べる必要が出てきたのだ。

　これらの分析から浮かび上がってきた驚くべき発見の一つは、写本に見られる変化が、ＤＮＡ複製の際に起きる遺伝暗号の変化にとてもよく似ているということだ。ＤＮＡが複製される間に、一個かそれ以上のヌクレオチドが失われる（遺伝学者は「欠損」と呼ぶ）ように、本を書き写す際に、単語や文章が抜け落ちるのだ。逆に、単語が新たに加えられる場合もあり、これもＤＮＡ配列へのヌクレオチドの「挿入」に似ている。また、単語が異なる単語に置き換えられる可能性もあり、これは、一個のヌクレオチドが別のヌクレオチドと入れ替わる「点突然変異」に相当する。この点突然変異によって生じた新たな配列が、以前の配列と同じアミノ酸をコードするのであれば、タンパク質への影響はなく、それは「サイレント変異」と呼ばれる。しかし、新たな配列が以前とは異なるアミノ酸をコードする場合は、タンパク質も異なるものが作られるか、まったく作られない。これは「ミスセンス変異」と呼ばれる。そして単語の置き換えも同様に、文の意味を変えない場合もあれば、変える場合もある。最後に、写本では、遺伝子組み換えによく似た組み換えも観察された。写字生がプロローグの半分をある写本から書き写し、残りの半分を別の写本から書き写したらしいのだ。したがってこの写本は、どちらの半分を基準にするかによって、系統樹上の位置が違った。さらに極端な例として、まったく別の作品から、一文、あるいは一節まるごと引いてきて挿入したものもあった。これは、種の壁を乗り越えて遺伝子が伝達する、遺伝子の水平伝達に似ている。

つまりバーブルックらは、系統学的手法が話し言葉だけでなく書き言葉にも適用できることを証明したのだ。実際、書き言葉の文化的伝達が、遺伝的継承と同じように忠実になされ、挿入、欠失、置換といった同種の変化を多く含んでいることから、系統学的手法は、話し言葉よりむしろ書き言葉にとって、より有用だと思える。バーブルックらがそうしたように、ある種の文化のデータセットに対しては、樹状の構造を前提としない系統学的手法の方が向くのだろう。その結果生じる系統樹は、大まかに見れば、文献学者が定量的ツールを用いず、非公式な方法で写本を比較して述べた歴史的関係に似ているが、系統学的手法はかつては知られていなかった新たな関係を、瞬く間に、明らかにしたのだ。

個体群生態学と歴史の出会い――帝国の盛衰

歴史家は、写本の歴史だけでなく、数世紀にわたって繰り返された大帝国の盛衰など、人類史に刻まれたよりスケールの大きな変化にも興味を寄せる。例えば、ローマ帝国は最盛期にはヨーロッパ、北アフリカ、中東の大部分を占領しながら、なぜ五世紀に崩壊したのだろう。こうしたできごとについて、歴史家はたいてい、その時代の記録を基に史実を追いながら説明しようとする。ローマ帝国が衰退したのは、東ではササン朝ペルシャ帝国が勃興し、北では西ゴート族などゲルマン民族が勢いを増し、両勢力と戦うために（五世紀初めには西ゴート族がローマを占領し、略奪を繰り広げた）軍事費が増大し、経済が傾いたためだ、というように。ローマ帝国の衰退の理由として、よく引用されるもう一つのできごとは、フラウィウス・アエティウス将軍の暗殺である。将軍は、フン族の王アッティラの攻撃からローマ帝国を守り抜いたとされる。このように、歴史の流れ（例えば、ローマ帝国の衰退）は総じて、特定の先行するできごと（例えば、西ゴート族の侵入、アエティウスの暗殺など）を物語ることで説明される［★18］。

こうした歴史の物語には人を惹きつける魅力があり、詳しく研究されている。しかし歴史上の文化的変化についてのそのような説明は、言語学者による言語比較や、写本学者による系統図と同じく、非公式で主観的なので、限界がある。ただ言葉で説明するだけでは、具体的で定量的な仮説は得られず、歴史的データに照らしての検証は不可能だ。しかもそれに代わる仮説を検証する基準もないので、歴史家はある歴史の流れを説明するのに、どの仮説がふさわしいかを巡って、果てしない議論を繰り返すことになる。

最近では生態学者で歴史学者のピーター・ターチンが、学問分野としての歴史は、個体群生態学と呼ばれる生物学分野で用いられる動的で量的なモデルを導入すれば、多くの成果が得られるだろう、と述べている［★19］。歴史家が長い年月におよぶ帝国の興亡を説明しようとするように、個体群生態学者も多くの場合、長いあいだに自然に起きる個体数の増減を説明しようとしている。ターチンがこのモデルをどのように歴史の流れに適用したかを見る前に、生態学分野での使い方を検証しよう。

個体群生態学における動的モデル

一般に生態学者は、生物の増減をシンプルな関数で説明する。図5・1aを見てみよう。二本のグラフは、仮想的な個体群の経時的成長率を、指数関数とロジスティック曲線で描いたものだ［★20］。指数関数的増加（点線）は、個体群が増加するにつれて成長率も高まっていく様子を示している。つまり成長率は、最初のうちは緩やかだが、時とともに加速していくのだ。具体的には、成長率は個体群の個体の数に比例し、比例定数ｒによって成長の速さが決まる。

指数関数的な増加が描くのは、細胞分裂を繰り返して一つの個体が二つ以上に増えていくバクテリアなどの成長率だ。成長率が高まるのは、時がたつとともに、より多くの個体が繁殖するようになるからだ。一つのバクテリアが二つに分裂し、その二つが分裂して四つになり、その四つが分裂して八つになり、といった具合だ。わずか二〇世代を経ただけで（バクテリアならそれほど時間はかからない）、五二万四二八八四になり、さらに一〇世代たてば、ほぼ五億三七〇〇万匹になる。

しかし現実には、生物の個体数は指数関数的に無限に増えるわけではない。例えば、資源や生息場所の限界によって、個体数は限られてくる。したがって、比例定数ｒを単一のパラメータとする指数

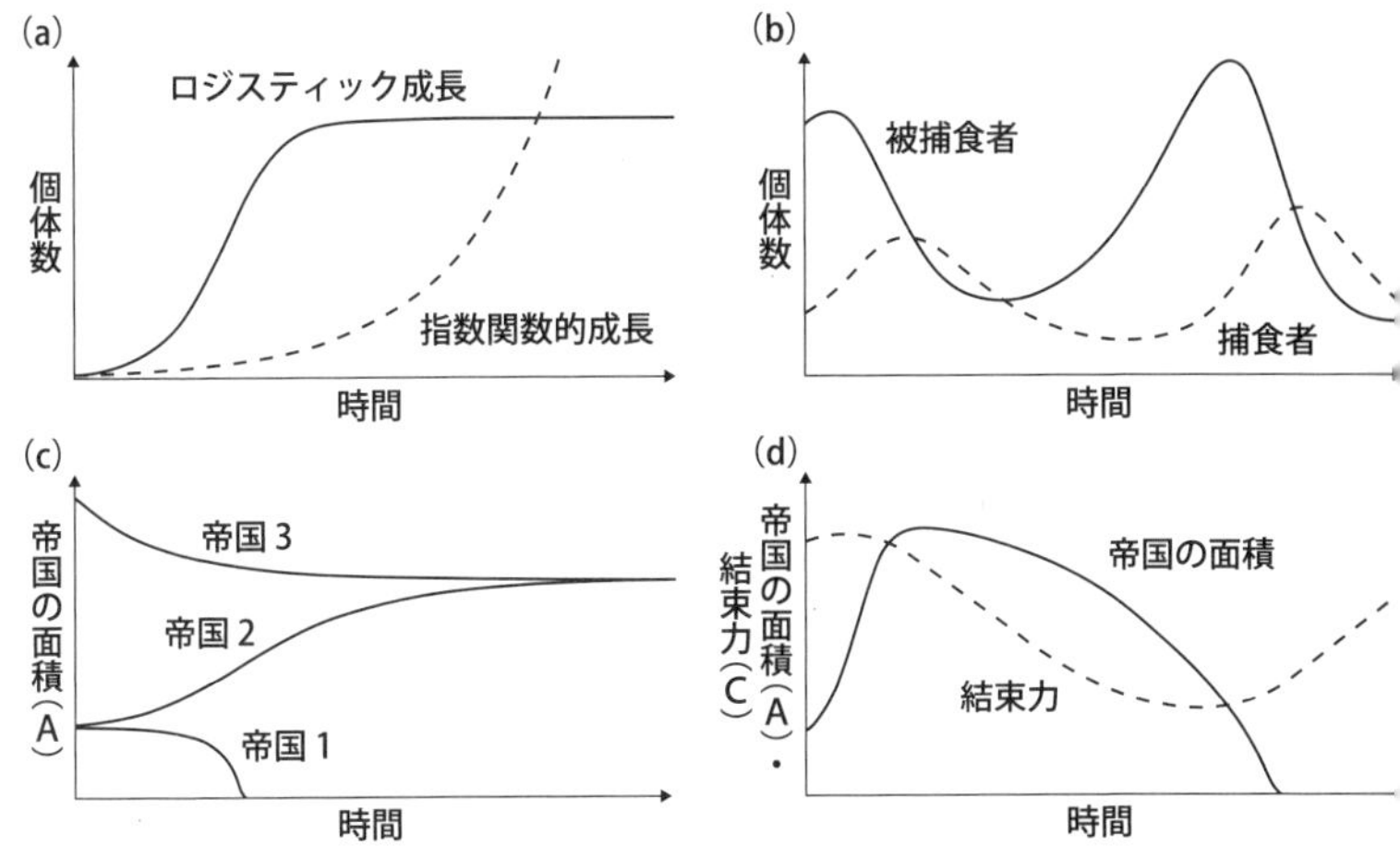

図 5.1　数学的進化モデルの予測による個体数の動き　(a) 生物学的成長の一次モデル。指数関数的成長では個体数は無限に増加するが、ロジスティック曲線では、環境収容力で頭打ちとなる。(b) 生物学的成長の二次モデル。捕食者と被捕食者の個体数が、たがいに反応して変動する。(c) 帝国の動態の一次モデル。帝国のサイズは安定均衡に収束する。(d) 帝国の動態の二次モデル。社会の結束力に応じて帝国のサイズが変動する。
出典：Turchin 2003

関数だけでは、個体数の経時的な変動を説明することはできない。より現実に近い成長率は、図５・１ａのロジスティック曲線が示すものだ。最初のうち、個体数は、指数関数的成長と同じように比例定数ｒに従って増加するが、限界まで増えるとそこで停滞する。この限界を環境収容力と呼ぶ。

ロジスティック式モデルは指数関数モデルよりも現実的だが、やはりきわめて単純だ。複数の個体群の間で――たいていは異なる種の間で――相互作用が起きると、より複雑な動態が生じうる。よく知られる例は、捕食者と被捕食者の数が互いに連動して周期的に変動することだ。理由はじつに明白で、捕食者が多ければ、それだけ多くの被捕食者が食べられ、その個体数は減る。そうして被捕食者が減ると、捕食者の食べるものが減り、飢餓が生じ、捕食者は減る。捕食者が減ると、食べられる被捕食者の数が減り、被捕食者が増える。その結果、再び捕食者が増える、というわけだ。図5・1bは、個体群生態学者がロトカ＝ヴォルテラ方程式と呼ばれる方程式を用いて捕食者―被捕食者の動態をモデル化したものだ。図では、被捕食者数を示す実線が、点線で示した捕食者数に応じて変化するが、その逆もあり得る。ロトカ＝ヴォルテラ方程式には四つのパラメータがある――捕食者がいない場合の被捕食者の個体数の成長率、捕食の結果としての被捕食者の個体数の減少、被捕食者を食べることによる捕食者の増加率、そして被捕食者の不足による捕食者数の指数関数的減少である。これら四つのパラメータと、それらの作用と相互作用についての単純な仮定（例えば、被捕食者の増加率は指数関数的になると仮定するなど）だけで、図5・1bに示されたような周期的な個体群の変動を導くことができる。このロトカ＝ヴォルテラ方程式のモデルを応用すれば、現実の生物の個体数がどのように変動するかを正確に把握できるはずだ。

生態学から人類の歴史へ

ターチンは、同様の定量的モデルが人類の歴史に見られる動態にも適用できると主張した［★21］。要するに、生態学者がバクテリアの個体群の増減を理解するのに用いるルーツと同様のものを使って、歴史家は帝国の興亡を理解することができるというのだ。もちろん、バクテリアの個体群と人間社会のダイナミクスの土台となっているものは非常に異なるが、だからといって生態学のツール、この場合は動的モデルが、文化現象に適用できないわけではない。違いを考慮して修正すればいいのだ。これは第2章の終わりで述べた、文化進化と生物学の進化は、抽象的なレベルではどちらもダーウィン的だが（どちらも変異、競争、継承の要素を持つ）、詳細は非常に異なる（例えば、生物の遺伝は粒子的だが、文化の継承は非粒子的）という指摘に似ている。そして、多くの場合、そのような詳細は、社会科学分野でなされた研究から得られるが、それらの研究は必ずしも、文化進化の枠組みのなかで行われてきたわけではない。

そのためターチンは、歴史学、社会学、そして個人レベルの社会的交流に関する社会心理学で用いられてきた非公式の理論と、個体群生態学の公式な定量的モデルの融合を図った。彼はまず、その研究のテーマを明確にした。それは、紀元〇年から一九〇〇年までの間にヨーロッパでゆっくりと繰り返された帝国の興亡を説明することだ。残された文書の記録は、帝国の大半が、かなりの年月をかけて興隆し、同じく衰退したことを語っている。三一の帝国についてターチンが平均値を出したところ、興隆（領土が最大時の二〇％から八〇％に拡大する）、ピーク（領土の増加が止まってから、減少が始まるまで）、衰亡（領土が最大時の八〇％から二〇％にまで減少する）の期間はそれぞれおよそ一世紀だった。このテーマをより正確に言い換えるなら、紀元〇年から一九〇〇年までの間にヨーロッパに次々に現れた帝国の、緩慢な（人間で言えば数世代かかった）興亡をどう説明するか、ということになる。

出発点としてターチンは、帝国の興亡に関する既存の歴史的解釈を考察した。特に注目したのは、ランドル・コリンズの地政学的説明である［★22］。コリンズは、帝国の面積（A）の増減は、三つの要素――戦争の勝利（W）、資源（R）、兵站（L）――とその相互作用によって説明できると示唆した。第一段階として、帝国は戦争の勝利（W）によって土地を獲得し、領土を広げる。第二段階として、領土が広くなると、それだけ多くの資源（R）を得られるようになり、ますます戦争で勝利（W）を収めるようになり、面積（A）は拡大する。第三段階として、広大になった帝国では、軍の経費、市民の警備、資源の運搬などのために、より多くの兵站（L）が必要になる。しかし、兵站（L）が増えると、戦争の勝利（W）は減少する。なぜなら、資金が追いつかず、兵器や食料が不足し、軍隊の働きが鈍るからだ。この、帝国は規模が拡大するにつれて経費の増大に苦しむようになるという「帝国の過剰拡大」という考え方は、帝国の衰亡を語る現在の歴史的理論の典型である。

ターチンはこれらの変数と関連のすべてを定量的な数理モデルに変換し、コリンズ理論を検証できるようにした。例えば、前記の前提でAがWと正比例すること（戦争に勝てば、面積が広がる）を、戦争における勝利を領土に変換するパラメータによって明確にした。ここでは数学的な詳細は述べないが、図5・1cには、コリンズの地政学理論によるターチンのモデルに従って、三つの帝国の興亡が示されている［★23］。この三つの帝国それぞれにおいて、方程式とパラメータは同一である。唯一の違いは始点だ。この始点の違いが大きな違いをもたらす。帝国1は狭い領土からスタートし、資源（R）が少なすぎて拡大できず、やがて崩壊する（つまりAがゼロになる）。ところが帝国2は、わずかに広い領土からスタートし、戦争に勝つだけの資源があったので、領土は拡大していく。しかし無限に拡大するわけではない。やがて平衡状態に達し、そこでは兵站の負荷というコストが、戦争の勝利から得られる恩恵（資源）を相殺する。帝国３も同じ平衡状態に達するが、始点は平衡状態より上にある。

だがこのようなダイナミクスは、歴史家が考証してきた帝国の漸進的な興亡には似ていない。地政学モデルでは、帝国は崩壊して消滅するか（帝国１）、安定的な平衡状態に収束するか（帝国２、３）、のどちらかだ。この流れが上昇と下降を繰り返す（振動する）ことはない。実のところターチンは、コリンズが示したモデルでは、人間社会に見られる「振動」するダイナミクスを作ることはできないと主張した。コリンズのモデルはいわゆる一次モデルで、「状態変数」と呼ばれる変数Ａが一つ含まれる。状態変数は他の変数、この場合ではＷ、Ｒ、Ｌに対応して変化する。一次モデルには、図５・１ａで見た指数関数モデルやロジスティック・モデルも含まれる。例えばロジスティック・モデルは、成長率ｒと環境収容力ｋに対応して変わる状態変数「個体群サイズ」の変化をたどる。図５・１ｃのコリンズのモデルのように、これらは「振動」せず、無限に増加するか、安定平衡状態に収束する。

ターチンは、それよりも二次モデルの観点から歴史的ダイナミクスを説明する必要があると主張する。二次モデルには状態変数が二つ含まれる。図５・１ａに示した捕食者と被捕食者のモデルは二次モデルの例であり、捕食者の数と被捕食者の数の両方をたどる。捕食者の数がわからなければ被捕食者の数を予測することはできないし、逆もまた同じである。そして図５・１ｂに示したように、二次モデルは、捕食者と被捕食者のサイクルのような、周期的な増加と減少を描くことができるので、帝国の周期的歴史ダイナミクスを把握するには、こちらのほうがふさわしいと思われる。

つまりターチンは、帝国の興亡の非・定量的理論（コリンズの地政学理論）を、個体群生態学者が用いる定量的な数理モデルに変換し、そのモデルを使って、コリンズの理論では帝国の興亡に象徴される人口サイクルを作れないことを示すとともに、個体群生態学の知見を借りて、より優れた理論は、一つではなく二つの状態変数を含むものであることを示したのだ。

欠落した変数、社会的結束

この、もう一つの状態変数とはなんだろう？　ターチンは、帝国の興亡に影響しうるもう一つの要因は、帝国の社会的結束力ではないかという。ある社会的集団の結束力は、人々の集団への帰属意識の強さと、その結果としての、自分たちの集団を他から防衛しようとする気持ちの強さから測れる、と彼は述べる。そして、近代社会学の父祖の一人とみなされる一四世紀のアラブ人学者、イブン・ハルドゥーンが提唱した「歴史的ダイナミクス」という非公式の理論に依って、以下の理論を立てた［★24］。まず、小規模な社会では、協力して共通の敵に立ち向かうとか、共同体の井戸や橋を建設するといった集団行動が生きていく上で欠かせないため、結束が増す。そしてその結束力がピークを極めている時、社会は非常にうまく機能し、勢いがあるので、周囲のより小規模（かつ／または）結束力の低い社会に攻め入り、領土を増やし、やがて帝国を築く。しかし、帝国が大きくなりすぎると、集団行動は個人が生きていくために不可欠のものではなくなるので、結束は低下し始める。それどころか、帝国内のエリートの派閥のあいだで競争が始まる。その結果、結束は非常に低くなり、帝国は崩壊するか、とりわけ結束力が弱くなった辺境地で新たに勃興した、結束力の強い集団に侵略されるのだ。この理論はボイドおよびリチャーソンらが提唱する「文化的集団選択」理論（結束力が強く協力的な集団は、結束力が弱く非協力的な集団を打ち負かすという理論）の具体的な事例である［★25］。

社会的結束は、あいまいで実体のない概念のように思えるかもしれない。しかし社会心理学や、最近では実験経済学において、集団としてのアイデンティティと集団内での協力は計測可能で、実社会に結果をもたらすという証拠が多く見つかっている。社会心理学の数多くの実験から、たとえ任意に作られた集団であっても、属する人々は喜んで他のメンバーと一体感を持ち、できる限り協力しようとすることが明らかになった［★26］。これらの結果は、実験経済学者の研究によっても裏づけられている。これまでに研究されたどの社会においても、例えば第1章で取り上げた最後通牒ゲームのようなタスクをさせると、人々には公正さを重んじる（完全に利己的な判断をした場合より多くの金をゲームのパートナーに渡す）傾向が見られた。同じく第1章では、慈善活動や選挙への関わり方など、市民としての義務感が、集団によって大きく異なることについても検討した。したがって、結束力は計測可能なだけでなく、集団によって幅があると言えそうだ。

ターチンは、社会的結束力は、帝国が数世紀かけて徐々に隆盛し、徐々に滅んでいく理由を説明する第二の状態変数になると示唆した。兵站の負荷は、わずか数週間から数ヵ月で帝国の規模に影響を及ぼすが、結束力の増減には数世紀かかる、と彼は主張する。この仮説を検証するためにターチンは、帝国の面積（A）と、結束力（C）の両方の関数を含む二次モデルを構築した。前と同じように（A）は戦争の勝利、資源、兵站の負荷によって定義される。しかし今回、戦争の勝利と資源は（A）だけでなく、結束力（C）にも依存する。つまり結束力が大きくなればなるほど、戦争の勝利と資源が増加するのだ。それは、人々がいっそう協力して帝国を防衛し、他国の領土を征服し、資源を開発しようとするからだ。第二の関数は（C）の値を決定し、国境周辺では最大となり、中心部では最小となる。小規模な国は、周囲をすべて他の国に囲まれており、領土はほぼすべてが国境地域なので結束力が高い。一方、大規模な帝国は、国境地域ではない国土が広大なため、結束力が低い。その結果生じるダイナミクスは図5・1dに示されている。二本のグラフは、ある帝国の面積（A）と結束力（C）である。このグラフの領土の変化は、図5・1cの地政学理論によるグラフよりはるかによく実際の帝国の隆盛・衰退を表している。小規模な帝国が、当初は強い結束力のおかげで領土を拡大していくが、結束力が弱まるにつれて領土が徐々に縮小していく様子がわかる。（国が縮小した結果）結束力が再び強くなっていったとしても、時すでに遅しで、領土の縮小は資源の縮小をもたらし、その結果、領土の縮小はさらに加速しており、結束力の高まりによるプラスの影響は帳消しになる。またターチンは、二次元の空間格子上で複数の帝国が土地を巡って争い、長期間にわたっていくつもの帝国の漸進的興亡が繰り返される、より複雑な空間明示モデルを構築した［★27］。

ターチンの研究は、個体群生態学から借用した進化モデルが、歴史的ダイナミクスを理解するのに非常に役立つことを示している。彼は、言葉だけによる非公式な理論を、定量的な数理モデルに変換することで、そうしなければわからなかった欠点を明らかにし、より妥当と思われる理論を提示したのだ。これらのモデルは、より詳しい歴史的データによって経験的に検証できる。例えばターチンの結束理論から、帝国はたいてい結束力が最も高い国境地域から発生する、と予測できる。そしてターチンはそれが事実であることを確認した。紀元〇年から一九〇〇年までの記録が残るヨーロッパの五〇の地域の大半は、帝国が勃興した国境地域（一一地域）か、あるいは、帝国が勃興しなかった非・国境地域（三四地域）かのどちらかであった［★28］。非・国境地域でありながら帝国が勃興した地域はわずか一地域で、国境地域でありながら帝国が勃興しなかった地域も、わずか四地域だった。この結果から、国境地域という環境と帝国の出現とのつながりは、統計的に見てきわめて顕著だと言える。

歴史を文化進化で分析することへの反対意見

前章と本章でとりあげた研究の大半は、社会科学および人文科学の分野で行われてきた伝統的で非進化的な研究と両立しうるということを認識しておく必要がある。実際、社会科学者はさまざまな事例に関して、進化生物学者が用いるのと実質的には同じ論理と仮説に基づく非公式な方法——言語学者の比較研究法や、文献学者の系統図など——を考えついた。また、進化の手法によって得られた研究結果は、伝統的な学者による発見、例えば印欧語族の広範な地政学、父系相続と家畜所有とのつながり、あるいは『カンタベリー物語』最古の写本の正統性などとよく符号する。

しかしながら、生物学分野で用いられる系統学的手法と動的モデルの真価は、その厳密さにある。言語学者と文献学者は、歴史的系統樹を直観に基づいて構築するが、生物学者や文化の系統を研究する学者は、最尤法やベイズ推定法といった定量的な統計学手法を用いて、明白かつ正確な基準を備え、統計的確実性を推定できる系統樹を作成する。文化人類学者は（少なくとも、社会構成主義者に批判されて文化間の比較が不人気になるまでは、）文化の多様性の組織的なパターンを説明するために、さまざまな社会間の比較を引用してきたが、これらの比較は、継承がもたらす類似と収斂がもたらす類似を区別する系統学的手法がなければ、ゴルトンの問題にさらされる。また歴史家は、歴史の潮流を説明するために、例えば帝国の興亡に関するコリンズの地政学理論のような非公式な理論を提示するが、そのような理論を正しく検証するには、定量的な個体群ベースの進化モデルが必要とされる。つまり、そのような理論だけでは、実際の歴史のダイナミクスを説明することはできないのだ。

進化的手法には価値があり、既存の社会科学の研究をそれが補完できるとしても、考古学者、人類学者、言語学者、歴史学者の大半は、今後もそのような手法に懐疑的であり続けるのではないだろうか。その理由としてよく言われるのは、（反論一）文化はあまりに複雑なので、単純な進化モデルでは分析できない。（反論二）文化現象（例えば言語、帝国など）を互いに比較することに意味はない、である。

反論一　文化は複雑すぎて、単純な進化モデルでは分析できない。

多くの社会科学者は、文化の変化は複雑すぎて、中立的な浮動モデルや、個体群の動態モデルといった、単純な数理モデルに還元することはできない、と主張する。以下は歴史家ジョゼフ・フラッキアと生物学者リチャード・ルウォンティンが共著した文献からの引用だが、文化進化モデルへの典型的な反応である。

文化進化の理論は注意深く構築され、論理的に一貫性があり、よく整理されている……。しかしその定式化した扱いは、歴史の常である、迷路のように入り組んだ道すじや偶発的な複雑性、多彩なニュアンス、そして混乱にはまったく向かない［★29］。

これは、単純なモデルを用いる根拠を誤解したものだ。単純化しようとするのは、人類の文化が、少々の単純な変数とプロセスだけで説明できると考えるからではない。それは方法論であり、文化のように途方もなく複雑な現象を理解するための、最も生産的なアプローチは、小さな断片に分割し、それぞれの説明を試みることだと考えるからなのだ。それは大きく複雑なジグソーパズルを組み立てる時に、小さな部分から組み立てていくのに似ている。単純なモデルだけが、定量的で検証可能な予測（「地域内の多様性が地域間の多様性と逆比例する」、「系統学的な言語系統樹の枝の長さは、枝上の分岐の数とは無関係である」といった予測）を生み出すことができる。その予測が統計的に支持できるか否かを調べ、できないとわかれば、また別のモデルを作成して検証するのだ。単純な定量的モデルを用いるこのアプローチは、生物学分野では進化を説明する手段として非常に役立った。そして生物の進化は、文化進化と同様に複雑なはずなのだ。この単純なモデルに代わるものがあるのだろうか。私たちは、主観的な仮定に基づく言葉だけの理論について議論を続けることも可能だが、それが最終的に正しい説明になるかどうかはわからない（仮に正しい説明になったとしても、定量的モデルよりずっと時間がかかるだろう）。あるいは、人間の文化は複雑すぎて十分に理解するのは無理だと認めることもできる。だがそれはあまりに悲観的で、知性にとっては不毛な感傷である。

反論二　文化的現象は独特かつ特別なものである

社会科学者による二つ目の反論は、人工遺物や言語、社会、写本、帝国はこれまでに述べたような方法で比較しても意味がない、というものだ。そう主張するのは主に文化人類学者や歴史家である。前者は総じて、異なる社会を比較するのをやめて、それぞれの社会をその社会にあった言葉で説明するようになった。後者は、すでに述べたように歴史的現象を特定のできごとによって（例えば、ローマ帝国が滅亡したのは、アエティウスが暗殺されたからだと）説明しようとする（もっとも、コリンズの地政学理論のような例外もあるが）。例えば、フラッキアとルウォンティンは次のように不満を述べる。

本質的に異なる歴史的現象を、歴史以外のものを説明する原則に無理矢理、組み込んだとしても、また、その原則に収まらない歴史的に重要なできごとを単に偶発的なものとして片付けたとしても、文化進化の理論は、すべての歴史的現象の特殊性や独自性に付随する多くの重要な疑問に答えることはできないのである［★30］。

この批判もやはり、複数の社会や歴史的時代を一般化することの目的を誤解しているのだ。その目的は、歴史的出来事や社会に関する従来の研究を、一般的な小進化プロセスの研究に「置き換える」ことではない。それどころか、そうした歴史や社会の研究がなされなければ、進化プロセスの正当性を検証するためのデータは得られないのだ。また、その目的は、社会や時代による重要な違いを否定することでもない。違いは当然ある。しかし、類似点もあり、そのような類似を見つけて（例えばターチンが着目した「結束力」など）単純な原理で説明することができれば、歴史や社会の研究は損なわれるどころか、逆に豊かになるはずだ。

実のところ、さまざまな個体、個体群、種、属を組織的に比較することは、近代生物学にとって必要不可欠なツールであり、原因に関する仮説を検証する強力な手段になっている。なぜなら、単一の種は単一のデータポイントにすぎず、単一のデータポイントは、原因に関する仮説を検証する場合にはほとんど役に立たないからだ。これについてはグッドウィンらによるカワスズメの研究の例ですでに見た。彼らはカワスズメのいくつもの種を系統学的に分析することにより、メスだけによるマウスブリーディングが、（歴史の偶然ではなく）実際的な理由から、両親によるネストガーディングから進化したことを示した。そしてホールデンとメイスは、父系相続と家畜保有との関連といった異文化間のパターンについての仮説も、同じく系統学的手法によって検証できることを示した。単一の社会は、単一の種と同じく唯一のデータポイントにすぎないので、異なる社会の比較なくして彼らはそれをなしえなかっただろう。

社会科学分野が、社会の比較に積極的でない理由のいくらかは、タイラーやモーガンらが支持した、人種差別的な一九世紀のスペンサー流文化「進化」論への反動とみなすことができる。確かに、初期の文化人類学者が行った比較は、一般に非西洋社会を西洋社会より劣る原始的な社会とみなしたため、非西洋社会の人々の不評を買った。繰り返すが、本書がとりあげた文化進化の理論や研究のいずれも、そのようなことは示唆していない。ダーウィン的な文化進化論は、さまざまな社会を、複雑さの度合いによって並べようとするものではないし、道徳的判断は近代の進化論（生物進化論であれ、文化進化論であれ）から得られるわけでもない。したがって、文化人類学者が、時代遅れで政治的な動機を持つスペンサー流の進化論から派生した異文化比較を警戒するのはいいとしても、文化の比較をどれもこれも拒むのはあまりにも早計であり、文化現象に関する仮説を検証できる有益な方法を見逃すことになるだろう。

結論――ミクロとマクロの結合

前章および本章で紹介した研究は、文化進化の研究者が、進化生物学から借用した多彩な方法――系統学的手法、浮動モデル、個体群生態学由来の動的モデルなど――をどのように用いて、文化の大進化における過去のパターンとトレンド――旧石器時代の握斧の地域的多様性からローマ帝国の興亡に至るまで――を再構築してきたかを示すものだった。さらに重要なのは、いくつもの研究が、大進化のパターンを説明するだけでなく、第３章で見た小進化の観点からこれらのパターンを説明しようとしていたことだ。小進化の観点に立つことで、例えば文化の大進化が樹形をなすかどうかという議論は、小進化の伝達経路はおそらく樹状をなすという理解や、伝達が垂直か水平か、集団間の文化の移動の役割といった、有益な情報を新たに得ることができた。浮動モデルは、機能的に中立的な（適応上プラスにもマイナスにもならない）特徴をランダムに複製する小進化のプロセスと、個体群レベルでの大進化のパターンを関連づけた――例えば、人工遺物の多様性は集団間と集団内で逆相関する、というように。また、同調性（頻度に依存する文化選択）は、頻繁に用いられる単語が古来、保存されてきた理由を説明する。この先の二つの章では、心理学の経験的手法と、文化人類学の民族誌学的手法が、文化の大進化と小進化をさらに結びつけるためにどのように用いられているかを見ていこう。

第6章

進化の実験

——実験室における文化進化

長く文化進化の研究は、第3章で取り上げた数理モデルの構築のような、高度に理論的な活動にとどまっていた。しかし近年では多くの研究者が、コントロールされた環境での実験によって、文化進化モデルの仮説や予測を検証するようになった。社会科学、行動科学の実験は、主に心理学者の領域だが、文化進化の学際的な性質ゆえに、言語学者、経済学者、考古学者、歴史学者らもそうした実験に興味を寄せている。これらの研究の詳細を見る前に、進化の研究における実験の利点を見極めておくことが有益だ。それらの利点は、文化だけでなく生物の進化についても言えることなので、まずは、実験が生物進化の原因をつき止めるのにどのように役立ってきたかを検討しよう。

実験室で、生物の進化を模倣する

進化生物学者のリチャード・レンスキは、一〇年以上にわたってミシガン州立大学の実験室で大腸菌の進化を観察してきた。一九九八年以来、彼のチームは遺伝的に同一の大腸菌のコロニーを、四万五〇〇〇世代以上にわたってゆっくりと培養してきた［★1］。このコロニーによって彼らは、自然な状態では不可能な厳密な管理と詳細さのもと、適応、変異、淘汰、絶滅といった生物進化の基本的プロセスを調べることができた。大腸菌のようなバクテリアはこうした実験に特に適している。大腸菌は小さいので、大きなスペースは不要で、また、繁殖に時間がかからないし（ゾウを四万五〇〇〇世代育てるにはどのくらいの年月がかかることか）、必要とされる環境もシンプルで（ペトリ皿と養分がいくらかあればいい）、無性生殖するので遺伝学的に同一のクローンを簡単に培養できるからだ。

大腸菌は、冷凍も可能だ。レンスキらは、五〇〇世代ごとにコロニーのサンプルを採取し、マイナス八〇℃で冷凍し、「仮死状態」にして保存した。そうしておけば、ある世代の相対的な適応度を、第一世代と比べて計測できるからだ。その方法は、ある世代（最近の世代）と第一世代の菌を同数混ぜ合わせて、翌日、それぞれの数を数えるというものだ。（前もって、選択上プラスにもマイナスにも働かない遺伝子マーカーで、両者を異なる色に染めておく）。もし最近の世代が、有利な変異の蓄積によって適応度を向上させていれば、第一世代より盛んに繁殖するはずであり、その繁殖の度合いは、（マーカーで色分けしているので）正確に計測できるのだ。

自然環境で発生した個体群を一時的に観察するだけでは、適応度をこれほど正確に計測することはできず、また、同じ個体群の適応度を繰り返し計測するというのも、等しく不可能だ。つまりこの実験では、進化に導かれた適応度の経時的変化を、かつて無い正確さで知ることができるのだ。そしてこの実験の結果、遺伝的に同一のコロニーを新たな環境に置く（例えば溶液をグルコースからマルトースに代える）と、当初、適応度は急速に上昇し、やがて一定のレベルで安定することが確認できた。例えば、ある系統では、環境を変えた直後の五〇〇〇世代の適応度の上昇は、一万五〇〇〇世代後から二万世代後までの適応度の上昇より一〇倍も高かった。

実験のもう一つの大きな利点は、進化の歴史を何度でも「再現」できることだ。大腸菌は無性生殖するので、遺伝的に同一のコロニーをいくつでも作ることができる。レンスキらはそのコロニーを同じ環境におき、すべて同様の進化を遂げるかどうかを観察した。これは、生物の進化が決定的であるか、それとも偶然に左右されるかという根本的な問題に答えようとするものだ。タイムマシンでも発明されなければ、生物学者には現実の進化を再現することはできない。そうした疑問に取り組む方法は、実験しかないのだ。そしてレンスキの実験の結果は、進化の傾向はある程度繰り返されるが、少々の逸脱も見られることを示唆していた。具体的には、一二の同一のコロニーはすべて、適応度の変化について似たようなパターン——最初は急速に上昇し、その後横ばい状態になる——を示したが、最終的に落ち着いた適応度の値は、コロニーによってわずかに異なっていたのだ。

実験の最後の利点は、変数を操作できることだ。そのような変数の一つが、コロニーのサイズである。レンスキは、コロニーの大腸菌が多ければ多いほど、適応度の上昇が早まることに気づいた。非常に小さなコロニーでは、適応度はほとんど上昇しなかった。これは、コロニーの大きさが適応度を決める重要な要因であることを示唆している。レンスキはこれらの発見を説明するために、集団遺伝学者のシューアル・ライトが一九三〇年代に初めて導入した「適応度地形」という概念を用いた[★2]。ライトは、進化を三次元の地形で表現した。座標は遺伝子の組み合せ（遺伝子型）を示し、高さは適応度を示す。適応度の高い遺伝子型の適応度は、高い山（ピーク）を形成するが、適応度の低い遺伝子型の適応度は、くぼみを形成する。生物は、突然変異と浮動によって座標上をランダムに動くが、自然選択によって優位な変異が蓄積するにつれて、より適応度の高い場所へ移動していく。しかし、ライトの論点は、そのような地形に容易に到達できるピークが一つしか存在しないことは稀だ、というところにある。現実の適応度地形には、高さ（すなわち適応度）が異なるピークがいくつも存在し、そのことは、似たような適応上の問題に対して、解決法がいくつもあることを示している。生物の進化は近視眼的で、無目的なので、ある個体群が適応度の低い場所に収まると、周囲の適応度の谷を横切ってまで、より適応度の高い場所に移動することは望めないのだ。

この適応度地形という概念は、どのようにレンスキの大腸菌の実験結果を裏づけるだろう？　大腸菌が新たに置かれた環境が、適応度の低い適応の谷だったとする。自然選択に導かれ、その個体群は、適応度の山を上り始め、それに応じて適応度は急速に上昇する。そしてピークに達すると、適応度はそれ以上上昇しない。なぜならさらに変異が起きればコロニーはピーク（ピーク直下の座標上の位置）をはずれ、適応度が落ちるからだ。そして最初の遺伝的変異がランダムに起きることから、複製されたコロニーはそれぞれ高さの異なる適応のピークに収まり、それが最終的な適応度のわずかな違いをもたらす。より多くの大腸菌の個体を擁する大きなコロニーは、有利な変異を起こしうる個体をより多く擁するゆえに、偶然、適応度の高いピークを見出す可能性が高い。

レンスキの研究は、大進化のパターンと傾向（適応、歴史的偶然性）の土台となっている小進化のメカニズム（選択、突然変異、浮動など）を探究する上で、実験がいかに有用であるかを明らかにした。実験には、環境を厳密にコントロールできる、変数（コロニーのサイズなど）の分離と操作が可能、歴史を何度でも再現できる、といった、フィールドスタディにはない利点がある。そのようなコントロールや操作は、実際的にも倫理的にも、フィールドスタディでは不可能だ。また、古生物学者は、化石記録の傾向が歴史的偶然によるものかどうかを検証したくても、進化の歴史を再現することはできない。さらに実験には、数理モデルに勝る利点もある。実験では本物の生物を扱い、それらは数理モデルの仮想的な存在よりはるかに、現実に即したふるまいを見せるのだ。レンスキの実験は、生物学の豊かな伝統である、生物進化を実験で模倣する手法の一例にすぎない。これまでの章で見てきた通り、メンデルのエンドウマメの実験や、ヴァイスマンのネズミのしっぽを切る実験、ルリアとデルブリュックが主導した細菌の突然変異の実験など、実験という手法は進化生物学に多大な貢献をなしてきた。

大腸菌から文化へ

生物学者が生物の進化を実験でシミュレートするのと同様に、文化進化の研究者も、文化進化を実験によってシミュレートするようになった。文化進化の典型的な実験では、文化的特徴（技術、単語、概念、習慣など）が、被験者の連なりや集団内でどのように受け継がれていくかを観察し、特徴的に起きた変化を正確に記録する。文化進化の実験には、生物進化の実験と同じ利点があり、研究者はコントロールされた条件のもと、脱線も阻害要因もなく実験を行い、データを正確に記録し、変数を操作して仮説を検証したり、進化の傾向を再現したりできる［★3］。言うまでもないことだが、実験心理学者はすでに数十年にわたって実験を行ってきた。しかしそれらの実験が、文化進化の枠組みの中で行われることは稀だった。主流の心理学の実験は、複数の（文化的）世代にまたがる長期の変化や、それらの変化が個人的な（非社会的な）学習に関して適応的かどうかといった問題はほとんど扱わなかった。

しかし、実験には欠点もある。コントロールや操作で得られるもの（内的妥当性）は、リアリズム（外的妥当性）では失われる。人工的な条件下で一時間ほど単調な作業をする被験者が、実際の生活と同じように振る舞うとはかぎらない。それに、たとえ同じように振る舞うとしても、文化進化の研究者が関心を寄せる狩猟採集民の伝統や大昔の写本の進化に実際に関わった人々は、典型的な被験者（たいていは北米の英語を話す人で、大学教育を受け、中産階級でかなり裕福）とは非常に異なっていたはずだ。また、一時間程度の実験で、数十万年にわたって起きた文化進化を、有意義にたどれるかどうかという問題もある［★4］。

これらの問題の解決策は、文化進化研究の重要な特徴であるその学際性がもたらしてくれる。実験は、それだけではほとんど価値がなく、西洋の大学生が心理学の実験室でどう振る舞うかということしか教えてくれない。しかし考古学、人類学、歴史、社会学の研究結果の知見と合わせると、実験は実際の文化現象に深く根を下ろすことができる。実験データが実際の歴史的・地理的パターンやトレンドと一致したら、実験が経験的記録のある面を捉えていると考えていい。その場合、実験は、考古学、歴史学、人類学、社会学の観察だけに基づく方法や、歴史的な方法よりも厳格な、仮説の検証を可能にする。人類学者は、重要な特徴が異なる村々に、狩猟採集民を割り振りして住まわせることはできない。歴史学者は、歴史を何度も再現して、観察された流れが意味のあるものなのか、それとも偶然の産物かを確かめることはできない。だが、実験主義者にはそれが可能なのだ。しかも実験の結果は往々にして、別の社会科学者によって現実の世界で再び検証することができ、それが新たな知見をもたらし、それがさらなる実験で精査され、と続いていく。願わくばこのサイクルが、文化現象のいっそう正確な説明をもたらすことを期待したい。

以上のことを念頭において、以下のセクションでは、考古学的遺物からゴシップ、言語に至る文化進化をシミュレートした近年の実験を紹介しよう。

伝達連鎖法

テレビアニメ『ザ・シンプソンズ』のエピソード「PTA解体」では、教員組合がスキナー校長のお粗末な学校経営、例えば、新聞紙が混じった給食や、ウィリアム・シャトナーの『電脳麻薬ハンター』を教科書にしていることなどを批判してストライキを繰り広げる。バートは、この騒ぎを盛り上げて、休校を長引かせようと、デモ隊の最後尾にいた人に、嘘の噂を伝える。それは、「スキナー校長は、教師たちはもうじき分裂すると言った」というものだったが、デモ隊の人から人へ伝わっていくうちにそれは、「スキナー校長は、教師たちはもうじき紫色のサルの食器洗い係をぶちのめすと言った」になった。ストライキのリーダーであるエドナ・クラバーペル先生は、スキナー校長の根拠のない自信に腹を立てるが、中でも「紫色のサル」発言には激怒した。

『ザ・シンプソンズ』が描いたのは、パーティでよくやる伝言ゲームのパロディだ。通常、メッセージが最後の人に伝わる頃には、あまりにも歪曲して、最初のメッセージとはまるで違うものになっている（『ザ・シンプソンズ』の作者はそこに喜劇的な効果を期待している）。しかし伝言ゲームはテレビ番組でパロディ化されるだけでなく、数十年前から、文化の伝達を研究する心理学者によって、より科学的な形で用いられてきた。それは「伝達連鎖法」と呼ばれる。その実験では、書き言葉による物語など、注意深く用意された刺激材料が「鎖」の最初の被験者に示される。次にその材料は隠され、被験者は記憶を頼りに、その内容を書き記す。それを二番目の被験者が読み、やはり記憶を頼りに内容を書き記す。それを三番目の被験者が読み、という具合に、次々に被験者が内容を伝えていく。実験者は、連鎖の各段階（つまり「文化的世代」）で記された内容を分析し、文化進化における組織的な歪曲やバイアスを計測する。

伝達連鎖法は、内容バイアスと誘導された変異の両方を特定する理想的な方法だ。第3章で見たように、内容バイアスは、何らかの情報がほかの情報より獲得・記憶・伝達されやすい場合に起きる。つまり内容が進化上の成功を決めるのだ。伝達連鎖法は、さまざまな情報を被験者の連鎖に流し、どのような情報が最もよく伝達されるかを調べることによって、異なる内容バイアスの存在を検証できる。一方、誘導された変異は、人が獲得した情報を修正してから他の人に伝える時に起きる。これもやはり、伝達連鎖法を用いて、伝達の過程で起きる歪曲や修正をたどることによって計測することができる。

伝達連鎖法は、ケンブリッジ大学の先駆的な社会心理学者、サー・フレデリック・バートレットによって、一九三〇年代に科学的な方法として実験心理学に導入された。その著書、『想起の心理学』の中で彼は、さまざまな物語や絵を用いた伝達連鎖実験の結果を報告している［★5］。中でもよく知られるのは、アメリカ先住民の民話、「幽霊の戦い」を題材としたものだ。それは一人の先住民の男が何人かの幽霊とともに他の村の人々と戦った物語で、男は負傷し、翌朝死んだ。バートレットがこの話を、英国の学生グループに伝言ゲーム形式で伝えさせたところ、学生たちにはなじみのない超自然的な要素が、消えるか、歪められた。例えば元の話では、男が息絶える寸前に、「男の口から黒いものが出てきた」とあるが、この奇妙な（少なくとも英国の学生には奇妙に思える）細部は、すっかり消えるか、学生たちの信念と矛盾しない内容、例えば「口から魂が出た」というようなものに変更された［★6］。

バートレットの研究と、その後行われたいくつもの伝達連鎖実験は、伝言ゲームでよく見られる現象を確認する結果となった。それは、文化の伝達は正確というにはほど遠く、情報は組織的な方法でしばしば失われ、あるいは歪められる、ということだ。それも、ランダムな要素（例えば「紫色のサルの食器洗い係」など）が本来のメッセージに足されるのではなく、人々の予想や偏見に合うよう、メッセージが変更されるのだ。これを遺伝と比べてみよう。遺伝ははるかに忠実で、エラーや歪みがはるかに少なく、また、ＤＮＡ配列の端にランダムな配列がくっつくことがある。つまり伝達連鎖実験の結果は、内容バイアスと誘導された変異が、文化進化に重要な役割を果たしてきたことを示唆しているのだ。

二〇世紀の中盤から後半にかけて、個人を重視する認知心理学が実験心理学の支配的なパラダイムになるにつれて、伝達連鎖法は心理学者たちにあまり評価されなくなった。これは不幸なことである。文化進化モデルは、単一の文化世代における選択の小さなバイアスが、代々繰り返されることによって、劇的な影響をもたらすことを示唆している。そのような影響を観察するには、複数世代にわたる伝達連鎖実験をするしかない。近年では文化進化の枠組みの中で研究をしている研究者らが、バートレットの方法を復活させ、それによって内容バイアスが起きた証拠や、誘導された変異の形態を捉えようとしている。

ゴルフからゴシップへ

二〇〇九年一一月末、米国のメディアはタイガー・ウッズのスキャンダルに沸きたった。最初に報じられたのは、彼が妻と言い争いをして自宅の敷地で愛車を運転中に奇妙な事故を起こしたというものだった。しかし、やがて一〇人を超える女性が出てきて、それぞれ過去数年のうちにウッズと恋愛関係にあったと主張し、ウッズは家族に「一線を越えた」ことを謝罪した。ウッズが不倫を重ねたというニュースは、世界中の新聞や雑誌やテレビのニュース番組で大きく取り上げられた。これは新聞やテレビのニュース番組の制作者の低俗な嗜好を反映しただけでなく、一般市民の興味に煽られてのことであった。Google トレンドによると二〇〇九年一一月の「タイガー・ウッズ」の検索数は、二〇〇九年一〇月までの一〇ヵ月間に比べて一二倍に増えた［★7］。

だが、なぜ人々はゴルフ選手の不倫にこれほどまで強い関心を寄せたのだろう。当然ながら、タイガー・ウッズの私生活における恋愛の詳細を知ることは、彼と会ったこともこの先会うはずもない数百万のネット検索者にとってはほとんど、あるいはまったく、現実的な価値をもたない。さらに、彼の結婚生活の問題は、ゴルフの成績には何の影響もないはずだ――少なくともメディアが加熱し、ウッズが一時的にトーナメントへの出場自粛を宣言するに至るまでは。似たような話は無数にあり、毎週のようにスポーツ選手や映画スター、その他の有名人の不倫や個人的な問題が、新聞の見出しを飾る。その一方で、気候変動など市民生活に実際に影響をもたらす問題はほとんど無視されている。ちょうどタイガー・ウッズの騒動が始まった頃、コペンハーゲンでは気候変動に関する国際会議が開かれていた。それは、気候変動に対する最大規模の国際的取り組みと広くみなされていたが、世間の関心は低く、「気候変動」という語での検索数も、一・五倍に増えただけだった。

しかしこのような現象は、単に奇妙な傾向とか、現代社会の低俗化の反映として片付けられるものではない。マスメディアの社会志向は、人間の文化にまつわるより深い何かを映し出しているのではないだろうか。実際、このように社会的相互作用や社会関係が優先されることは、霊長類学者のニコラス・ハンフリー、アンドリュー・ホワイトン、リチャード・バーン、ロビン・ダンバーらが提唱した「社会脳」仮説と一致する［★8］。その仮説は、人間を含む霊長類の大きな脳は、食料を探したり道具を用いたりといった生態学的問題を扱うためではなく、社会的な問題を解決するために進化した、と説く。人間は生態学的な作業にも長けているが、脳をここまで大きくしたのは社会的な問題ではないだろうか。社会との関わりは、広範囲の困難な問題を生じさせる。他の人と行動を協調させる、意図をうまく伝える、連携や提携をする、他人の連携や提携の経過を追う、ごまかす、ごまかされないようにするといったことはすべて、きわめて複雑な認知能力を必要とする。しかも社交の問題は本質的に、非社交的な生態学的問題より難しい。なぜならそれらには、自分と同じ種の、複雑な社会的思考ができる他人が関わっているからだ。例えば、果物の木にだまされることはまれだが、他人にだまされることは多い。社会脳仮説の根拠としては、霊長類全体を見渡した時、脳のサイズが、さまざまな社会的行動の測定値——集団のサイズ、相互交流に費やされる時間、欺瞞の頻度、社会的遊びの頻度——と相関していることが挙げられる。他方、脳のサイズと社会性のない行動の値——なわばりの広さ、道具の使用、食事——との間に相関は見られない［★9］。

　そのため、第3章で紹介した文化進化のバイアスという点から見ると、社会脳が社会的情報を処理したり、社会的事実を記憶したりするのに特に秀でているとすれば、文化進化には、社会的な相互作用や関係に関わる情報を優先する内容バイアスがあると考えられる。これを「社会的バイアス」と呼ぼう。私はアンドリュー・ホワイトンとロビン・ダンバーとの共同研究で、この予測を伝達連鎖法によって検証した［★10］。その実験では、四つの話を被験者である学生のグループに伝えさせた。ある学生が担当教授と恋愛関係になったという「社会的ゴシップ」。ある人が通りで見知らぬ人にスイミングプールへの道順を尋ねたという「社会的非ゴシップ」。ある学生が講義に遅刻したという「非社会的で個人的」な話。そして、森林火災は大気中の二酸化炭素を増加させて地球温暖化の一因になるという「非社会的で物理的」な話である。これら四つの話を書いた紙を、伝達連鎖の最初の人に見せて、回収する。最初の人は記憶を頼りにその話を書き出し、それを二番目の人に見せる。二番目の人も、それを読み、記憶を頼りに書き出したものを三番目の人に見せる。こうして伝達が続く。本質的に、この実験は文化選択を研究室でシミュレートするものだ。参加者一人ひとりが「社会性」のレベルが異なるさまざまな話を聞かされる。そのいくつかは他の話よりも覚えやすい（あるいは、選択されやすい）だろう。信頼性を高めるために、一〇組の連鎖で実験し、結果を平均化した。

予測通り、どの鎖でも、二つの社会的な話は、非社会的な話よりも正確に伝達された。記憶の程度はそれぞれの話の「命題（proposition）」の数を計測して調べた。命題とは、「意味の単位」とみなすことができ、書かれたテクストに含まれる情報の量をかなり正確に示すことが認知心理学者によって示されている。四つの話（社会的ゴシップ、社会的非ゴシップ、非社会的で個人的な話、非社会的で物理的な話）は、それぞれ一四の命題を含んでいた。文化的に四世代を経ると、二つの社会的な話はそれぞれ五・五個の命題（元の話の三九％にあたる）を保存しており、二つの非社会的な話は、二個の命題（元の話の一四％にあたる）を保存していた。非社会的な話では歪曲がほとんど観察されなかったので、これは誘導された変異というより、内容バイアスが働いた結果だと思われる。

これらの結果は、文化進化には、重要性が同等であれば、非社会的な情報よりも社会的な情報を優先する内容バイアスが働くことを裏づける。ただし、ここでのキーワードは「同等」だ。すべての社会的情報がすべての非社会的情報より興味を引くわけではない。例えば、制御できない森林火災が自宅に迫っているという情報は、隣の奥さんが夫を裏切っているという情報より、あなたの気を引くだろう。しかしほかのすべてが同等なら、社会脳ゆえに私たちは、社会的な情報を獲得し伝達するよう動機づけられているようだ。著名人のゴシップは容易に拡散するが、重要な事実情報（気候変動など）がなかなか伝達しないのはおそらくこのためだろう。

最小限の反直感性を持つ博物館への旅

第３章でとりあげた潜在的な内容バイアスの一つは、最小限の反直感性をもつものに惹かれるというバイアスである。人類学者のパスカル・ボイヤーとスコット・アトランは、この世界についての直感的理解に少しばかり反する概念（すなわち、最小限の反直感性を持つ概念）が、特に記憶されやすい、と示唆した［★11］。例えば幽霊は、直感的な物理のルールに反する（例えば、壁を通り抜けることができる）が、人間心理の本能的なルールとは合致する（例えば、幽霊は復讐しようとする）。そのような直感に適度に反する概念は、平凡で直感にそぐう概念や、きわめて非凡ながら直感的に理解できる話よりも、記憶されやすいと言われている。その結果、幽霊や神々といった超自然的な信仰は、これまでに調査されたすべての地域で、容易に広まり、普及している。

この理論はもっともらしく聞こえるが、平凡や概念や非凡すぎる概念より、最小限の反直感性を持つ概念が記憶されやすく、結果的に伝達されやすいという重要な前提は、直接検証する必要がある。またこれが実際に内容バイアスなのか、それとも誘導された変異のせいなのかということも気にかかる。もし内容バイアスであれば、人々は最小限の反直感性を持つ概念を修正なしに記憶し伝達するだろう。しかし、人々が、他の人から聞いた平凡な概念や非凡な概念を、最小限の反直感性を持つように（ただし、過剰に反直感的にならないように）修正する場合には、誘導された変異が働いたと考えられる。

このような疑問を解くために、認知人類学者のジャスティン・バーレットとメラニー・ナイホフは伝達連鎖実験を行い、さまざまな概念を被験者の連鎖に流した［★12］。それぞれの鎖の最初の被験者は、銀河系間を旅する使者が見知らぬ惑星を訪れるというSF物語を読む。使者は、訪れた惑星のさまざまな事柄を理解するために、スミソニアン博物館のような施設を訪れる。そこにはいろいろな博物館や動物園があり、多様な事物や動物が展示されている。物語の残りの部分は、これらの事物や動物などの描写であり、その内容は、鎖によって異なる。それらは最小限の反直感性を持つもの（例えば、自然な原因では簡単には死なず、容易には殺せない動物）、平凡なもの（栄養が足りない、または損傷がひどい場合は死ぬ動物）、非凡なもの（自然な原因では決して死なず、殺すこともできない動物）のどれかであった。研究者らはそれぞれのタイプの情報が伝達される相対的な正確さを追跡するとともに、物語の一部が組織的に歪曲されたかどうかを調べた。

そして得た結果は、最小限の反直感性を持つ概念が、平凡な概念や非凡な概念よりも、伝達の過程を生き残る可能性が高いという予測を後押しするものだった。元の物語はそれぞれのカテゴリーの概念を六つずつ含んでいた。三つの文化世代を通過した後、最小限の反直感性を持つ概念は、平均で二・七二個残っていたが、奇抜で非凡な概念は一・二九個、平凡な概念は〇・八九個しか残っていなかった。最小限の反直感性を持つ概念が明らかに優勢である。さらに興味深いのは、このような最小限の反直感性を持つ概念の優勢が、内容バイアスよりも誘導された変異によるらしいということだ。前記の数字は、原作にあるかどうかにかかわらず、最小限の反直感性を持つ概念、平凡な概念、非凡な概念を数えたものだ。原作にある各カテゴリーの概念六つに限定して分析し直すと、最小限の反直感性を持つ概念（二・一二）と同等に、非凡な概念（一・八九）が残り、その差は統計的に有為でない（もっとも、どちらも平凡な概念の〇・八九よりずっと多いが）ことが認められた。最終世代に最小限の反直感性を持つ概念がより多く残ったのは、非凡な概念がしばしば最小限の反直感性を持つ概念に変更されたからだ（逆に最小限の反直感性を持つ概念が非凡な概念に変更されることは滅多になかった。そして、平凡な概念は単に失われるだけだった）。この変化は、すでに存在する最小限の反直感性を持つ情報を優先する内容バイアスではなく、あるいは、それに加えて、誘導された変異が働いたように見える。

第3章で述べたように、誘導された変異は文化進化の強力な原動力となり、しばしば内容バイアスなどの文化選択よりも強く働く。最小限の反直感性を持つ概念が、内容バイアスのみならず誘導された変異にも後押しされるというバーレットとナイホフの発見は、何世代にもわたって民族誌学者が記録しているように、世界のどこでも超自然的な概念や宗教的概念が見られる理由を説明すると言えるだろう。

実験室における外国語の進化

言語学者も、実験によって言語の進化をシミュレートするようになった。サイモン・カービー、ハナ・コーニッシュ、ケニー・スミスら、エジンバラ大学の言語学者によって行われた伝達連鎖実験では、実際の言語の重要な特徴をいくつも持つまったく新しい言語が、実験室でゼロから進化しうることが示された［★13］。バーレットとナイホフがしたように、カービーらは被験者に銀河系間の旅行者になったつもりで答えることを求めた。しかしこの実験の課題は、別の惑星の事物や動物の特定ではなく、地球外言語を学ぶことだ。最初の学習段階では、被験者は一連の物とその名を見せられる。物は色（黒、青、赤など）も、形（三角形、円形、四角形など）も、動き（水平的、弾む、渦巻く）もさまざまで、ラベルには「kihemiwi」のように意味のない単語が書かれている。連鎖の最初の被験者は、ある色と形と動きの組み合わせを示すラベルを教えられる。例えば「kihemiwi」は、「弾む、赤い、四角形」というように。そしていくつかのラベルと物の組み合わせを見せられた後、宇宙人による言語テストを受ける。ラベルのない物を見せられ、それに対応するラベルを思い出すのだ。その結果生じる物とラベルの組み合わせ（正しい組み合わせになっていても、いなくても）が、鎖の二番目の人の学習用セットになる。そしてこの二番目の人が答えた組み合わせが、三番目の人の学習用セットになる。四組の連鎖で、こうして伝達が進み、その結果の平均値を出す。きわめて重要なのは、被験者の誰も、自分が連鎖の一部であることを知らず、単に、物をできるかぎり正確にラベルづけするよう命じられるということだ。したがって言語におけるいかなる変化も、次の被験者が理解しやすいよう、前の被験者によって意図的に変えられた、とはみなせない。

カービーらは、一〇文化世代を経ると、エラー率が格段に下がることを知った。例えば、第一世代が行ったラベル付けのうち、正解は二五％にすぎなかったが、第一〇世代では第九世代が行った組み合わせのほぼすべてを、正しく再現できたのだ。事実上、この言語は徐々に適応度を高め、事物にふさわしいラベルをより効果的に伝達できるようになったのである。この劇的な適応はどのように起きたのだろう。カービーらは、言語学者が「語彙的不完全指定」と呼ぶものでこれを説明した。第一世代は色と形と動きの組み合わせを表現する二七（三×三×三）の言葉を持っていたが、後の世代では、一つのラベルがいくつかの異なる組み合わせを表すようになった。例えば第八世代までに、水平的に動く物はすべて「tuge」、渦巻く物はすべて「poi」、弾む物は、「tupim（弾む四角形）」か「miniku（弾む円形）」か「tupin（弾む三角形）」とラベル付けされていた。そのため、もとは二七あったラベルがわずか五になり、単語は覚えやすくなり、連鎖上で再現されやすくなったのだ。

これは興味深い発見ではあったが、カービーらは、現実の言語にある重要な要素が欠けていることに気づいた。それは「表現性」で、物を区別する能力と言ってもいい。例えば前記の例では、水平に動く物はすべて「tuge」と呼ばれるので、色や形の違いを知ることはできない。そのため次の実験では、被験者が学習する物とラベルの組み合わせを「フィルター」にかけた。もしあるラベルが二つ以上の物を表現するようになったら、一つの意味以外は無視するのだ。これは人為的な介入であるが、ラベルに特定の物を意味することを求める、現実世界の制約をうまく捉えている。つまり現実の言語は、最大限に「表現的」であることを求められるのだ。

この介入の結果、伝達のエラーはやはり減ったが、独自の意味を持つラベルは減らなかった。その代わり、それぞれのラベル内に構造が出現し、ラベルの各部が物の異なる特徴を示すようになった。これを表したものが表6・1である。被験者によるラベルの分割はなかったが、表では三つの部分に分けてある。これらの部分はそれぞれ、物の属性を指す。例えば頭文字の「n」は黒、「l」は青、「r」は赤を示す。語尾の複数の文字は動き（「ki」は水平、「plo」は弾む、「pilu」は渦巻く）を示す。そして真ん中の部分は形を示すが、やや変則的になる。唯一、「renana」は例外で、「水平に動く赤い四角形」を示す。しかしそれ以外の単語には、自然言語と同じく「形態素」（意味を担う最小の言語単位）の出現が観察できる。それは自然言語の決定的な属性である「合成」の要素となるもので、意味の大きな単位は小さな単位の組み合わせからなり、その組み合わせが全体の意味を決めている。

表 6.1　Kirby, Cornish, and Smith（2008）らの実験で、10 文化世代を経た後に記録された「宇宙人」の言語。

	色			
動き	黒	青	赤	形
水平	n-ere-ki	l-ere-ki	renana	四角形
	n-ehe-ki	l-aho-ki	r-ene-ki	円形
	n-eke-ki	l-ake-ki	r-ahe-ki	三角形
弾む	n-ere-plo	l-ane-plo	r-e-plo	四角形
	n-eho-plo	l-aho-plo	r-eho-plo	円形
	n-eki-plo	l-aki-plo	r-aho-plo	三角形
渦巻く	n-e-pilu	l-ane-pilu	r-e-pilu	四角形
	n-eho-pilu	l-aho-pilu	r-eho-pilu	円形
	n-eki-pilu	l-aki-pilu	r-aho-pilu	三角形

カービーらの実験結果は、言語は時とともに、より学びやすくより伝達しやすいものに進化しうることを示した。自然言語と同じように、彼らが作った言語は人から人へ情報を正確に伝達できるので、十分に伝達性があると言える。そうなったのは、この人工言語が徐々に学びやすくなったからだ。本質的にこの言語は、ユーザーの認識能力に適合したのである。しかも、自然言語の形成方法に似た方法でそうなった。すなわち、単語が具体的な物を指すのではなく、いろいろな物を一般化するカテゴリー（例えば red）を表す単位からなる構造に変貌したのだ。自然言語では、固有名詞以外の名詞はただ一つの物ではなく、一般的な物を指す。例えば「犬」は誰かの愛犬「ファイド」だけでなく、すべての犬を表す。規則的な文法要素についても同じことが言える。例えば英語の接尾辞の「ed」は、すべての規則動詞の過去形を

表す。

この研究結果は、伝統的な「言語習得の生得仮説」に異議を唱える可能性がある。生得仮説は、言語学者ノーム・チョムスキーと結びつけられることが多いが、言語を遺伝的に決められた（つまり生得的な）言語に特化した心理的能力（言語構造を記号化する能力）の結果とみなし、私たちが言語を容易に学べるのは、普遍的な言語能力を共有しているからだ、と説く。ところがカービーらは、言語は不変のものではなく、人から人へと伝達するにしたがって進化することを示した。したがって、すべての既知の言語が共通の特徴（合成など）を共有する理由を説明するために、生得的で普遍的な言語能力を持ち出す必要はなくなった。カービーらが出した結果は、そうした共通の特徴が、文化進化の産物であること、つまり、言語が、言語に特化しない、より一般的な認知プロセスに適応したことを示唆しているからだ［★14］。そして、そのような言語の構造は、被験者の計画や意図がないまま出現した。なぜなら彼らは、自分たちが伝達の連鎖の一部であることを知らず、ゆえに次の人にわかりやすいよう、意図的に答えを選んだりはしなかったからだ。これは、文化進化において「意図」が有為な働きをしないことを証明したわけではないが、少なくとも言語の進化にとって必ずしも必要でないことを示している。

男女の果てしなき争い

経済学者もまた、伝達連鎖法を用いて長期の多世代にわたる経済的意思決定の結果をシミュレートするようになった。経済学の伝統的な理論モデルでは、個人は合理的に行動すると仮定する。この合理的に行動する個人は、さまざまな行為のコストと利益を計算し、金銭的報酬や幸福を最大化する行為を理性的かつ正確に選択するとされる。しかし、この見方を疑う行動経済学者が増えてきた［★15］。特に、人間がある行為を選択するのは、最も利益が多いからではなく、たんに他の人がそうしているからだと考える人が増えてきたのだ。言い換えれば、人間（あるいは人間の集団）は文化的伝統に従うのである。

経済学者のアンドリュー・ショターとバリー・ソファーは最近、伝達連鎖法を用いて、文化的に伝達された行動の伝統について研究した［★16］。経済学のほかの実験研究と同じように、彼らは非常に単純化されたゲームを用いた。それは二人の被験者を用いて、経済的意思決定の基本的な側面を捉えようとするものだ。一般に「男女の争い」と呼ばれるゲームで、その名の由来は、ある晩夫婦が野球とオペラのどちらに出かけるかを巡って争うという設定にある。経済学者は何にでも数字をつけたがるものなので、それぞれ満足度を、〇から一〇〇までの数字で示すことにした。夫も妻も、別々にではなく一緒に出かけたがっているので、別々のイベントに出かけた場合の満足度は〇パーセントになる。しかし、行き先について二人の意見は異なる。夫は野球に行きたいが、妻はオペラに行きたいのだ。（このゲームができたのは一九五〇年代なので、ジェンダーステレオタイプについてはご容赦願いたい）もしも二人で野球に行くことになれば、夫の満足度は一〇〇%だが、妻の満足度は五〇%である。二人でオペラに行けば、妻の満足度は一〇〇%だが、夫の満足度は五〇%だ。この状況は夫か妻のどちらかがより幸せ、というジレンマを作り出す。両者が同じように満足することはできないのだ。モデル用語で言えば、二つの純粋な均衡が存在する。ともに野球に行くか、オペラに行くか。つまりこのゲームでは協調（両方が同じことをすること）が求められるが、ふたりが最適かつ同等に満足できる解決法はない。この種の「アンフェアな協調ゲーム」は、多くの組織がしばしば陥る状況をよくつかんでいる。つまりどこかの会社（例えば、材料や部品の供給業者や製品の流通業者）と協調しなければならないが、その関係には不公正さが伴うといった状況である。

ショターとソファーが特に興味を持ったのは、この「男女の争い」ゲームに伝統が生じるか、生じたとして、その伝統をもたらすのはどのような文化継承プロセスか、ということだった。通常、このゲームは二人のプレーヤーによって一度だけ行われるが、ショターとソファーは、そこに文化的側面を持たせるために、複数世代の二人組にこのゲームをさせた。それぞれのペアはゲームを一度だけ行うが、その前に、先行する世代から情報を受け取る。この情報は二つの形でもたらされる。履歴とアドバイスである。履歴は、先行するすべてのペアの選択が伝えられる。一方、アドバイスは、直前のペアの情報だけで、どちらを選んだか、なぜそうしたかが個人的なメッセージとして綴られている。全部で八一世代（つまり八一組の被験者）がゲームを行った。

ショターとソファーは実験の過程で伝統がはっきり現れるのを確認した。両方のプレーヤーが同じ選択肢を選ぶ長い期間の間に、意見が分かれる短い期間が挟まれる。興味深いことに、この停滞と変化のパターンは、化石記録に見られる生物進化や、第5章で見た言語の進化の断続平衡的なプロセスに似ている。しかし一般にこの結果が示すのは、両者が収束できる理論上の平衡点がないにもかかわらず、被験者には行動を調整しようとする傾向が見られる、ということだ。

これらの安定的な文化の伝統をもたらす小進化のプロセスを理解するために、ショターとソファーは実験者の立場を生かして、変数を操作し、実験の条件を変えた。八一世代すべてのプレーヤーが履歴とアドバイスの両方を見ることができるという、先に述べた基本条件による実験とは別に、彼らは二つの実験――「履歴なし」と「アドバイスなし」――を行った。「履歴なし」では、最初のうちは履歴とアドバイスの両方を見せるが、五二世代以降は、履歴を見せないようにする。「アドバイスなし」は、同じく履歴とアドバイスの両方を見られる状況でスタートし、五二世代以降は、アドバイスを見せないようにする。こうして履歴とアドバイスのどちらかを組織的に取り除き、その結果生じた協調（あるいは不協調）を、履歴とアドバイスがずっと与えられる基本の実験結果と比べることで、ショターらは、履歴とアドバイスの、文化的伝統を引き起こす働きを計測することができた。

結果、履歴を見せないようにしても、伝統の出現にはほとんど影響がなかった。基本条件では、五八％の世代が協調（両方のプレーヤーが同じオプションを選ぶ）を示した。「履歴なし」では協調は四九％に下がったが、その差はわずかだ。しかし「アドバイスなし」では、協調は二九％にまで下がった。つまり文化的伝統を維持する上で、ただ一人の直前のプレーヤーから直接受け取った個人的なアドバイスは、先行する全プレーヤーの選択の履歴を受動的に見るよりも、はるかに重要なはたらきをするのだ。この結果は、伝統的な経済学の理論と衝突する。伝統的な理論では、人が最適な選択を決める時には、直前のただ一人のプレーヤーのアドバイスよりも、先行する多くのプレーヤーの振る舞いをはるかに重視するとされていたのだ。履歴は大勢の個人の振る舞いを偏りなく記録したものであり、一方、アドバイスは、受ける側と同じ情報しか持たない人の、主観的な助言にすぎない。この結果から二つの重要なメッセージが得られる。一つは、他の人からのアドバイスは、人の行動を劇的に変えて、経済システムに大きな衝撃を与えうるということであり、もう一つは文化進化の実験には、伝統的な経済理論では予測できないこうした影響を明らかにする力がある、ということだ。

写本の進化を書き直す

前章では、文化進化の研究者が系統学的手法を用いて、『カンタベリー物語』などの写本の進化の歴史をどのように再構築したかを見た。これらの写本の系統が、写本学者が非公式に構築した系統樹にとてもよく似ているという事実は、系統学的手法によって歴史的関係を正確に捉えられるという信念を後押しする。とはいえ、やはりいくばくかの不確実性は残る。歴史をさかのぼって中世の写字生が写本のどの版からどのように書き写していたかを実際に調べるのでなければ、系統学的手法が確かに有効だと断言することはできない。もちろんそうしたタイムトラベルは不可能であり、文化的に伝達されたテキストを系統学的手法によって検証できるかどうかを知るには、実験によるしかない。基本的なアイデアはこうだ。まず実験室で、ある写本を元に、次々に書き写していく。そして、それらの歴史的関係を記録する。次に系統学的手法により、それらの写本の関係を構築する。こうして系統発生の様子を再構築したものを、既存の写本の系統樹と比較する。それが一致すれば、系統学的手法は、写本の進化を正しく再構築できると断言できる。一致が不完全な場合は、なぜ不完全なのかを調べ、その上で手法の改善を図るのだ。

これを実践したのは、ケンブリッジ大学のマシュー・スペンサー、エリザベス・デヴィッドソン、エイドリアン・バーブルック、クリストファー・ハウらである［★17］。用いたテキストは、実際に歴史家が研究した写本に記されていた詩によく似た、中世ドイツの詩である。このテキストを、被験者である「写字生」は順番に書き写していった。前の人が書き写したものをできるだけ正確に書き写したのだ。注目すべき点は、先に述べた伝達連鎖の研究とちがって、この実験の写字生は、前の世代が書いたテキストを見ながら、書けるということだ。そのため、これは記憶のテストというより、テキストを一字一句間違えずに書き写す能力のテストだといえる。しかもスペンサーらは、写字生を直線的に連ねるのではなく、実際の写本の進化に見られる偶発的な「歴史的つながり」の再現を図った。そのため、いくつかの写本は、二人以上の写字生が書き写し、二つ以上の分枝を生みだした。これを示したものが図６・１ａである。

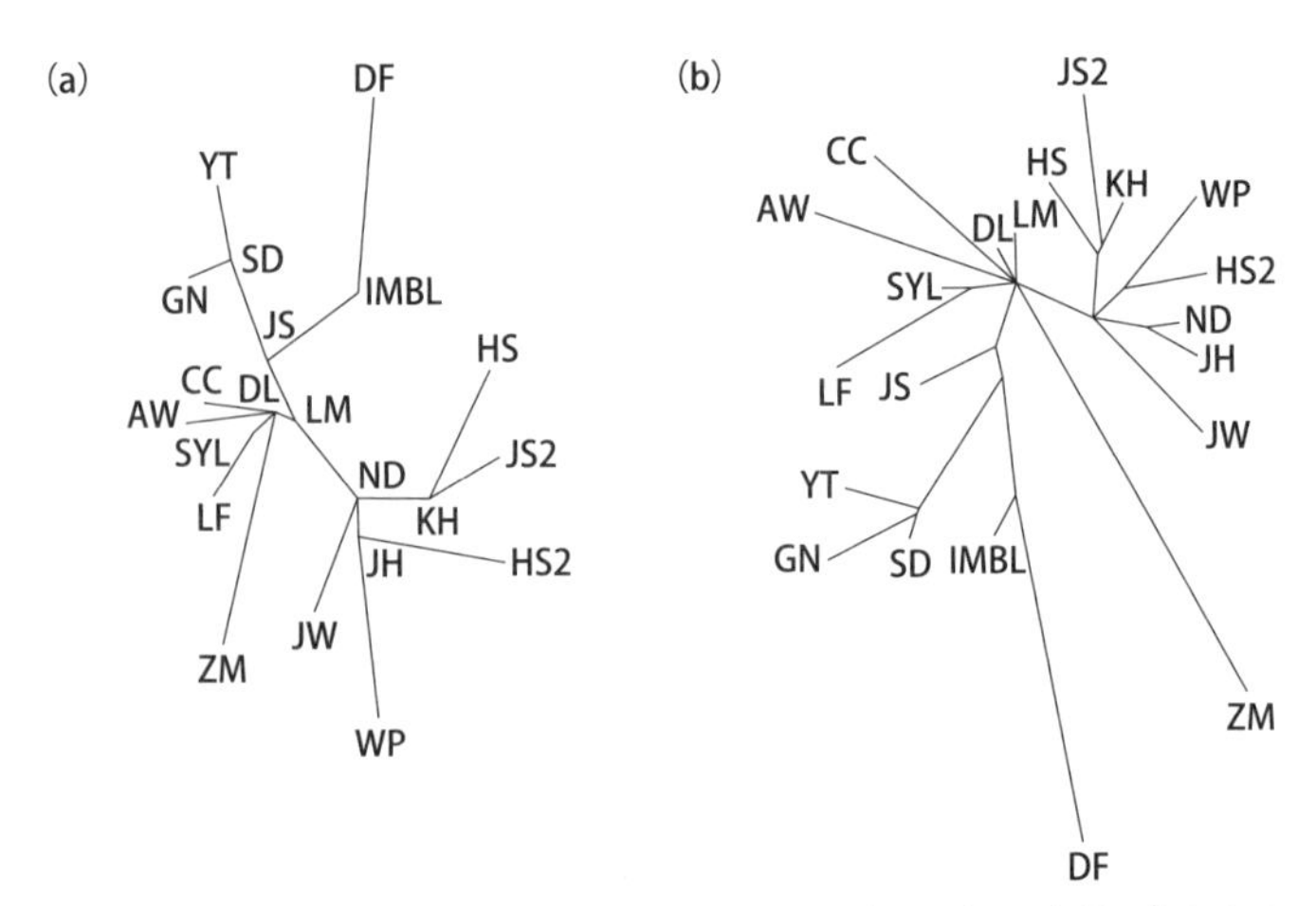

図 6.1　２つの系統樹の図。(a) は Spencer et al. (2004) の実験で作られた写本の歴史的つながりを示す。この場合、歴史的つながりは 100%正確である。(b) は、スペンサーらが系統学的手法（近隣結合法）により、写本のみから再構築した歴史的関連性。写本を結びつける線の長さは、生じた変化の量に比例する。(a) は実際の量で、(b) は推定された量。

本物の写字生と同じように、この実験の写字生は、転写の間に系統的なミスを犯した。例えば、ある単語を似たような単語に書き換えたり（例えば hare［ウサギ］を horse［馬］に）、単語を分割したり（例えば outlandish を out landish に）といったミスだ。また、小さな単語（of や a）の挿入や削除もよく起きた。これらのミスは非常に重要で、系統学的手法は、写本の差異によって歴史的つながりを見積もるが、それらの差異は、元をたどれば書き写す際のミスなのだ。スペンサーらはこの実験から生まれた写本を、さまざまな系統学的手法によって分析した。第4章でとりあげた最大節約法と、その代替となる近隣結合法もその手法に含まれる。近隣結合法は一つの祖先から複数の系統が派生する星形のネットワークを生み出し、枝の長さがその枝で起きた進化上の変化の多寡を示す。

図６・１ｂで示したように、系統学的手法は、写本どうしの歴史的つながりを、きわめて高度な正確さで再現した（この系統樹は近隣結合法によって構築されたが、スペンサーらはこの方法と最大節約法の結果には、ほとんど違いがなかったと報告する）。一般に、同じ共通の祖先から複製された写本は、実際の系統樹でも、再構築された系統樹でも、同じ枝の上にある。しかし、違っているところもあり、それが重要なことを語る。両者の違いは、実際の系統樹で写本が枝の分かれ目（節点）にある時より、枝先にある時に起きやすい。例えば、図６・１でＬＭと書かれた写本を見てみよう。実際の系統樹では、それは中心にあり、他のすべての写本がそこから枝分かれしているが、再構築された系統樹では、ＬＭは中心近くにあるものの、未知の共通の祖先から分岐したものとして描かれている。同様の違いが他にも、複数認められる。例えばＩＭＢＬ、ＪＳ、ＮＤ、ＳＹＬは、位置づけは正しいが、再構築された系統樹では、節ではなく枝の先端に置かれている。この系統的なミスマッチは、系統学的手法は生物学者が生物の進化を念頭において開発した、という事実の反映である。一般に生物学者が系統学的なプログラムに入れるデータはすべて現存する種なので、それらが木の先端に見つからないのは当たり前なのだ。一方、写本は「生きた化石」のようなもので、一五世紀の写字生が書き写した写本が今なお存在しているので、私たちは進化の系統において祖先と子孫の両方をさかのぼることができる。このような生物学的データセットと文化的データセットとの違いに配慮すれば、写本の系統樹は

より正確に構築できるようになるだろう。とはいえ、大まかには、スペンサーらの実験は、系統学的手法は文化的に伝達された写本の歴史的つながりを再構築できることを示している。

仮想の矢じり

文化進化に関するすべての実験が伝達連鎖法を用いるわけではない。実際のところ、伝達連鎖法は、第3章でとりあげた文化の小進化のプロセスの多くに適さない。例えば、社会的地位が高い人や特殊な技能を備えた人を模倣しようとする名声バイアスについて考えてみよう。こうした嗜好は伝達連鎖法では検証できない。なぜなら、伝達連鎖法の被験者が情報を得るのは前の人からだけで、名声の度合いが異なる人々から情報提供者を選べるわけではないからだ。伝達連鎖法に代わる方法として、被験者の小集団に、何度もある作業をさせて、集団内での数世代にわたる文化の伝達を追うというものがある。ある実験では、この方法を用いて、カリフォルニア州とネヴァダ州にまたがるグレート・ベイスンで見つかった考古学的遺物の特徴的なパターンをシミュレートした。

第4章では尖頭器について触れた。それは槍や矢の先端につける尖った石器で、先史時代の北米大陸のハンターが獲物を狩るのに使った。その形と大きさはきわめて多様であり、最近、マイケル・オブライエン、ジョン・ダーウェント、リー・ライマンが系統学的手法でその進化の歴史を再構築した。しかし一つ疑問が残る。なぜ尖頭器はそれほど多様なのだろう。カリフォルニア大学デーヴィス校の考古学者、ロバート・ベッティンガーとジェルマー・アーケンスは、北米大陸の一角でその問題に取り組んだ[★18]。彼らが特に関心を寄せたのは、ネヴァダ州中部とカリフォルニア州東部で見つかったAD三〇〇年〜六〇〇年頃の矢じりである。ネヴァダ州中部では、特徴の違いは少なく、わずかな特徴の組み合わせが見られるだけだった。例えば、そのいくつかは、下辺の角が鉤のように曲がっていて（ノッチと呼ぶ）、獲物に刺さった時に抜けにくいようになっている。ネヴァダでは、そのようにノッチがあり、基部が細いものは、総じて軽かった。この地域では、形と重さにはつながりがあり、長さ、幅、厚みといった特徴にもつながりが見られた。一方、カリフォルニア東部では、さまざまな特徴の間にそのようなつながりは見られなかった。基部が細く角にノッチがある矢じりは、特に重くも軽くもなかった。ほかの特徴にも規則的なつながりは見られなかった。いくつかは厚く、幅が狭く、いくつかは厚く、幅が広く、いくつかは長く重く、いくつかは長く軽い、といった具合だ。要するに、この二つの地域の矢じりは、多様さ自体が異なっていたのだ。ネヴァダの矢じりは、特徴の間につながりがあったので、統一感があった。一方、カリフォルニアの矢じりは特徴の間につながりは認められず、はるかに多様性に富んでいた。

　この二つの地域の、獲物となる動物や矢じりの材料が異なるとは思えなかったので、ベッティンガーとアーケンスは、矢じりの多様性に違いをもたらしたのは、生態学的要因や外的要因ではないと考えた。その代わりに彼らは、それを文化の小進化の観点から説明した。カリフォルニアで矢じりのデザインがきわめて多様なのは、矢じりを作る技術が誘導された変異によって広まったからだ、と。つまり、ハンターたちは、他のハンターから矢じりのデザインを学び、それぞれ試行錯誤しながら、修正していったのだ。この個人的な修正作業が、カリフォルニア地域に見られる高度な多様性の原因だ、とベッティンガーらは説く。個々人が異なる修正を加えていけば、多様性は徐々に高まっていく。ある人は幅を変え、ある人は重さを変え、といった修正が続くうちに、幅と重さは独自に多様化していくのだ。

一方、ネヴァダでは、矢じりを作る技術は名声バイアスを通して広まった、とベッティンガーらは推測する［★19］。第3章で述べたことを思い出していただきたい。名声バイアスとは、著名人や成功者とつながりのある文化的特徴を好んで模倣する傾向を指す。先史時代のハンターたちに名声バイアスが働いたとしたら、彼らは集団の中で最もすぐれたハンターの、矢じりのデザインを複製したはずだ。そして誰もが最もすぐれたハンターを模倣すれば、ついには全員が同じデザインの矢じりを使うようになる。その結果、ネヴァダ州で見つかる矢じりのデザインは、きわめて統一されているのだ。つまり、ベッティンガーとアーケンスは、二つの考古学遺跡に見られる矢じりの大進化の（個体群レベルの）違いを、異なる小進化プロセスの観点から、つまり誘導された変異（多様性が増す）か名声バイアス（多様性が減る）かの違いによって説明したのだ。

しかしベッティンガーらも認めている通り、「これらの伝達プロセスを、考古学的記録で直接調べることはできない」［★20］。タイムマシンでも発明されないかぎり、先史時代のハンターが狩猟の達人をまねたのか、それとも試行錯誤を繰り返したのかを確認することはできない。そうしたふるまいを大進化の統計的パターンから推量することはできるが、それは間接的推量にすぎず、同じパターンが別々のプロセスから生まれる可能性もあるのだ。そのため、考古学者マイケル・オブライエンと私は、ベッティンガーとアーケンスが示唆したシナリオを、実験でシミュレートした［★21］。私たちは被験者（ミズーリ大学の学部生）が「仮想矢じり」を設計して用いるというコンピュータ・ゲームを作成した。学生は矢じりの長さ、幅、厚み、形、色を入力して、仮想の「狩り」でその性能を試す。そして、何キロカロリー獲得できたかを知らされる。このゲームの目的は、何度かの狩猟を経て、その環境に最適な矢じりのデザインを見つけることだ。最適なデザインはあらかじめ決まっているのだが、被験者はそれを知らされていない。

実験は二つの方法で行った［★22］。最初の実験では、誘導された変異をシミュレートした。被験者は前の被験者の矢じりのデザインを模倣し、次に個人的な試行錯誤を行い、高さ、幅、厚み、形、色について、最適な値を見つけようとする。ベッティンガーらによれば、この段階では、さまざまな参加者がさまざまな寸法をさまざまな方法で変えるため、多様性は着実に高まっていく。二番目の実験では、名声バイアスをシミュレートした。セッションの最後のいくつかの狩りで、被験者はほかの被験者の矢じりのデザインを見て複製することを許される。これは名声バイアスの介入を可能にする。被験者は、他のすべての被験者がその時点までに積み上げてきた成績をカロリーの形で知ることができ、ゆえに、最も成功したハンターの矢じりを真似ることができるのだ。もし全員が（もちろん自分を模範にできない最も巧みなハンターは別だが）そうすれば、全員の矢じりが同じデザインに収束し、多様性はなくなるはずだ。

この実験の結果はベッティンガーとアーケンスの仮説を裏づけた。誘導された変異のシミュレーションでは、名声バイアスのシミュレーションよりはるかに多様な矢じりのデザインが生まれた。この結果は、一方では、誘導された変異と豊かな多様性の関連を裏づけ、他方では、名声バイアスと多様性の低さを裏づけた。そこで私たちは、ベッティンガーとアーケンスが観察した先史時代のネヴァダの矢じりの多様性の低さと、先史時代のカリフォルニアの矢じりの多様性の高さは、それぞれ名声バイアスと誘導された変異によるものだという確信を深めた。実験には限界があり（例えば、実験のセッティングは人工的なものであり、また、アメリカの学部生と先史時代のハンターは異なる）、これは確実な証拠とは言えないが、少なくともその仮説は原理上、正しく、人間の振る舞いと矛盾がないことを確認することができた。

私たちの実験は、ただ過去のパターンを再現し、それらが原理上ベッティンガーとアーケンスの仮説と矛盾しないことを証明するだけでは終わらなかった。ベッティンガーらの仮説の欠点の一つは、矢じりに唯一にして最善のデザインがあるとすれば、十分な時間があり、作り手が最低限必要な知性を持つ場合、誘導された変異も多様性の低さをもたらすということだ。これはハンターの一人ひとりが、その唯一にして最善のデザインに到達するからだ。つまりこの前提のもとでは、誘導された変異と名声バイアスのいずれもが、多様性を減少させることになる。

もう一つの可能性として、唯一にして最善のデザインが存在しないことも考えられる。集団遺伝学者シューアル・ライトによる適応度地形の概念を思い出していただきたい。そこには適応度の異なるピークがいくつも存在した。私たちの実験でも、矢じりの適応度に関して同じ前提に立った。地域ごとに最善のデザインがあり、それらの適応度は異なる、としたのだ。その適応度地形において、誘導された変異は、さまざまな人をさまざまなピークに導き、そこにとどまらせる。その地域的なピークからの逸脱は、すべて適応度の減少をもたらすため、被験者は低いピークにいたとしても、適応の谷を越えて、より高いピークへ移ることはできない。したがって、ある者は低いピークにとどまり、ある者は高いピークにとどまる。そして幸運な少数は、最も高いピークに到達する。このような、いくつものピークがある適応度地形を前提とすれば、誘導された変異は、集団内の多様性を維持する。なぜなら、さまざまな人がさまざまなピークにとどまるからだ。また、適応度地形の観点に立てば、名声バイアスが多様性を減らすことも説明できる。二番目の実験で、被験者が他のグループの成績の良い人(適応度が高く、高いピークにいる人)を模倣する時、事実上、彼らは適応度の低いピークから高いピークへジャンプすることになるのだ[★23]。

これを検証するため、私は適応度地形を、ピークを一つしか持たないものに変えた[★24]。すると予測した通り、この場合、誘導された変異がもたらす結果は、複数のピークがある時よりも多様性が低かった。また名声バイアスが適応にプラスになるのは、ピークが複数ある場合に限られる。ピークが一つしかなければ、個々の学習者は簡単に唯一の適応度ピークを見つけるからだ。

つまり、より正確な結論は、ベッティンガーとアーケンスの仮説があてはまるのは、先史時代の矢じりの進化が、ピークを複数持つ適応度地形で起きた場合に限られる、ということだ。もし唯一にして最善のデザインが存在するのであれば、誘導された変異も、名声バイアスも、デザインの統一を導くはずだ。そして実のところ、矢じりの適応度が、複数のピークを持つ適応度地形を成すことを裏付ける証拠がある。考古学者は、さまざまな寸法の矢じりのレプリカを動物の死骸に射込むことにより、矢じりのデザインにはある種のトレードオフが働き、それが局地的に最適なデザインを複数生じさせることを発見したのだ［★25］。例えば長く薄い矢じりは、動物の皮を狙いやすく、貫通しやすいが、動物をしとめる可能性は低い。一方、幅広で厚みのある矢じりは、狙うのも射込むのもそれより難しいが、貫通した時には、より深い傷を負わせ、しとめる可能性が高い。これでピークは少なくとも二つになる。一つは「長く、細く、貫通する」ピークであり、もう一つは「幅広で、ぶ厚く、深手を負わせる」ピークである。

適応度地形を含むこの最後の推論は、実験という手法の価値を示している。一五〇〇年前に起きた矢じりの進化の根底にあった適応度地形がどのようなものであったかを知ることはできない。実のところ、現代の人工産物の適応度地形でさえ、はっきりと知ることはできないのだから、一五〇〇万年前のものとなれば、なおさらである。しかし実験は、純粋な歴史的方法では不可能なやり方で文化進化の根底にある適応度地形を明らかにし、操作し、仮説を検証することを可能にする。また、実験を用いた研究は、方法が優れているだけでなく、適応度地形のような進化の概念が、いかに文化変化の研究を活気づけるかを教えてくれる。

結論——実験の利点

以上、概説した研究は、実験によって文化進化をシミュレートする研究のごく一部である。生物学者が生物進化の土台となっている小進化のプロセス（淘汰、浮動、突然変異、適応など）を実験でシミュレートして探究するように、文化進化の土台となっている小進化のプロセスを調べるために、さまざまな実験が用いられてきた。伝達連鎖研究は、社会的な情報に作用する内容バイアスを明確にし、誘導された変異が最小限の反直感性を持つ概念を好むことを証明した。別の実験は、言語がより簡単に習得・伝達できるものに進化しうることを明らかにし、普遍的な言語能力の生得説に疑問を投げかけた。また別の実験は、経済的な協調ゲームにおいて、アドバイスが安定的な伝統を生むことを示し、人間は合理的に意思決定し、アドバイスの影響はあまり受けない、という見方に疑問を呈した。またある実験は、写本の進化を分析するのに系統学的な方法が有益であることを明らかにし、その方法の改善法の発見を導いた。最後に、実験によって先史時代の技術進化をシミュレートし、先史時代の人工遺物の多様性の地域的なパターンが、小進化のプロセス（誘導された変異と名声バイアス）と一致すること——条件（多ピークの適応度地形）は限られるが——を見てきた。ここでは取り上げなかったが、他にも、同調、集団間の協力と競争、移住、文化浮動、社会的学習メカニズムのような小進化プロセスを実験でシミュレートした研究もある［★26］。どのケースでも研究者は実験によって、歴史的手法や観察的手法ではできないやり方で、仮説を検証することができた。なぜなら実験によって私たちは、歴史を何度も再現し、変数を操作し、振る舞いを正確に記録することができるからだ。

第７章　進化民族誌学

――現実社会での文化進化

　実験は仮説を検証するパワフルな道具になるが、外的妥当性に欠けるという批判を受けやすい。つまり、生身の人間が日々の暮らしでとる行動を実験では把握しきれない、という批判である。仮に実験の被験者が特定の行動傾向——例えば、名声バイアスなど——を見せたとしても、現実の生活で似たような状況に出くわした時に、それを見せるとは限らないのだ。また、期間という問題もある。長くてもせいぜい数時間程度で終わる実験によって、親から子への文化の継承というような長期にわたるプロセスを解明することは容易ではない。

　実験のこのような短所は、現実世界での行動観察を伴う実地調査によって補完することができる。実地調査は、内的妥当性に欠ける——すなわち、実験と違って、変数や被験者の条件を操作して仮説を検証することができない——と批判されるが、実地調査をすれば、外的妥当性が増すのは明らかだ。人々の日々の行動を直接観察したり比較したりすることで、実験室の人工的な環境で起きやすい問題——刺激の欠如、室内実験に関する優先的規範（prior norms）、不安など——を回避できる。そういうわけで、近年、文化進化の研究者たちは、文化進化モデルに関する予測を、現実の世界で検証するようになった。こうした取り組みを分析する前に、生物学者たちがどのように実地調査を活用しているかを見てみるのは有益だろう。

現実世界での生物の進化を調べる

生物学においても、内的妥当性を備えた室内実験と外的妥当性を備えた実地調査の間には、まったく同じトレードオフが見られる。バクテリアやミバエで生物進化をシミュレートする実験が、生物の遺伝のメカニズムや、遺伝的変異の基盤、さまざまな選択の影響などに関する貴重な洞察をもたらしたのは確かだ。しかし、これらの研究には、実験という人工的な状況ゆえの制限がある。実験室の制限された環境で得られる進化の答えは、自然の中で得られる進化の答えとは異なるだろうし、通常、実験の対象はゾウやクジラなどではなく、短命で扱いやすいミバエなどの種に限られる。したがって実験は、自然状態で起きる生物進化を観察する実地調査によって補足される必要がある。

典型的な例は、ガラパゴス諸島でローズマリーとピーターのグラント夫妻が行ったダーウィンフィンチに関する実地調査である［★1］。夫妻は三〇年にわたって、フィンチのいくつかの個体群に起きた進化的変化を観察しつづけた。ある島にすむフィンチのほとんどを捕らえ、個体識別のための脚輪をつけ、体重と体の大きさを測定した後、野生に戻す。その後、それぞれの行動を観察するとともに、食物の得やすさや捕食者の数など、環境に関するデータも集める。これらのデータによって、理論集団遺伝学モデルに関する簡単な仮説を検証することができる。例えば夫妻は、親と子を比べて、くちばしの長さや幅といった形態学的特徴は遺伝性が高く、そのような特徴の八〇～九〇％は遺伝的違いによることを明らかにした。行動観察からは、くちばしの大きいフィンチは、くちばしの小さいフィンチより効果的に、大きくて堅い種子を割ることができることがわかった。一九七七年、ガラパゴス諸島が深刻な干ばつに見舞われ、小さな種子が少なくなった。くちばしが大きなフィンチは、残っていた大きい種子を食べることができたため、小さいくちばしのフィンチよりも生き延びて子を多く産むことができた。つまり、大きなくちばしを良しとする選択が働いたのだ。この選択圧の結果、翌年、干ばつが収まった頃には、この個体群のくちばしは、平均的で四％大きくなっていた。たった一代で起きた、驚くほど大きな変化である。

このように、夫妻の研究は、表現形質は遺伝性が強いこと、そして、選択は非常に強く働きうることを明らかにした。自然選択の強さは、生物学分野では昔から議論の的になってきた。第2章で見たように、二〇世紀初めの数十年間、自然主義者たちは、自然選択には大きな進化的変化を起こすほどの力はなく、むしろラマルクの唱える「獲得形質の継承」が、ほとんどの進化的変化の原因に違いない、と主張していた。集団遺伝学モデルにより、理論上は、小さな選択圧でも数世代で大きな変化をもたらせることが示されても、また、実験で同様の結果が出ても、野生の個体群に働く選択の力についての議論が収束することはなかった。理論モデルや実験において、選択が目覚ましい進化的変化をもたらしたとしても、自然界でそうなるとは限らないからだ。しかしグラント夫妻の研究は、現実の個体群に働く選択の力を実際に計測し、理論上のモデルや実験には不可能な形で、この謎を解く鍵をもたらしたのだ［★2］。

現実の世界で起きる文化進化を調べる

文化の実地調査の必要性

グラント夫妻などの生物学者が生物進化について現地調査を行ったように、文化進化についても、実地に調査する必要がある。数理モデルを使ってさまざまな文化の小進化のプロセスから起こり得る結果を明らかにすることはできるが、モデルによって示せるのは、仮定にすぎない。一方、実験は、生身の人間の行動を調べることによって、ある程度の外的妥当性を得ることはできるが、やはり人為的であることに変わりはない。文化進化を完全に理解するには、現実の生活における人間の行動を長期間にわたって観察する必要があるのだ。こうした調査によって、文化の小進化を巡る重要な謎の答えが得られるかもしれない。例えば、私たちの文化的信条、態度、技術、知識に、両親（垂直の伝達を通じて）、教師（斜めの伝達を通じて）、友人（横の伝達を通じて）はどのような影響を及ぼすのだろう。理論モデルでは、これらの異なる経路は異なる大進化の結果をもたらすとされる（例えば、垂直の伝達は横の伝達より緩慢な変化を導く）が、実際の文化進化におけるデータはほとんどない。また、文化選択や誘導された変異についても、現実社会での強さを推定する必要がある。それらは自然選択と同じくらい強いのか？　理論モデルが示すように、誘導された変異は文化選択より強いのか？　これらの問いは、理論モデルや室内実験を補完するために現実社会で検証しなければならない問いのほんの一部にすぎない。

第1章で述べたように、文化を実地に調査する伝統的な手法（民族誌学）は、本質的に偏っているという認識もあって、信頼の危機に瀕している。文化人類学者の多くは、民族誌学の研究には研究者の文化的偏見（バイアス）が介入することに気づき、文化は科学的かつ客観的に研究することができるという考えを捨て、他人の実生活を主観的に説明（「厚い記述」と呼ばれる）して満足するようになった。しかし、文化進化の研究者たちは、それに代わる道を選んだ。人類の文化進化にまつわる重要な問いに答えるために、最新の統計的手法を用いて民族誌学的方法をアップデートし、自己報告のバイアスといった問題をある程度、解決したのだ［★3］。

アカ族の技能の獲得

第3章で述べたように、一九八一年に出版されたカヴァッリ＝スフォルツァとフェルドマンの革新的な共著、『文化の伝達と進化：定量的アプローチ』には、文化伝達のさまざまな経路とその進化的結果に関する詳細な数理モデルが記されている。それらのモデルから、伝達経路によって、人間の集団間や集団内で起きる文化変化の速さや変化のパターンが異なることがわかる。例えば、（親から子への）垂直の伝達は、生物学的な世代の長さによって制限されるため、文化は比較的ゆっくりと変化し、また、一人ひとりがそれぞれの両親から異なる情報を受け取るため、文化的に獲得した行動には大きな個人差が生じる。一方、横の文化伝達は急速な変化をもたらし、より均質な文化集団をもたらす。それは、新しい技術、言葉、仕事が、生物学的な一世代の内に集団内の人から人へ拡散するからだ。

数理モデルから導かれるこうした予測は、現実の世界で検証することができる——人は両親や仲間から何を学ぶのか、異なる特徴（技能、言葉、儀式、信念など）が皆、同じ伝達経路をたどるのか、観測される伝達経路の変化の速さやバリエーションが予測と一致するだろうか（垂直の伝達による文化の変化は、実際に遅いのかなど）、というように。人類学者のバリー・ヒューレットはそのような検証作業をするために、カヴァッリ＝スフォルツァと共に、アカ族の文化伝達に関する調査を行った。アカ族は中央アフリカ共和国とコンゴ共和国の熱帯林に暮らす狩猟採集民だ［★4］。ヒューレットらが調査対象とした人々は、いくつかの小さな村に分かれて暮らしていた。それぞれの村の人口は二五〜三〇人で、数家族からなる。小さい集団であることに加えて、彼らは学校教育を受けておらず、識字能力がなく、マスメディアや公共交通による外界とのコミュニケーションも限られているので、大規模な脱工業化社会に暮らす人々よりも、異なる伝達経路を特定しやすい［★5］。ヒューレットとカヴァッリ＝スフォルツァは、アカ族の七二人に、彼らの社会で重要と思われる五〇の技術について尋ねた。その中には、ダイカー（小型のアンテロープ）を網の中に追いこんで槍で突くというような狩猟技術や、キノコや果物や木の実を見つけて食べられるかどうか識別する食料採集技術、授乳や世話といった育児の技術と期間、村の祝祭や儀式で行う踊りや歌の技術が含まれていた。その一つひとつについて、知っているかどうか、知っているなら、誰から教わったのかを尋ねた。

その結果、アカ族社会では縦の文化伝達が優勢であることがわかった。技術の八一%は、親から教わったと報告された。二番目に大きな影響を与えたのは、別の村に住む他人（血のつながりのない人）で、技術の一〇%は彼らから学んだと報告された。それ以外からの影響はごくわずかで、四%が祖父母から、一・五%がその他の家族から、一・五%が同じ村に住む他人から、そして一%は、誰からも教わらず独自に考えだした、と報告された。

垂直の伝達が最も重要な伝達経路だというこの調査結果は、アカ族の文化の変化は比較的遅いということを意味する。そして実際、アカ族などの狩猟採集社会は、数千年にわたって生活様式がほとんど変わらなかったように見えるため、人類学者からしばしば「伝統的」社会と呼ばれる。それとは対照的に、脱工業化社会では、学校教育やマスメディアの形で横や斜めへの伝達がより大きな役割を果たし、したがって技術も社会も急速に変化する。発達心理学者のジュディス・リッチ・ハリスは、欧米の脱工業化社会では横の伝達が優勢であり、両親から教わるものは、あったとしても、わずかだと述べている［★6］。伝達経路の違いは、文化のバリエーションの違いももたらすようだ。脱工業化社会がグローバル化を通じて、言語（英語など）、科学技術（コンピュータ、携帯電話など）、そして慣習（背広など）に関して均一化しつつあるように見える一方で、伝統的な狩猟採集社会は今も文化的に多様である。

しかし、興味深いことに、アカ族ではほとんどの技術に関して垂直の伝達が優勢であるとはいえ、技術の種類による違いが見られた。例えば、食料採集技術の八九％は両親から教わり、他の村の人から教わったものは四％にすぎない。対照的に、歌や踊りは、両親から教わることがずっと少なく（五二％）、他の村の人から教わることがずっと多かった（四二％）。この違いは、これら二つの技術の役割の違いを反映していると考えられる。食料は生き延びるために欠かせないので、両親が子どもの生存を望むのなら、その見つけ方と加工の仕方を教えるはずだ。そしてアカ族の食料は、現代まで何世代にもわたって変わっていないと思えるので、両親の知識を教わることは、今でも子どもにとって有意義なのだ。一方、踊りや歌は社会の絆を培い、集団の結束を保つ働きをする。したがって、アカ族の一人ひとりが他の村の人と同じ踊りや歌を知っていることが重要であり、ゆえに、他の村に住む他人から教わることが多いのだろう。また、踊りと歌は、食料に関する知識とは違って、不変の外部要素と結びついていないので、時間と共に変わる可能性が高い。

縦の文化伝達が優勢な中で、もう一つの例外となっているのは、「他の狩猟技術」の伝達で、二〇％が他の村に住む他人から横の伝達を受けていた。その技術のほとんどは、回答者の親が狩猟技術を習得した時代より後に考え出された新技術と関係があり、そのため、親は情報源として役に立たなかった。その一つの例がクロスボウで、近年アカ族の社会に導入され、狩猟の主な道具として弓矢に取って代わりつつあった。もう一つの例は、ゾウ狩りに関係があり、これは非常に難しい作業であるため、若者は父親から基本的な技術を教わった上に、「ンツマ」、つまり「偉大なゾウハンター」の手腕を観察して取り入れる。これは名声バイアスの事例と言えそうだ。これらの例は人間の文化習得の柔軟さを示しており、親が有益な技術を持っていない場合、伝達は縦から横へと容易に切り替えられるのだ。

コンゴの食に関するタブー

ヒューレットとカヴァッツリ゠スフォルツァが行った研究や、同様に、文化の伝達に親が大きな役割を果たすことを見出した他の研究［★7］の大きな問題は、自己報告によるところだ。特定の技術をだれから教わったかと尋ねても、正しい回答が得られるとは限らない。社会心理学者は、人間は自らの行動の理由を解明することがきわめて下手だということを、繰り返し実証しているし、認知心理学者は、人間の記憶は単一の強烈なできごとや説明的事象に偏ることを明かしている［★8］。加えて、アカ族を含む多くの社会には、親に従い、親から学ぶべきだという社会規範がある。したがって、技術を親から学んだというアカ族の自己報告は、誇張されているおそれがある。実際には親以外の複数の人からも学んでいたり、親から教わった後に、他の人から得た知識で修正を加えていたりしても、親を唯一の情報源として、報告したかもしれないのだ。

自己報告の偏りという問題を回避するため、人類学者のロバート・アウンガーは、より間接的ながら、より正確さが期待できる調査方法を案出した［★9］。アウンガーは、コンゴ共和国のイトゥリの森で農業を営む集団の、食に関するタブー――食べられる物、食べられない物に関するルール――について調査した。ヒューレットと同様、アウンガーも自己報告の方法を用いて、いくつかの村に住む二四八人に、食に関するタブーを誰から学んだかを尋ねた。しかしそれだけでなく、彼は、タブーとされる食品の組み合わせの類似から、情報伝達のパターンを推測した。伝達により類似が増える、つまり、AがBからタブーを教わった場合、AとBの間には、伝達がなされなかった二人の間よりもタブーの類似が多い、と考えられる。したがって、子どもが知るタブーが両親のそれによく似ていて、友だちのそれとは違っていたら、強い垂直の伝達が起きたと推測できる。逆に、同世代の仲間が互いにとてもよく似たタブーを持っていて、それが年上や年下の世代のタブーと異なっていたら、強い横の伝達が起きたと推測できるのだ［★10］。

自己報告の結果は、ヒューレットとカヴァッリ＝スフォルツァが得た結果と著しく似ており、食に関するタブーの七六％は親から、六％は祖父母から、一五％は年上の他人から、三％は同世代の他人から学んだと報告された。このように、食に関するタブーも、ヒューレットとカヴァッリ＝スフォルツァがアカ族について報告した技術と同様に、大部分は縦に伝達されたと考えられる。少なくとも、自己報告によるとそうだ。

しかし、アウンガーが行った類似性の分析は、より複雑な状況を示唆している。食のタブーには二つのタイプがあり、伝達方法がはっきり違っていた。第一のタブーは「先祖伝来のタブー」で、家族の血筋と合わないという理由で、何らかの食べ物を食べることが禁じられる。このタブーが主に男性を対象とするのは、この社会が父系制（名前と財産は父から息子へと伝えられる）だからだ。例えば、

「(わが家では)男の子はボク(ナマズの一種)を食べてはならないことになっている。(老人のように)腰が曲がって死んでしまうから」と答えた人がいたと、アウンガーは報告している[★11]。そして、類似性の分析から、このような先祖伝来のタブーは父と息子の間で最も似ていて、家族の他の組み合わせ(例えば、母親と娘、父親と娘、母親と息子)の間にはそれほど類似が認められなかった。このことは、先祖伝来のタブーが主に父から息子へと、男系で縦に伝えられることを示している。それぞれの家族が、独自の先祖伝来のタブーを男系で伝えるため、このタブーは家族内では同一性がきわめて高く、一方、家族間の違いは大きかった。

第二のタブーは、アウンガーが「ホメオパシック(同質形成)タブー」と呼ぶもので、主に妊婦が健康な子どもを産むために食べるべきものと関わりがある。名前が示すように、ホメオパシックタブーの裏にある論理は、妊婦がある動物の肉を食べると、その動物の性質を持つ子が生まれるというものだ。例えば、回答者の一人は、次のように述べた。「男親も女親もケリコフ(サイチョウの一種)を食べてはいけない。それを食べると、子どもが病気になった時に、ケリコフが(木の幹の)穴から出る時に寒くて震えるように、体が震えるからだ」。類似の分析によれば、ホメオパシックタブーは先祖伝来のタブーとは反対のパターンを示した。大半は母親から娘と息子に伝えられ、父から娘に伝えられたものもいくらかはあった。息子はタブーを母親だけから学ぶので、母と息子のタブーが最も似ている。娘は両親からタブーを受け継ぐため、次に似ているのは父と娘。そして父から息子に伝えられるタブーはほとんどないため、父と息子のタブーは最も似ていない。この母親が主となる伝達により、異なる村の間に目覚ましい類似がもたらされた。それは、この社会が父方居住で、女性は夫の家族と暮らすのが通例であり、自分が知るタブーを新しい家庭に持ち込むからだ。時がたつにつれて、同じタブーがすべての家庭に広まっていく。これは、第4章で述べた、ジャミー・テヘラニとマーク・コラードによるイランの部族民の織物の模様の進化に関する研究で確認されたパターンと反対のパターンであることに注目していただきたい［★12］。ホメオパシックタブーと同様に、織物の技術と模様は本来、母から娘へと伝えられ、加えて、血のつながりのない女性からも横方向で伝えられる。しかし、この場合、女性の織り手たちはよその部族の男性とは結婚しないため、織物の模様は部族の境界を超えては伝わらず、その進化ははっきりとした樹状を描いていた。一方、コンゴの食に関するホメオパシックタブーは、系統学的に分析すれば、明確な樹状は形成しないと予想できる。

最後になるが、類似性の分析から、これらの縦伝達は、自己報告から得たデータが示すより、はるかに弱いことが証明された。アウンガーは、イトゥリの森に住む人々は大まかに言って人生の三つの段階で食のタブーを学ぶことを明らかにした。最初の段階は一〇歳までで、食に関するタブーについて無知な時期だ。子どもたちには個人的な食べ物の好みがあり、親からタブーを押しつけられているが、自身は社会規範に基づく食のタブーを持っていない。第二段階は一〇歳から二〇歳までで、先祖伝来のタブーかホメオパシックタブーとして、片親か両親から伝えられる。第三段階はその後の生涯を通じてで、よその家庭の他人から、より緩やかな形でタブーを教わる。この最後の段階で、大人は他の家庭のメンバーから横方向にタブーを学ぶので、大人が知るタブーに関しては、家庭間より家庭内のほうが、バリエーションが豊かになることにアウンガーは気づいた。しかし彼らは、幼い時期により強くはっきりと垂直の伝達を経験するので、食に関するタブーを誰から教わったかと聞かれると、血のつながりのない村の人々のことは思い浮かばず、親からだと報告しがちだったのだ。村の食のタブーが思ったよりずっと均質だったという事実は、この忘れられた横の伝達が、食に関するタブーという文化進化に重要な影響を及ぼしたことを示唆している。

チマネ族の民族植物学の知識と技術

文化進化に触発されたもう一つの民族誌学研究も、同様に、自己報告ではなく回答の類似性に基づくものだが、縦型伝達は必ずしも文化進化の主要な動因になるわけではないというアウンガーの結論を裏づける。この研究は「アマゾンに暮らすチマネ族の調査研究（ＴＡＰＳ）」という大規模な学際的プロジェクトの一環として行われた。チマネ族はボリビアのアマゾン熱帯雨林で、農業や狩猟採集をして暮らすおよそ八〇〇〇人からなる部族だ。チマネ族でも、文化は、学校教育を通してではなく、主に個人から個人へ伝達される。バルセロナ自治大学の文化人類学者、ヴィクトリア・レイエス＝ガルシアが率いるＴＡＰＳチームが知りたかったのは、チマネ族の間で「民族植物学」の知識と技術がどのように伝えられるかということだった［★13］。「民族植物学」とは、特定の民族の、住んでいる場所に育つ植物の効能や使い方に関する知識や、それらの植物を見つけ、利用し、食用や薬用に加工するために必要な技術を指す。その知識と技術は、アマゾンの熱帯雨林で生き抜く上で欠かせない。例えば、チマネ族の母親の、民族植物学の知識は、免疫反応や成長速度、皮下脂肪貯蔵量など、子どもの健康状態の指標と重要な関わりを持っている［★14］。したがって彼らには、正確で総合的な民族植物学の知識と技術を身につけようとする強い動機があるはずだ。だが、彼らはそれを、縦、斜め、横のいずれの伝達を通して身につけるのだろう。

この疑問に答えるために、レイエス＝ガルシアらは、チマネ族の二七〇人を対象として、民族植物学に関する能力を調べた。在来植物から無作為に選んだ一五種の名前（民族植物学の知識量を調べるため）と、別の一二種の在来植物の利用法（民族植物学の技術を調べるため）を尋ね、次に重回帰分析によって、個人の知識と技術を、（a）同性の親の知識と技術（垂直の伝達）、（b）親世代の知識と技術（斜めの伝達）、（c）同年代の仲間の知識と技術（横の伝達）からどの程度予測できるかを調べた。

この結果から、チマネ族における民族植物学の知識の伝達は、斜めが主で、縦は少なく、横はほとんどないことがわかった。しかし、一般的なパターンはそうでも、知識か技術か、そして男性か女性かによって、わずかな違いが見られた。まず、知識でも技術でも、垂直の伝達は、男性より女性において強く認められた。このことはチマネ族の性別役割分業を反映しているのではないかとガルシアらは言う。女の子は成長期のほとんどの時間を母親とともに家事や農業をして過ごすため、民族植物学の知識を縦方向で習得する機会が多い。一方、男の子は父親と一緒に狩りに出かけることを推奨されない。狩猟には危険が伴うからだ。したがって、父親と過ごす時間が短く、父親から学ぶ機会が少ない。二つ目の大きな発見は、知識に比べて技術は、縦に伝えられやすいということだ。これは、技術は知識よりも身につけるのが難しく、繰り返し目で見て練習する必要があるからだとレイエス＝ガルシアらは推測する。知識はさまざまな人から斜めの伝達を通して容易に学べるが、技術は、身近にいて、時間をかけて我が子に教えることをいとわない親から学ぶ必要があるのだ。最後に、アウンガーが発見したものに似た、年齢による違いが認められた。若い人（二五歳未満）は年長者（二五歳以上）に比べて、垂直の伝達が強く、斜めの伝達が弱かったのだ。

レイエス＝ガルシアらが行った調査や、先に述べたヒューレットやアウンガーの調査のおかげで、小規模社会における文化の伝達経路について、より正確に理解できるようになった［★15］。かつては、小規模社会では垂直の伝達が主な文化伝達の経路だと考えられていたが、現在では、文化進化に果たす親の役割の詳細が見えてきた。斜めや横の伝達は、当初考えられていた以上に重要であり、年齢が上がるにつれ、ますます重要性が増すことがわかった。このことは、適応上、理にかなっている。一人の人間にとって、両親は二人の人間という限られた実例でしかない。したがって、両親からだけでなく、集団全体から学べば、多くの人が蓄積してきた文化の情報をすみやかに身につけることができるし、中には両親より優れた技術や豊かな知識を持つ人もいるだろう。また、横の伝達は、例えばクロスボウのように、親は知らなかった新たな技術の習得も可能にするのだ。

森から研究室へ――科学者を彼らにとって自然な環境で観察する

文化進化に関する民族誌的実地調査は、小規模な非工業社会でしかできないわけではない。確かに小規模な非工業社会は、識字能力、マスメディア、学校教育に欠けるため、米国のような脱工業化、脱グローバル化社会よりも、特定の技術や知識に関する文化の伝達を追跡しやすいだろう。だが、困難だからと言って、取り組むべきではないということにはならない。実際、二〇年以上前に、文化進化研究の先駆者ともいうべき、生物哲学者のデイヴィッド・L・ハルは、米国のさまざまな大学の科学者集団で起きた概念変化について、民族誌学的調査を行った［★16］。アカ族とチマネ族の自然な居住地は熱帯雨林だが、典型的な科学者の自然な居住地は、研究室である。

ハルは、科学における概念変化は文化進化のプロセス（第2章で述べたプロセス）とみなせるという持論を検証しようとした。つまりこういうことだ――科学的知識には、多くの点で異なるさまざまな考えや見解が内包されている。それらの考えや見解は、科学的方法によって検証される。すなわち、それぞれの見解は一連の仮説を内包しており、それらが観察や実験によって検証されるのだ。そして仮説が検証に耐えた学説は、学術論文として発表されたり教科書に引用されたりして次世代の科学者に優先的に伝えられる。すなわち「選択」されたことになる。こうして、時とともに、世界の状況をよりよく解説できる学説が数を増やし、より正確な科学知識をもたらす。

この種の科学における概念変化の進化モデルは、これまで何度も提唱されてきた。例えば、著名な科学哲学者、カール・ポパーは、「われわれの知識の発展は、ダーウィンが『自然選択』と呼んだものによく似たプロセス、つまり、仮説の自然選択によってもたらされたものである」と語った［★17］。しかし、ハルの独自性は、その進化モデルを実験で検証しようとしたところにある。そのために彼は、従来の民族誌学者と同じように、調査対象である科学者たちと共に暮らすことにした。そうして、自然な環境（研究室）における彼らの行動や習慣を、観察し、記録するのだ。生物哲学者であるハルは、なじみのある集団、すなわち分類学者を調査対象に選んだ。分類学者とは、地球上の多様な生物を分類しようとする生物学者の総称である。前章で扱った系統学も、分類学の一形態だ。系統学、より具体的には「分岐論」は、最大節約法などの進化原則を用いて、生物を進化史に基づいて分類しようとする。そのため、相同（共通の祖先に起因する類似）と成因的相同（別々の系統の独自の進化によってもたらされた類似：収斂進化もその一つ）の区別に留意する。なぜなら、進化的分類は相同だけを根拠とすべきだからだ。分岐論は現在、生物を分類する主な方法になっているが、ハルがこの調査を行った一九七〇年代には、発展しはじめたばかりだった。そして当時の支配的なパラダイムは、「表形分類学」と呼ばれるものだった。そのアプローチも、分岐論と同じく類似によって生物を分類したが、相同と成因的相同を区別しなかった。したがって、ハルは、ちょうどよい時期に民族誌学的調査を行ったと言える。その時期、分岐論という一つの枠組みが、もう一つの枠組みである表形分類学に取って代わろうとしていたのだ（彼がそれを知るのは後になってからだが）。分類学者間での概念の進化を記録するために、ハルは表形分類学と分岐論の一流の研究者数名の研究室に通い、研究者やその研究所のメンバーにインタビューし、彼らの会議に同席した。また、広範な科学分野の調査結果に目を通すとともに、特別に許可を得て、分類学分野の主要な雑誌、『動物分類学』に寄せられた投稿と査読者の報告を閲覧した。

第1章で紹介した、社会学者のブルーノ・ラトゥールによる、科学の研究者を対象とする同様の民族誌学的研究のことを、皆さんは思い出されるかもしれない。ラトゥールは、科学者の主観や偏りが研究結果を左右する事例を数え切れないほど目にして、科学は自らが理想とする、知識を獲得する客観的なシステムとはほど遠く、むしろ、現実的な根拠のない、社会的に作り上げられた考えの寄せ集めにすぎない、と断じた。いくらかはそれに影響されて、文化人類学は人間の文化を科学的に研究しようとするのをやめ、すべての知識は主観的であるとする社会構成主義者の立場をとるようになった。しかし、ハルが出した結論は、まったく違っていた。彼もまた、科学者の主観や偏見やバイアスを多く目にしたが、それらは科学の変化に関する文化進化説とも矛盾しないし、科学全般の客観性とも矛盾しないと主張した。例えば子を産まない働きバチが同じ巣にすむ遺伝的につながりのあるハチのために食料を集めるように、生物は近縁の集団に利益をもたらす行動をとり、遺伝子レベルで包括適応度を高めようとする。それと同じように、科学者も自分たちの「概念的な包括適応度」を高めるように行動する、とハルは述べた。つまり、科学者は、ある概念的枠組み（例えば、表形分類学や分岐論）の支持と利用を広めるために、実証的研究を行ったり発表したり、会議で自分たちの見解を主張したり、自分たちの考えを受け継ぐ大学院生を育てたりする、というのである。そして、今日の科学は、ただ一人の人間が孤立して行うことはほとんどないため、同じ概念的枠組みを共有する科学者（例えば、表形分類学者や分岐論者）の集団ができあがる。この集団内の科学者は、論文を引用しあったり共同研究をしたりして協力しあうが、概念の異なる集団は、その分野の支配的な枠組みとなるべく競いあう。言い換えれば、科学は、概念的な集団選択のプロセスなのだ。周知の通り、ハルが観察した例では、分岐論が最終的に勝って、生物分類の主要な方法になり、表形分類学は時代遅れになった。

科学をこの方向から観察すると、科学者はかなり利己的な生き物で、自分と同じ概念的枠組みを奉じる集団を支配的なものにして、他の集団すべてを押しつぶし、自身のキャリアアップを図ることしか考えていないように見える。実際、ハルが行ったインタビューや観察の結果は、科学者の動機が、人類の世界についての理解を深めたり、人類に利益をもたらしたり、といった高尚なものであることは稀で、むしろ彼らはライバルを打ち負かすために動いていることを裏づけた。「科学者がインタビューに答えて、『あいつらに見せつけてやりたい、という気持ちに強く後押しされた』と語るのを何度となく聞いた」とハルは述べる。［★18］これらの非公式なコメントが信用できるという根拠として、ハルは『動物分類学』誌の編集者や査読者は、概念的枠組み（例えば、表形分類学や分岐論）を共有する科学者が書いた論文を、反対陣営の科学者が書いた論文よりも強く支持することを挙げる。加えて、それぞれのグループで成功した科学者たちは、グループの概念的枠組みの普及に熱心に取り組み、その枠組みやグループを公の場できわめて積極的に守ったと、研究仲間や学生たちからみなされた人々だった。また、ハルは過去のデータから、名声を確立し、何らかの概念的枠組みを承認している高齢の科学者は、特定の枠組みを認めていない、若くて地位が低い科学者に比べて、新しい枠組みの優れた証拠を目の当たりにしても、それを承認しにくい、ということを明らかにした。このことは、マックス・プランクが述べた「新しい科学的真実が勝利を収めるのは、競争相手が納得したり、それを理解したりしたからではなく、競争相手が年老いて亡くなり、その科学的真実を知る新しい世代が育ったからだ」という古い格言を裏づける［★19］。

科学者をこのように利己的で、偏っていて、独善的で、横暴な人間と見ることは、科学が客観的であることは稀だという社会構成主義者の批判と一致するように思われる。しかし、ハルは、個々の科学者のこのような直接的で利己的な動機は、科学的知識をより正確にするために必要なものとほぼ一致する、と言う。ハル曰く「科学は自己の利益が大義を推し進めるように組織されている」のだ［★20］。例えば、科学者は研究を発表すると、それを評価されることによって報いられる。定理や分野に自分の名前が付けられる（例えば、「ダーウィン的」進化や「ニュートン」物理学など）というような、大きな名誉につながることもあれば、他の論文に引用されるだけ、という場合もある。もし何の評価も得られないのであれば、研究を発表する気にはなれないだろう。ダーウィンでさえ、進化に関する持論を発表する気になったのは、アルフレッド・ラッセル・ウォレスから自然選択のメカニズムに気づいたことを知らされ、第一発見者としての名誉を失うのを恐れたからだった。どんな研究でも、結果が公表されなければ、仮説がみごとに立証されていることに他の科学者たちが気づくことはないだろう。

そうなると、他の科学者たちは、それらの研究結果を土台として研究を進めることができず、従って科学知識が蓄積されることはない。ゆえに自己の利益——仲間からの評価——が、結果として「大義」——科学的理解——を推し進めることになるのだ。

さらにハルは、科学知識は完全に主観的なものだという社会構成主義者の主張に反して、科学理論の選定基準は、実験的かつ客観的に支持されるかどうかだということに、何度となく気づかされた。それは、科学的詐欺にしばしば非常に厳しい懲罰がくだされることを見ればわかる。例えば、二〇〇五年に韓国の生物学者、黄禹錫（ファン・ウソク）が、世間をにぎわせた一連の実験がねつ造だったと告発され、それを認めた。その結果、黄のキャリアは事実上終わった。ソウル大学校での職を失い、研究を行うための政府の許認可を失い、本書を書いている時点で、懲役刑が求刑されている〔訳注：二〇〇九年に懲役二年執行猶予三年の有罪判決がくだされた〕。ハルによれば、科学的詐欺が非常に厳しく罰されるのは、同じ分野の科学者全員に損害を与えるためだ。科学者には、他の科学者の研究結果をいちいち再現したり確認したりする時間はない。そのため、たいていは他の科学者が公表した研究結果を信頼できるものとみなし、自らの研究に利用する。それらの研究結果がねつ造であれば、彼らは虚偽の前提に基づく研究をして時間と資金を浪費することになる。きわめて利己的な動機であるが、これもまた、——データのねつ造を罰し、阻むので——科学知識全体の精度の向上に役立つのだ。

ハルが行った科学者に関する民族誌学的調査は、本章で先に述べた他の研究ほど秩序だった厳密な方法でなされたわけではない。しかし彼は、科学の変化は進化のプロセスとみなすことができ、文化進化の理論と手法がコンゴの狩猟採集民だけでなく西洋の科学者にもあてはまることを証明した。また、その進化的プロセスにおいて科学者は、生物が遺伝子レベルで包括適応度を最大化するように、概念的包括適応度を最大化させることも示した。さらに、科学は客観的な科学知識をもたらさないとする社会構成主義者の主張に反論したことも評価に値する。

結論――実地調査がもたらす恩恵

第1章で述べたように、民族誌学はここ数十年にわたって、信頼の危機にあった。文化人類学の中に社会構成主義が生まれ、多くの民族誌学者は、文化は科学的に調査できるという可能性を否定するようになり、その結果、現在では、厳格で定量的で統計的な手法によって理論主導の仮説を検証しようとする試みはほとんど行われなくなった。しかし、文化進化論は、民族誌学の調査を導く一連の理論的予測を提供する。例えば、垂直の伝達は横の伝達に比べて伝統をゆっくり変化させるという予測や、科学の基準は経験的に支持された概念の選択を後押しするといった予測である。これらの予測は定量的な答えを要求し、偏りのある自己報告を頼りにするのではなく、回答の類似性測度の重回帰分析などの統計的手法を用いることを促す。

これまでのところ、先に述べた民族誌学的研究は、ほとんどの場合、伝達経路という、文化進化の中でも非常に限られたテーマに注目してきた。しかし今後、民族誌学的研究によって、図３・１に挙げられている多くの文化的プロセスを定量化することが期待される。例えば、小規模社会に新しい考えや信仰や技術が広まる際の、文化選択に働く「内容バイアス」の強さや、集団間の違いを維持する「同調」の強さを定量化するのだ。しかもそれらの検証は、脱工業化社会で行うことも可能である。その最初の試みとして、ハルが西洋の科学者を民族誌学的に調査したことは先に述べたが、その結果は、科学の変化を進化のプロセスとして分析できることを語っている。その一方で社会学者は、脱工業化社会の社会構造、すなわちインターネットや携帯電話ネットワーク、共同研究する科学者のネットワーク、さらにはテロリスト集団のネットワークをも定量化するために「スモールワールド・ネットワーク」方式をどんどん活用するようになってきている［★21］。だが、これらの方法は、ある時点における社会的ネットワークを正確に捉えることはできるが、そのネットワークを誕生させ、長い年月にわたって変化させる進化のダイナミクスを捉えることはほとんどできない［★22］。一方、文化進化論は、長年におよぶ変化とその変化の原因を明確に捉えようとするものなので、社会学的手法と民族誌学的手法を統合するすべを教えてくれそうだ。

第8章

進化経済学——市場における文化進化

文化進化の概念と手法は、経済変化のさまざまな面の説明にも活用できる。社会学の他のいくつかの分野と違って、経済学は定量的な数理モデルに事欠かず、経済学者は日々、経済の変遷をとらえるための複雑な数理モデルを構築している。これらのモデルは、ミクロ経済とマクロ経済の両方の現象を扱う。前者は、あらゆる規模の需要と供給に応じて市場で働く個人間や企業間の相互作用などで、後者は、GDPの変化や一国の失業率の変化などを指す。実のところ、経済学者が開発した手法の多くは、使い勝手がいいので、生物学者もそれを利用して生物学的現象を説明してきた。第2章で述べたように、トマス・マルサスが構築した、人口の急激な増加を前提とする経済モデルは、動物は常に競争的な「生存のための戦い」にさらされるというダーウィンの重要な洞察の礎となった。また、一九六〇年代には、ジョン・メイナード＝スミスをはじめとする生物学者が、経済市場における個人間の戦略的相互作用をモデル化するために開発されたゲーム理論を用いて、つがいの相手や食料をめぐっての、生物間の戦略的な相互作用をモデル化した。

逆に生物学の知識や手法が経済学に応用されたことはほとんどなかったが、近年、その状況は少しずつ変わりつつある。二つの新しい下位分野が、文化進化論を用いて経済のプロセスに関する私たちの理解を深めてくれたのだ。それは、進化経済学と行動経済学である。進化経済学は、経済の変化をダーウィン的進化のプロセス——企業は市場で選択され、企業内で日常業務が人から人へと伝えられる――としてモデル化しようとしている。これは、経済は常に平衡状態にあり、個人は常に最善の長期戦略を案出できる、とする従来の経済仮説とは著しく異なる。一方、行動経済学は、人間の経済行為は、従来の経済モデルで推測されていたよりもずっと利他的で、非利己的だという証拠を数多く集めてきた。何人もの研究者が、この利他的傾向を、文化的な集団選択（利他的な集団が利己的な集団を凌駕した）の結果と見ている。進化経済学と行動経済学は、擁する研究者は異なるが、強い結びつきがあり、文化の変化、この場合は経済の変化が、ダーウィン的な進化プロセスに相当する、という基本原理を共有する。

進化経済学――完全予見という神話に挑む

経済を進化的に考えることの歴史は、他の社会科学のそれに似ている［★1］。一九世紀末から二〇世紀初めにかけて、何人もの経済学者が、ダーウィンの原理を用いて経済現象を説明しようとしたが、最もよく知られるのは、ソースティン・ヴェブレンとヨーゼフ・シュンペーターである。しかし、第二次世界大戦後、経済学の主流は進化論に対する興味をほとんど失った。一九八二年に、経済変化に関する正式な進化論が、リチャード・ネルソンとシドニー・ウィンターの共著『経済変動の進化理論』という形で現れた［★2］。同書の中で、ネルソンとウィンターはまず、主流の経済理論とモデルには重大な欠陥があると述べ、続いて、経済変化に関する進化論にはそれらの欠陥を正す力がある、と説いた。「主流の経済学は現実を無視して、静学的均衡に重点を置いている。典型的な経済モデルは、企業は利益の最大化を図るという前提のもと、市場の需要と供給といった外部状況と、在庫水準などの内部状況に応じて、企業が実行できる決断を明らかにする。厳密な数理モデル技術を使えば、静学的均衡、すなわち、需要と供給が一致した時のように、すべての経済的力が釣り合う安定した状態を見つけ出すことはできるが、そのような均衡によって説明できるのは、ある時点の経済の状況だけで、長期にわたる経済システムの変化は説明できない」というのがふたりの主張だ。中でも、技術や科学の進歩に後押しされての経済成長は、静学的均衡で示すのが難しい。とりわけコンピュータや製薬の技術は、急速で予測不可能な成長や変化を遂げる。ムーアの法則でよく知られるように、コンピュータの処理能力はおよそ二年で倍増するため、コンピュータ技術に依存する企業はその変化に適応しなければならない。このように急速な変化を、静学的均衡を特徴とするモデルで表現するのは容易でないのだ。

ネルソンとウィンターが指摘した従来の経済理論の二つ目の問題は、それが、人間は完全に合理的に行動する——すなわち、人間は可能な選択肢のすべて（どの株を買うか、どの製品を市場に出すか、など）を正確に評価し、長期にわたって最高の利益を得られる選択肢（販売あるいは利益に関してなど）を選ぶ——と仮定することだ。これは、人間の認識能力を過大評価しており、あたかも人間は可能な行動の選択肢をすべて知っていて、それぞれの選択肢から予想されるコストと利益を余さず計算し、さらには完全予見を備えていて市場の長期にわたる変化を予測できるかのようだ。しかし、ハーバート・サイモンがずいぶん前に指摘したように、人間はそれほど賢くはない［★3］。サイモンは、人間が持っているのは「限定的な合理性」だと述べた。つまり、人間はかなり合理的だが、自らの認知能力の限界と、経済的選択の途方もない複雑さゆえに、その行動は制約を受けるのだ（もっとも、複雑な数理モデルとコンピュータ・シミュレーションでさえ、二〇〇七年の世界的不況は予測できなかった）。それに加えて、これまでの章で数多くのモデルや実験や実地調査などを通じて見てきたように、制約があってもなくても、人間は個人的学習をほとんどしない。むしろ他人の行動を真似ることが多く、それが結局は、適応行動をとる近道なのだ［★4］。

合理的行動ではなく日常業務

ネルソンとウィンターは経済変化に関する進化論の概要を述べ、それは、完全な合理性を前提とする従来の静学的均衡モデルに比べて、現実の経済システムで観察されるダイナミクスをより正確に説明できる、と主張した。ネルソンとウィンターが提唱する進化論の第一の要素は、彼らが「日常業務（ルーティーン）」と呼ぶもので、企業の社員や経営者が当たり前にこなしている一連の行動を指す。その例として、彼らは以下のものを挙げる。「製品を製造するための技術的に特化した業務、社員の雇用や解雇、在庫の拡充、高需要の製品の増産、投資方針の決定、研究開発、広告、製品の多様化と海外投資のためのビジネス戦略」［★5］。日常業務は、新入社員に伝えられ、新しい戦略が敷かれた時には経営者から社員に伝えられる。このように、ネルソンとウィンターの唱える説では（「遺伝子としての日常業務」という彼らの言葉に要約されるように）、日常業務は継承のメカニズムを構成し、ダーウィン的進化に欠かすことのできない要素である。日常業務はまた、従来の経済モデルが示す極端な合理的行動ではなく、人間の行動に関するより正確な仮説を提示する。それは、経済の当事者の一人ひとりが与えられた状況の中で最適行動を考えるのではなく、企業の中で学んだか教わったかした、効果が実証済みの方法を選択するというものだ。実際、第6章で紹介したアンドリュー・ショターとバリー・ソファーによる実験では、経済ゲーム実験の被験者の行動が、直前の被験者からのアドバイスに強く影響されることがわかった。このアドバイスは、文化的に伝えられる日常業務の一例とみなすことができる。そして、このアドバイスのおかげで被験者は、安定した伝統という形で自らの選択をうまく調整できるが、それまでの参加者全員の行動からはほとんど影響を受けない。もし人間が合理的に、利益の最大化を図るのであれば、それまでの行動の記録を活用して、最適な選択をしたはずである。しかし、（おそらくはバイアスがかかっていて不正確な）アドバイスを選んだのだ。

実のところ、過去に起きた不可解な経済変化を読み解くには、個人の合理的な計算ではなく、日常業務の文化的伝達に基づく経済理論のほうが適している。その一例として、ポラロイド社が一九九〇年代後半にデジタルカメラ市場参入に失敗したことを挙げることができる。メアリー・トリプサスとジョヴァンニ・ガヴェッティは、ポラロイド社の主要な社員から話を聞き、財務記録と内部調査報告書を分析して、この失敗の原因は、経営者が時代遅れとなった従来の業務形態に固執したところにあることを明かした［★6］。ポラロイド社の問題は、技術的なものではなかった。同社は一九八〇年代初期からデジタルカメラ技術の研究に莫大な資金を投じてきており、デジタルカメラ市場が軌道に乗り始めた九〇年代初期には、市場に存在するどのカメラにも負けない、高解像度メガピクセルカメラの実用可能な試作品を作りあげていた。しかし、九八年には製品の種類が限られ、デジタルカメラ市場でごくわずかなシェアを占めるだけとなった。ポラロイド社が初期の技術的な優勢を生かせなかったのは、経営陣が「かみそりの刃」型ビジネスモデルに固執したからだ、とトリプサスとガヴェッティは指摘する。かみそりの刃型モデルとは、その名が示す通り、かみそり本体ではなく替え刃で利益をあげるビジネスモデルだ。それまでポラロイド社は、赤字覚悟でカメラを安く売って、そのカメラを使うために顧客が買い続ける専用のフィルムで儲けていた。しかし、画像をデジタル処理して保存するデジタルカメラは、フィルムが不要なので、このビジネスモデルに適さない。同社はこのビジネスモデルを利用できるデジタル画像技術を開発しようと奮闘している間に、他社に追い越されてしまった。九七年になっても、同社のCEOはインタビューに答えて、「デジタル世界でもハードコピーは必要であり……消耗品がなければ、ビジネスモデルは破綻する」と述べている［★7］。この文化的な惰性は、新たな技術に合わなくても、過去に成功した日常業務の形態は捨てがたいことを示している。

市場における企業の競争

日常業務はネルソンとウィンターが唱えた経済変化に関する進化論の継承を構成する要素となるが、第2章で概要を述べたように、ダーウィン的進化には、継承だけでなく、変異（多様性）と競争も必要とされる。変異は、企業の研究開発努力から生まれる技術革新という形でもたらされる。大企業はより多くの資金を研究開発に注ぎ込めるので、小企業よりも新たな変異を創出しやすい。競争は日常業務レベルでも起き、より効果的な方法がそうでないものに取って代わる。しかし一般には、競争は企業レベルで起き、業務の効率が悪い企業は、より効率的に業務をこなす企業に比べて、低い利益しか得られない。そして最終的には、利益の少ない企業は破綻する。この意味で、ネルソンとウィンターが唱えた説は文化の集団選択の一例であり、選択は（企業などの）集団に働きかけ、その集団を大きくしたり、絶滅させたりする。

経済学者のスティーブン・クレッパーは、変異と競争に関するこうした考えをまとめて、ある産業における企業の数が時とともに、なぜ、いかに、変化するかを説明する進化論を提唱した［★8］。そのモデルでは、まず、企業が活用できそうな技術革新か科学的発明が起きる。しかし、この革新は目新しいものなので、（企業の洞察力に限界があるとして）企業には、それを利用する最善の方法（デザイン）がわからない。多くのさまざまな企業が現れ、それぞれが異なる方法でその革新を利用する。最終的には、一社ないし複数の企業が特に効果的な、あるいは、少なくとも消費者にとって使いやすいデザインを考え出す。このデザインが産業界を支配するようになり、このデザインを導入しない企業は倒産する。この唯一のデザインが支配的になった時点で、生き残った企業はその支配的なデザインをさらに発展させるために、研究開発に投資する。結果として、この市場に新たに参入しようとする企業は、既存の企業より不利な立場に立つことになり、既存企業による寡占が起きる。

したがって、クレッパーの唱える説は産業界のはっきりとしたライフサイクルを予測する。最初は企業の数が急速に増えるが、支配的なデザインが見い出されると、その市場は世間に認められた少数の企業に支配されるようになる。クレッパーらは、このライフサイクルが、自動車産業からテレビ製造業界に至る多くの業界で見られることを証明した［★9］。例えば、タイヤ産業では、一八九六年に最初の自動車タイヤが生産され、その後の二五年間に企業の数は着実に増え、一九二二年には最多の二七四社になった。その頃、タイヤのデザインは「コード&バルーン」が決定的となった。このデザインでは、それ以前に使われていた布ではなく、繊維をすだれ状に織ったコードでタイヤのゴムを補強し、内部にバルーンを入れて形を保つ。その後の一五年間にタイヤ製造会社の数は八〇％減少し、一握りの大企業が残るだけとなった。一九五〇年には、わずか四社――グッドリッチ、グッドイヤー、USラバーカンパニー、ファイアストン――が、タイヤ市場の約八〇％を占めるようになり、その状況は現在までほとんど変わっていない。そして、クレッパーのモデルが予測したように、古参の大企業ほど、研究開発に投じる金額が多く、選択を生き残ることができた。実のところ、一九五〇年の時点で勝ち残ったこの四大企業はいずれも、タイヤ市場が誕生してから一〇年以内の一九〇六年までにその市場に参入していた。

ここでさらに二つの点を強調しておかなければならない。一つは、クレッパーのモデルでは、タイヤ自体の発明やコード&バルーンのデザインといった技術革新は、外生的に（つまり、モデル内部のプロセスとは無縁の外部の事象として）扱われたが、そのような技術革新もまた、進化の産物であることだ。このことは第7章で、デイヴィッド・ハルの仮説——科学における概念変化は文化進化の過程であり、概念は科学者から科学者へと伝えられ、対立する複数の概念の間で選択が起きるというもの——を紹介した際にも述べた。技術革新が科学の進歩によってもたらされる（例えば、加硫処理の発明によりタイヤの弾性が高まった）ことを思えば、技術革新も進化の形をとると期待できる。また、第2章で改良の蓄積に関して述べたように、技術進化に関してより具体的に書かれた文献も多い［★10］。したがって産業の進化とは、科学および技術と企業との共進化とみなすことができる。科学および技術については、ハルをはじめとする科学者が詳細に述べた通りで、企業については、ネルソン、ウィンター、クレッパーらが詳述した通りだ。私が知る限り、この共進化の過程については、まだ正式にモデル化されたり実験的に調べられたりしていないが、探究すれば、両方の進化の過程について貴重な洞察がもたらされることだろう。

もう一つの重要な点は、クレッパーが予測し立証した産業界の進化のパターン——新しい技術に反応して企業の数が急増し、その後、急速に減少する——は、興味深いことに、生物の進化、とりわけ適応放散という現象によく似ている、ということだ。適応放散とは、単一の祖先から多様な子孫が出現することで、大量絶滅が起きて、ある地域の種がすべて消えた時や、火山噴火などの地質学的イベントによって、生物のいない島が誕生した時などに起きる。環境に新たなニッチができると、種の数と個体数が急増し、そのニッチを埋めるのだ。しかし、こうした適応放散は永遠には続かない。ある時点で、利用できるニッチは埋め尽くされ、種の数は安定する。まさにこの過程が研究室で観察された。生物学者のマイケル・ブロックハーストらは細菌を新たな環境に移すと、常在細菌がいなければ適応放散する可能性が高いことを確認した［★11］。一方、すでに常在細菌がいれば、新たに入ってきた細菌が多様化する可能性は低い。このことは、企業が空いている市場（自動車産業が始まったばかりの頃のタイヤ市場など）に参入する時には、満杯になった市場（コード&バルーンのデザインが定まった一九二三年以降のタイヤ産業など）に参入する時に比べて、多様化し、数が増加する可能性が高いというクレッパーの研究結果に似ている。

経済学の分野ではやや異端視されているものの、ネルソンとウィンターが唱えた経済変化に関する進化論は次第に影響力を増してきている（興味深いことに、その影響は米国よりもヨーロッパでより顕著だ）。時代遅れの業務形態が引き起こしたポラロイド社内の文化的惰性や、新しい技術的ニッチの誕生に応じて起きた、タイヤ産業界の多様化とその後の安定といったケーススタディが、ネルソンらの唱えた進化論の価値を実証する。伝統的な経済理論は、ポラロイド社の経営陣はより正確に将来を見通し、古く不適切なビジネスモデルからより適切なモデルに切り替えるべきだった、と説く。しかし、進化論的視座に立てば、人間は文化的に伝達されるもの（この場合は業務形態）に依存しがちなので、観察された文化的惰性は驚くにはあたらないことがわかる。同様に、もしタイヤ製造会社の経営者が完璧な洞察力を持っていたなら、あれほど多くの会社が倒産することにはならなかっただろう。進化論によれば、環境がまだ整っていない初期段階には強い選択が働くと予想されるのだ。

行動経済学――純粋な利己心という神話に挑む

人間の行動に関する従来の経済モデルのもう一つの問題点は、人間は完全に利己的だとみなすこと、つまり、人間は経済的利益のみを考えて行動すると、決めつけていることだ。近年、豊富な研究と実地調査により、人間が完全に利己的なわけではないことが示され、この決めつけに疑問が投げかけられている。ほとんどの人は強い公正さを備えていて、多くの場合、非利己的な行動をとる。第1章で述べた最後通牒ゲームで見てみよう。このゲームは、提案者Aが応答者Bと報酬を分けるというものだ。場合によってはまったく公平に半々に分けるかもしれないし、Aが得をするよう、七対三といった利己的な分け方をするかもしれない。Bはその分け方を受け入れるか拒否するかを選ぶことができる。受け入れた場合は、双方がAの提案した額を受け取るが、拒否した場合は、どちらも報酬は〇になる。完全に利己心だけで判断すれば、どんな提案でも無いよりはましなので、Bは一〇対〇以外の提案は受け入れるだろうし、Aはそれを知っているので、可能な限り自分の取り分が多くなる提案をするはずだ。しかし、西洋の大学生にこのゲームをさせると、最も多い提案は、公平に半々に分けるというものだった。その理由は、一般にBは三〇％未満の提案を拒否し、確実に受け入れるのは四〇％以上だからだ。したがって、Bは非理性的な公正感を備えていると思われる。なぜなら、Aが公正さを欠いていると思った時には、かなりの利益（相当な金額の三〇％）さえあきらめようとするからだ。第1章で詳しく述べたように、この研究結果には、ペルーのマチグエンガ族が示す公正さは西洋の大学生より低いというように、文化による違いがかなり見られる［★12］。しかし、そうした違いがあるとしても、これまでに調べたどの社会でも、標準的な経済理論が予測するような純粋に利己的な行動は、まったく観察されなかった。

この発見は最後通牒ゲームに限ったものではない。他のさまざまな実験や、実際の労働市場においても、経済的な意思決定に、公正さへの関心が大きく影響することが示されている［★13］。例えば、「プレゼント交換ゲーム」では、「雇用者」は固定給を支払い、「労働者」は決まった量の仕事をこなすという契約を交わす。しかしこの契約に拘束力はなく、労働者は仕事量に関係なく、合意した全額を受け取ることができる。雇用者が受け取るのは、労働者の仕事量から固定給を引いた残りに相当する利益であり、労働者が受け取るのは、固定給から自分の仕事量を引いた残りに相当する利益である。完全に利己的な労働者は無給以外の契約を受け入れ、まったく働かず、最大限の報酬を得ようとするだろう（ほとんどのプレゼント交換ゲーム実験では、ゲームは一度しか行われず、参加者は匿名とする）。雇用者はそれを知っているので、できるだけ低い賃金を提示して、損失を最小限に抑えようとするだろう。しかし、実際にはどちらもそのようなことはしない。提示された賃金が高ければ高いほど、労働者は仕事に精を出すのだ。ここでも再び公正感が顔を出し、労働者は提示された賃金に、尽力という形で報いようとする。そうする必要は無く、むしろ懸命に働けば働くほど、受け取る金額は少なくなるのだが。

このような実験結果の正しさは、実地調査やケーススタディによって裏づけられている。不当に扱われていると感じた労働者は、仕事に注ぐ力を減らすことで抗議する。例えば、労働者が仮契約の立場におかれ、賃金削減に脅かされている工場で生産されたタイヤは、雇用問題が起きていない同社の別の工場で同時期に生産されたタイヤに比べて、品質が著しく劣っていた［★14］。また、経営が順調な航空会社が、利益をさらに上げようとパイロットの賃金を引き下げたところ、倒産を避けるためにパイロットの賃金を同額引き下げた航空会社に比べて、フライトの遅延が著しく増えた［★15］。また、最低賃金の導入により、人々の適正賃金に対する認識が著しく、そして非合理的に変わることも明らかになった［★16］。最低賃金が導入される前に、同じ賃金水準で満足していた労働者が、導入後は、それを不当に低いと感じるようになったのだ。そして、最低賃金が排除されても、人々が正当と感じる金額は、最低賃金導入前のレベルに戻らなかった。公平性の基準が変わったかのように、適正と感じる賃金のレベルは依然として高いままだったのだ。こうした結果はどれも、人間は完全に利己的であるという前提と一致しない。人間は必要とされる以上に協力的になり、また、自分の利益にとってマイナスになる場合でも、他の人が得る報酬に関心を寄せ、働かずに得をしようとする利己的な人を罰しようとする。こうした矛盾をどう説明すればいいのだろう。

一つの可能な説明は、ロバート・ボイド、アーンスト・フェア、ハーバート・ギンタス、ジョセフ・ヘンリッヒ、ピーター・リチャーソンをはじめとする人類学者と経済学者が展開した、文化の集団選択説を中心に据えるものだ［★17］。彼らは、協力しようとする性質と、労せず利益を得ようとする利己的な人を罰しようとする性質は、進化的過去に、遺伝子と文化の共進化の結果として生まれた、と主張する。具体的には、進化の歴史のどこかで、利己的な人を罰する文化を持つ、互いに協力的な人々の集団が、利己的な人を許す文化を持ち、互いに非協力的な人々の集団を打ち負かしてきたのだろう。この集団間の競争は、直接的に戦いの形でなされたかもしれない。そして、互いに助け合う集団は戦争をより巧みに戦い、勝利を収めた（協力的な集団のメンバーは、集団の他の人々のために進んで自分を犠牲にするだろうし、脱走者や臆病者を罰する傾向も強いはずだ）。あるいは、この集団間の競争は間接的な形で進んだかもしれない。社会性が豊かな集団（貧しい人や病人をよく世話する集団など）には自ずと人が集まり、発展につながるからだ。直接的にしろ、間接的にしろ、このような文化的集団選択は、遺伝的に決まっている一連の心理傾向を後押ししただろう。その心理的傾向とは、集団内の他人と協力する傾向や、労せず利益を得ようとする人を罰したくなる公正感などである。こうした遺伝的に決まっている心理傾向は、その後、協力的な大規模集団の文化進化を促したことだろう。人類の黎明期、そのような大規模集団は、平等主義の狩猟採集民社会という形をとった。その後、第５章で述べた帝国のように、さらに大きな集団が現れた。実際に、ピーター・ターチンが唱えた帝国の拡張と争いに関する説は、文化的集団選択の一般的なプロセスを示している。すなわち、結束の強い帝国は、結束の弱い帝国を凌駕して拡大していくのだ［★18］。

企業は、文化的に集団選択された協力的な性質がもたらした組織の、現代の例と言えるだろう［★19］。従来の経済理論（例えば、取引コスト理論など）は、企業を、人間に固有の利己心と対立する、明確なルールの集合と捉える。例えば、雇用契約は、被雇用者に求められる努力の最小限度を定めて、被雇用者が働かずに利益を得ることがないようにしている。しかし、私たちはこれまでに、人をやる気にさせるのは明確な契約だけでなく、本人が持つ公正感や利他的で協力的な性質でもあるという証拠を、プレゼント交換ゲームや最低賃金がもたらす効果など、実験と現実の世界の両方で数多く見てきた。文化的集団選択の結果として生まれた向社会的な動機がなければ、企業は存在しえなかったのだ。

経済学者のクリスチャン・コルドらは近年、文化的集団選択理論から導き出された予測を用いて、企業の拡大と収縮のモデルを構築した［★20］。この数理モデルでは、多数の被雇用者（社員）がいる企業を想定する。社員には、協力的な人もいれば利己的な人もいる。協力的な社員は、仕事に励んで企業に利益をもたらす。利己的な社員は、企業の利益に貢献しない。企業はすべての社員に賃金を支払う。協力的な社員と利己的な社員の相対頻度を変えるものは二つあり、一つは遺伝的に進化した心理傾向で、もう一つは、名声バイアスのかかった文化の伝達である。遺伝的に進化した心理傾向のうち、利己的な心理傾向は、協力的な社員を利己的に変える。これは、労せず得をしたいという合理的な衝動となって表れる。一方、協力的な心理傾向は、利己的な社員を協力的に変える。これは、文化的集団選択の結果である。一方、名声バイアスのかかった文化伝達について言えば、社員は企業を設立し導いてきた経営者（当然ながら、組織内で「名声」がある人間）の振る舞いを真似ると考えられる。そして経営者は、協力的な振る舞いをすると考えられる。しかし、彼らの影響力の強さは、企業の大きさによって変わる。経営者にとっては、社員が数百人、あるいは数千人の大企業に影響を及ぼすより、社員が数十人の小企業に影響を及ぼすほうが簡単だ。どの文化世代においても、以上二つのプロセスが、企業内の協力的な社員と利己的な社員の頻度を変える。企業は新たな社員が利益を増加させると拡大し、彼らが損失を出すと縮小する。

コルドらが構築したモデルは二つのことを明らかにした。一つは、名声バイアスによって経営者から社員へ、協力的な行動が効果的に伝えられると、企業は拡大するが、一定の大きさに達すると、経営者の影響が社員に十分に伝わらなくなり、費用効果の向上が止まって、企業の拡大は止まるということだ。もう一つは、利己的行動がもたらすコストが高くなるほど、企業が拡大できる規模は小さくなるということだ。もっとも、社員の大半は協力的で、それは文化的集団選択された利他的性質に動機づけられているからだ。利己的行動がもたらすコストが低ければ、企業は拡大できるが、やがて働かずに利益を得ようとする人の割合が高くなる。したがって、コルドらが構築したモデルが正しければ、最初のうち、企業は社員の協力的な行動によって拡大するが、その後、労せず利益を得たいという衝動が強くなり、また、協力を促す経営者の影響が及びにくくなるせいで、拡大は止まる。

このモデルが示唆するのは、経営者は名声バイアスを利用して、社員に生来備わっている利他的な心理傾向を喚起し、企業の協調性を高めることができるということだ。そうすれば、社員はすすんで仕事に尽力するようになり、最終的に、より高い利益を生むことができる。実際、近年のメタ分析により、企業の財務実績とその企業の「社会性」、すなわち、社員どうしの（競争ではなく）協力を促す度合いなどとの間に、強い相関が見られることがわかった［★21］。文化的集団選択がさらに進めば、社内がより協力的な企業が、そうでない企業をますます打ち負かしていくだろう。

結論――文化進化は、従来の経済理論より正確に、経済現象を説明する

本章では、従来の経済理論では十分に説明できなかった経済変化の一面が、文化進化論によって説明できることを見てきた。ポラロイド社などの企業は文化的惰性ゆえに、より優れた新たな業務形態を導入することができず、一方、タイヤ製造業界などでは、数多くの企業の破壊的な淘汰が起きた。いずれの現象も、人間（と企業）は独自に、そして効率的に、最も適応的な長期戦略を見つけ出せるという従来の経済理論とは矛盾する。また、従来の経済理論によれば、企業の社員が熱心に働くのは、自らの報酬を最大限に増やすためだけだとされるが、彼らは報酬をもらえない時でも、公正感と協力的な性質ゆえに、必要以上の努力をする。このような利他的性質は、文化的集団選択という一連のプロセスを土台とする遺伝子と文化の共進化説によって説明できるのである。

第9章 人間以外の種の文化

社会科学の歴史を通じて、文化は人間に固有のものとみなされてきた。このことは、一八七一年のエドワード・バーネット・タイラーによる有名な定義、すなわち、文化＝「社会の成員としての人間が身につけた知識、信念、芸術、法律、道徳、風習、その他、さまざまな能力や習慣を含む複雑な総体」からもうかがえる［★1］。「人間が」という言葉は、タイラーがこの定義を下したときに人間以外の種については考えていなかったことを明示している。A・L・クローバーは、一九四八年に出版した強い影響力を持つ文化人類学の教科書において、「文化が何であるかは、人間は持っているが、他の社会性のある生物種は持っていないものと言えばほぼ説明できるだろう」［★2］とさらに明確に書いている。その後の文化人類学者による文化の定義の大半は、これらの考えを受け継ぐものであり、その状況は社会科学の他の分野でも変わらない［★3］。

しかし、科学的に見れば、文化を人間に固有のものと定義することは、あまり生産的ではない。そのように定義したら、人間と他の種の、文化的能力の類似を探ること自体、無駄ということになる。その類似は観察によって検証すべきであり、実際、この数十年の間に、人間以外の動物の文化に関する研究が急増しているのだ。これは、タイラーやクローバーによる人間中心の文化の定義から離れて、第1章で述べたように、文化を「模倣や教育や言語などの社会的伝達メカニズムを通して他者から学ぶ情報」と定義しようとする動きに刺激されてのことだ。こうした社会的伝達メカニズム（例えば、言語）のすべてを、人間以外の種にあてはめることはできない。けれども、伝達メカニズムにこだわらず、文化を「社会的に伝達された情報」とより広義に定義すれば、文化、もしくは人間の文化進化を構成し可能にしたメカニズムの一部は、他の種にも存在すると言える。実のところ、それが事実であることを示す確かな証拠がある。そして、この証拠を示すために用いられた方法は往々にして、人間の文化に適用されてきた方法として本書で紹介した、民族誌学的実地調査、研究室での実験、中立浮動モデル、系統発生解析などと同じなのだ［★4］。

だが、そもそもなぜ、人間以外の種の文化を研究し、また、社会科学者がそうした研究に注目するのだろう。それはそれらの研究が、少なくとも二つの形で、人間の文化進化に関する研究の助けとなるからだ。第一は、文化進化が生物進化のどこで始まったかについて、何かを教えてくれるということだ。文化的能力は唐突に出現したのではなく、自然選択によって形成され進化してきたと考えられる。そして、そのような文化的能力を形作った選択圧が何であるかがわかれば、それが現在どう働いているかについて、重要なことがわかるだろう。もし、先に挙げた人類学者たちの言うことが正しく、人間以外の種にはどんな文化的能力も見つかっていないのであれば、その能力は、人類の系統がチンパンジーとの共通の祖先から分かれた後の、過去六〇〇万年間のどこかで出現したのであり、鮮新世か更新世の環境の何かがその出現を促したと推測できる。しかし、もし、すべての現生類人猿——チンパンジー、ゴリラ、オランウータン、人間——に、少しでも文化的能力が認められるのであれば、その能力はずっと昔に、これらすべての種の共通の祖先の中で生まれたと推測できる。

だが、この論が前提とするのは、二つの種は遺伝的つながりによってのみ特徴を共有するということだ。第4章で系統学的分析について述べた時に見たように、特徴は二つ以上の系統で別々に生まれることもある（相同ではなく、成因的相同）。したがって、系統発生的には無縁な種が、どちらも文化的能力を持つこともあり得るのだ。このことは、文化進化を後押しする条件について、重要なことを教えてくれるだろう。例えば、これらの種がすべて集団で暮らしていたら、文化は集団生活における必要から生まれたと結論できそうだ。このような結論は、内容バイアスはどんな情報を好むかというような、人間の文化進化と関連のあるプロセスにとって、重要な意味を持つかもしれない。異なる種の文化的能力を注意深く比較することによってのみ、こうした問いに答えることができるのだ。

人間以外の動物の文化に関する研究から得られる二つ目の恩恵は、文化の構成要素についての理解が深まることだ。直感に反するかもしれないが、文化の定義を人間以外の動物に広げると、人間の文化についての理解がより正確になる。というのは、人間以外の動物について研究している行動生物学者や比較心理学者は、その研究対象が文化を持つことを当然視できないからだ。彼らはそれを実験で証明しなければならず、その過程で、情報が社会的に伝達される仕組みを丁寧に解きほぐしていく。一方、人間を相手にする社会科学者は、研究対象が文化を持つことを当然視できるので、それを細かく検証する必要がない。例えば、社会心理学者や文化人類学者や社会学者は、人間が情報を文化的に習得することに関して「社会化」や「文化化」など、やや漠然とした概念で捉えがちだが、行動生物学者はさまざまな社会的学習のプロセスを、模倣、真似、刺激強調、反応促通、観察条件づけというようにはっきりと定義し、実験によってそれらを確認してきた。この定義づけを、人間の社会的学習に適用してはならないという理由はない。さらに、異なる種の比較により、文化の三つの側面――一対一の社会的学習、文化的伝統、そして蓄積的進化――が特定されてきた。それらには明確な特徴があり、土台となるメカニズムも異なるようだ。しかし、この三つの側面は、人間においては融合していることが多く、識別しにくい。人間は他の種と違って、そのすべてを持っているからだ。

こうした理由から、文化進化の研究にとって、人間以外の種の文化的能力の研究から得られる情報はきわめて重要だと言える。以下では、実地調査と実験によって得られた、人間以外の動物に文化が存在するという証拠について述べ、人間の文化進化に関する研究にとって、それらが何を意味するかを検討しよう。

社会的学習は広まり、適応性がある

数々の実地研究と研究室での実験から、多くの種に社会的学習能力があることがわかった。社会的学習とは、最も簡潔に定義すれば、ある個体が別の個体の行動に接した結果として、非遺伝的に情報を得ることである［★5］。ネズミは、ある物が食べられるかどうかを、他のネズミの息の匂いから判断する。つまり、以前にその匂いを他のネズミの息から嗅いだことのある食べ物と、まったく新しい匂いのする食べ物があれば、前者を選ぶのだ。グッピーは、餌のある場所に行く方法を他のグッピーから学ぶ。餌にたどりつく経路が二つある場合、以前、群れに導かれていった経路を選ぶ。もう一つの方が近道だったとしても。アカゲザルは、恐れるべき対象を他のアカゲザルから学ぶので、研究室で生まれたアカゲザルは、他のアカゲザルがヘビに怯えるのを見ないかぎり、ヘビを恐れない。メスのウズラは他のメスを手本にしてつがう相手を選ぶため、前に他のメスと交尾しているところを見たオスと、そうでないオスとでは、前者を選ぶ。鳴鳥の多くの種は、地域ごとに固有のさえずりを他の鳴鳥から学ぶ。例えば、ある地域で捕らえたオスのコウウチョウを別の場所に連れていくと、父鳥の鳴き方ではなく、近くにいるオスの鳴き方を真似る。タコは獲物の見分け方を他のタコから学ぶ。他のタコが赤いボールを攻撃するのを見たタコは、白いボールよりも赤いボールを攻撃しようとする。逆の場合も同様である。ミツバチは食料の探し方を他のミツバチから学ぶ。新たに上質な食料源を見つけたミツバチは、巣に戻って尻振りダンスを踊る。ダンスの方向は、太陽を基準とする食料源の方向を示し、踊る時間は、巣から食料源までの距離を示す。

社会的学習が動物の王国に広く行き渡っていることは、驚くほどのことではないだろう。社会的学習は、適応情報を速く容易に得る近道になるからだ。何を食べ、それをどこで見つけるか、誰とつがいになり、つがいの相手をどうやって引きつけるか、どんな捕食動物を避ければいいか、といったことをそれぞれが試行錯誤しながら身につけようとしたら、あまりにも時間がかかり、またリスクも高い。仲間が食べている物を食べればいいのだから、毒かもしれない物をあえて食べるという危険をおかす必要はない。それを食べた仲間がまだ生きていれば、食べても死にはしない、と確信できる。環境の変化が速く、遺伝的な進化が追いつかない場合は、学習に適応上のメリットがあることを、いくつかの数理モデルが立証している。食料やそのありかを学ぶというのもそれにあたる［★6］。しかし、ある個体から別の個体へ情報が社会的に伝達されるというのは、文化の一面にすぎず、それも最も基本的なレベルのものだ。社会科学者の大半は、前記の研究結果が人間の文化とどう関係があるのかと、頭をひねることだろう。互いの息の匂いを嗅ぎ合うネズミや、群れで泳ぐ魚に比べると、人間の文化ははるかに複雑だからだ。では、正確にはどのくらい違うのだろう。

社会的学習から文化的伝統へ

一対一の社会的学習はどのような文化にとっても欠かせない要素だが、人間の文化に特有の要素は、集団に固有の「伝統」である。これは、ある集団のほぼ全員がある行動を行い、他の集団のほぼ全員が、別の行動を行うというもので、こうした集団レベルでの違いは、遺伝的違いや、外部状況の違いに応じての個人的学習から生まれたものとしてより、社会的学習という言葉によって説明できる。人間でよく知られる例は食事の道具で、東アジアの人々の大半は箸を使うが、西欧人の大半はナイフとフォークを使う。これは遺伝的な違いではなく――箸やフォークを使うための遺伝子は存在しない――また、東アジアと西欧の物理的環境に、それぞれの道具の使用を促す要素はない。むしろ、この違いは文化的伝統によるもので、東アジアの人が箸を使うのは、その社会の他のメンバー、たいていは両親から、箸を使う習慣やその使い方を学んだからであり、西欧人がナイフとフォークを使うのは他の西欧人からナイフとフォークの使い方を教わったからだ。このようにグループによって異なる文化は、必ずしも先に述べた一対一の社会的学習によって習得されるわけではない。行動が伝統となるには、人から人へ伝えられるだけでなく、社会集団の全員に、忠実に伝えられなければならない。また、集団レベルの文化的伝統がはっきり確認されるには、長い期間存続しなければならない。少なくとも生物学的な一世代を要するだろう。

では、人間以外の種に文化的伝統はあるのだろうか？　スコットランドのセント・アンドリューズ大学に所属する、アンドリュー・ホワイトン他八名からなる霊長類学者のチームは、一九九九年の画期的な論文において、アフリカのチンパンジーの行動が集団によって異なるという証拠を示し、それは文化的原因によると主張した［★7］。彼らは、自分たちが民族誌学的方法と呼ぶ方法（科学者の一人ひとりが数十年かけてチンパンジーの行動を間近で観察する）により、東はウガンダから西はコートジボワールまで、アフリカ大陸の各地に暮らすチンパンジーの文化を調べた。そしてその結果を、地域によるチンパンジーの行動の民族誌学的研究、つまり「異文化間」比較と結びつけた。その目的は、ある行動が文化的原因によるかどうかを、研究者が定めた基準によって確認することだった。先に述べた文化的伝統についての説明に従えば、この基準とは、ある行動を少なくとも一つの集団の全員かほとんどのメンバーが行うが、他の集団は行わず、また、その行動を行うかどうかは（先に述べた、箸／ナイフとフォークの例と同じように）生態学的違いでは説明がつかない、というものになる。結果的に、ホワイトンらはこの基準を満たす三九の行動を確認した。例えば、ギニアのボッソウとコートジボワールのタイフォレストというアフリカ西部の二地域にすむチンパンジーは、木の実を大きくて平たい石の上に置いて別の小さい石で叩いて割ること、つまり、二つの石をハンマーと金床として使うことが観察された。対照的に、アフリカ東部のタンザニアの二地域、ゴンベとマハレのチンパンジーには、同じ方法で木の実を割る様子は観察されなかった。そこにも同じような木の実と手頃な石があったのだが。このように文化とみなされた行動には、小枝を使って白アリやアリをつることや、葉を使って寄生生物を押しつぶすことや、「握手」と呼ばれる社会的習慣――二匹のチンパンジーが頭上で握手しながら、もう一方の手で互いの毛づくろいする行為――などがあった。

ホワイトンらの研究は、科学界で大きな注目を集めた。まもなく、他の種でも同様の、集団による文化の違いが見られると主張する研究が続々と発表された。その動物には、オランウータンやオマキザル属などの霊長類だけでなく、イルカやクジラなど大きな脳を持つ他の哺乳類も含まれた[★8]。例えば、バンドウイルカのいくつかの群れには、(口吻を傷つけないために)海綿をくわえて、それで砂地の海底を掘り返して餌となる魚を探す様子が観察された。他の群れはそれをしないので、この行動は、文化としてその集団に広まったと考えられる。先に挙げたチンパンジーの文化に関するこの初めての研究は、捕獲したチンパンジーによる実験で十分な裏付けを得た。チンパンジーの社会的学習は忠実度が高く、持続性のある安定した集団間の違いを生みだすことが証明されたのだ。また系統学的分析により、三九種類の推定される文化的変異の分布は、チンパンジーのグループ間の遺伝的差異によっては説明できないことが明らかになった[★9]。

しかし、文化的伝統が見られるのは、大きな脳を持つ哺乳類だけではない。実際のところ、文化的伝統を示すより良い証拠は、霊長類やクジラ類よりも魚類や鳥類に見られると主張する研究者もいるのだ[★10]。その理由として彼らは、行動のバリエーションが遺伝や個々の学習によるものではなく文化的なものだということを実証する実験を、霊長類やクジラ類で行うのは、実際的、あるいは倫理的理由から難しい、ということを挙げる。ジーン・ヘルフマンとエリック・シュルツがアメリカ領ヴァージン諸島の沖合にいる小さな魚、フレンチグラント（イサキの仲間）で行った実験を見てみよう[★11]。初めに、ヘルフマンとシュルツはある場所（A）で捕まえた複数の稚魚を、別の場所（B）の群れに入れた。それらの稚魚が選んだ群泳場所と回遊ルートは、元の群れのものではなく、Bにいる群れの群泳場所と回遊ルートだった。Aから来た稚魚は、Bにいる魚と血のつながりがないので、遺伝的継承の可能性は排除される。続いてフルフマンらは、Bにいる魚をすべて除いてから再度AからBへ稚魚を移動させた。すると稚魚はBにいた魚が利用していた群泳場所と回遊ルートを踏襲せず、新たに独自の群泳場所と回遊ルートを開拓し、それらは一世代以上にわたって利用された。元々Bにいた群れとAから来た稚魚が同じ群泳場所と回遊ルートを見つけたのであれば、それぞれが個別学習によって最善の（したがって同一の）場所とルートを見つけた可能性があるが、両者が選択した場所とルートが違っていたので、個別学習の可能性は排除される。これらの実験により、群泳場所や回遊ルートの選択は、社会的に習得された文化的伝統だということが示された。

鳥のさえずりも、人間以外の種の文化的伝統として、よく研究されている。先述した通り、人間の言葉に地域ごとの方言が見られるように、鳴鳥の多くはさえずりに地域による違いがある。先のフレンチグラントの移動実験と同じような実験によって、オスの幼鳥は遺伝的つながりや個別学習によって鳴き方を習得するのではなく、同じ地域の群れのオスの成鳥からそれを学ぶことが示された。その結果、研究者の中には、鳥のさえずりには文化進化が認められると明言し、その文化的バリエーションを中立浮動モデルで説明しようとする人も出てきた。そのモデルは、第4章で見たように、遺伝学者が機能的に中立的な遺伝子（適応上、プラスにもマイナスにも働かない遺伝子）の分布を説明するために使ったり、文化進化の研究者が、陶器の装飾といった機能上、中立的な文化的特徴の分布を説明するために使ったりしたものと同じだ。例えば、アレハンドロ・リンチとアラン・ベイカーは、北大西洋の島々およびスペイン本土とモロッコにすむズアオアトリの一六個体群の、さえずりの多様性は、中立浮動モデルと一致することを証明した。中立浮動モデルでは、さえずりの音節（最少構成単位）は、機能上、同等であり、多様性の原因は、個体間の無秩序な模倣、伝達の途中で真似を間違えたことによる変異、鳥がある群れから別の群れに移ること、とされる［★12］。第4章で述べたように、中立浮動モデルでは、個体群が小さくなるにつれて、多様性、この場合はさえずりの多様性が減少することが予想される。それは、個体群が小さければ、稀な変異がサンプリング誤差によって失われやすいからだ。リンチとベイカーの観察によると、この予測通りに、アゾレス諸島にいるズアオアトリの大集団のさえずりは、大陸にすむ小集団のさえずりよりバリエーションに富んでいた。チンパンジーの文化に関する研究の方が大きな注目を集めたとは言え、リンチとベイカーが行った鳥のさえずりに関する研究は、これまでに行われた人間以外の種の文化変化に関する研究の中で、最も洗練されたものだと言える。

このように、いくつかの種から文化的伝統、すなわち、社会的学習から生まれた、安定した、グループによる行動の違いが見られることが明らかになった。これらの種には、道具使用と社会的習慣という文化的伝統を有する、脳が大きい霊長類やクジラ類だけでなく、さえずりの方言という文化的伝統を持つ鳥類や、群泳場所や回遊ルートに文化的伝統を見せる魚類も含まれる。教育や言語といった高度な社会的学習メカニズムがなくても、安定した文化的伝統は生まれるらしい。

文化的伝統から蓄積による文化進化へ

チンパンジーの木の実割りや、イルカの海綿利用などには驚かされるが、コンピュータや宇宙船、立憲民主制、量子物理学といった人間の文化進化の産物は、それらとは桁違いだ。人間の文化の、他の種の文化と異なる重要な特徴の一つは、それが「蓄積する」ということだ。人間の文化の産物は多くの場合、数多くの修正が徐々に積み重ねられた結果であり、修正が加わるたびごとに、よりすぐれたものになっていく。コンピュータや自動車など、私たちが当然のように思っている科学技術を構成する要素について考えてみよう。自動車は、先史時代の車輪と火から始まり、一八〇〇年代半ばから後半に開発された初めての実用的な内燃機関、さらにはエアバッグやハイブリッド車という近年の改良に至るまで、数千年にわたって積み重ねられてきた改変の産物である。知識もまた徐々に蓄積されるものであり、今日学生に教えられている数学知識は、紀元前二四〇〇年頃にシュメール人が数字の記号を考え出し、バビロニア人が十進法を追加し、インド人とマヤ人がゼロを発見し、ギリシャ人が機何学、アラビア人が代数学、ヨーロッパ人が微積分学を発見し、さらに現代の数学の進歩に至るまで、四〇〇〇年以上にわたって改良が積み重ねられてできたものなのだ［★13］。

　これらの場合、人間の文化進化の産物は、一人の人間がその一生の間に独力で考え出す限度をはるかに超えている。ロビンソン・クルーソーのような人が無人島に漂着したと想像してみよう。例え原材料がすべて揃っていたとしても、自動車やコンピュータのようなものを一から作り出せる可能性は事実上、ゼロである。人間の文化の蓄積という特徴に光を当ててきたのは、比較心理学者のマイケル・トマセロである［★14］。トマセロは、「ラチェット（爪歯車）」という比喩を用いて、人間の文化を説明する。ラチェットは回転する円板（歯車）だが、縁の歯が非対称形になっていて、一方向にしか動かない。歯車が一定の角度で回ると、爪が溝に入り、逆転を防ぐようになっている。同様に、人間の文化の決定的な特徴は、改良が長い年月をかけて徐々に蓄積し、失われることはないということだと、トマセロは主張する［★15］。

　それにひきかえ、先述した人間以外の動物の文化的伝統は、いずれも蓄積の産物とは思えない。魚が群泳場所と回遊ルートを文化的に習得した例は、蓄積されたものではない。というのは、その過程を、長い期間をかけて積み上げていく要素に分割できないからだ。さらに、たった一匹の魚でも、自力で容易に特定の群泳場所を見つけだすことができる。一方、鳥のさえずりは、時間とともに変化するが、徐々に変化してより良いものになっていくわけではない。それどころか、鳥のさえずりが中立浮動モデルの予測と一致するという事実は、さえずりの音節がどれも機能的に同等であることを示している。そして、チンパンジーやオランウータン、イルカが道具を使用し、それが文化的伝達によるものであることには驚かされるが、そうした行動が、自動車やコンピュータのように年月をかけて蓄積する小さな構成要素から成っているとは思えない。さらに言えば、木の実と石と十分な時間を与えられれば、一匹のチンパンジーが木の実を割る方法を自力で考え出すことは、十分に起こり得る。他のチンパンジーがしているのを真似るのに比べたら、ずいぶん時間はかかるかもしれないが、それでも、可能だと思える。だが、現代のロビンソン・クルーソーがゼロからアイポッドを発明したり、DNAの二重らせん構造を発見したりする見込みはまったくない。

蓄積による文化と蓄積によらない文化の違いは非常に重要である。なぜなら、前者だけが、ダーウィンが「変化を伴う継承」と呼んだ漸進的な進化的変化になるからだ。言い換えれば、人間だけが完全にダーウィン的な文化進化を見せるのである。近年、なぜそうなのかを解明することに多くの関心が向けられてきた。人間が持っていて、他の種はいずれも持っていない、蓄積による文化進化を可能にする重要な認知能力は何なのか？

模倣か真似か

トマセロが初期に唱えた説は、文化伝達の忠実度と関わりがある［★16］。時間をかけて改良を蓄積するには、過去に加えられた改良のすべてをうまく保存する必要がある。過去に発見した知識を容易に忘れたり歪曲したりするようでは、それを加えたり、それに別の知識を積み重ねたりすることはできない。特にトマセロは、人間だけが文化を蓄積できるのは、人間が「イミテーション」に長けているからだと主張する。比較心理学者は「イミテーション」を「他の人の身体の活動を真似ること」と定義する。トマセロは「イミテーション」と「エミュレーション」を対比させる。「エミュレーション」とは「他の人の行動そのものではなく、行動から最終的に得られる結果を真似ること」と定義される。例えば、テニスのサーブの仕方をイミテートするというのは、テニスが上手な人のサーブの動きを観察し、真似る、ということだ。しかし、テニスのサーブをエミュレートするというのは、サーブの結果だけ、つまり、サービスエリア内にボールを入れるという結果だけを真似ることだ。エミュレーションは、動作そのものは模倣せず、最終的な結果だけ模倣するので、トマセロによると、文化の蓄積を支えるほどの忠実さがないということになる。テニスの例で言えば、優れた選手がサーブをするときの正確な技術を伝えられるのはイミテーションだけだ。エミュレーションでは、サーブの技術を一から再発明しなければならず、効果的な動きの蓄積は、大幅に制限されるだろう。

一九八〇年代から九〇年代にかけて行われた実験は、チンパンジーは行為者の最終的な結果だけを真似て、動きそのものは真似ようとしないことを明らかにし、人間以外の種はエミュレーションはできるが、イミテーションはできないという洞察を裏づけたかのように思えたが［★17］、最近行われた、野生で観察される文化的伝統を再現する、より直接的な実験は、こうした初期の研究結果に疑問を投げかけた。アンドリュー・ホワイトンとヴィクトリア・ホーナー、そしてフランス・デ・ヴァールが行った研究では、捕獲したチンパンジーの二つの群れAとBに、管状の入れ物に入った餌を棒で取り出させせた［★18］。この装置は、自然界のチンパンジーがやっている、道具を使った採食行動を再現するもので、解決法は社会的学習によってもたらされると考えられる。餌を取る方法は二通りあり、効果は同等である。棒を装置の穴に突きさし、妨害物を押しのけて、餌が転がり出るようにするという方法と、装置の上部の留め金を棒で持ちあげると、蓋が開いて餌が出てくるという方法である。訓練の段階で、群れAから連れてきた一匹のチンパンジーに「突く」方法を教え、群れBから連れてきた一匹のチンパンジーに「持ちあげる」方法を教えた。その後で、これら二匹のチンパンジーをそれぞれ元の群れに戻し、すべてのチンパンジーが装置に近づけるようにした。その後一〇日間にわたって、二つの群れの中でそれぞれの方法が広まる様子を観察した。

その結果は、野生で観察された文化的伝統を再現するもので、群れAのチンパンジーのほとんどは突く方法を行い、群れBのチンパンジーのほとんどは持ちあげる方法を行った。この違いは、二ヵ月後に再び観察したときも変わらなかった。このような結果になったのは、おそらくチンパンジーがただ結果をエミュレートしたのではなく、お手本となったチンパンジーの行動をそのままイミテートしたからだろう。結果だけを求めるなら、どちらの方法をとっても同じなのだ。その後、ホワイトンらは、本書の第6章で人間の文化の伝達を研究するために用いた伝達連鎖法によって、チンパンジーの道具を使う方法は、線状の鎖に沿って正確に伝えられることを明らかにし、また、道具を使う方法が群れの個体から個体へだけでなく、群れから群れへ伝わることも示した［★19］。これらの実験は文化の蓄積を再現したわけではないが、チンパンジーの社会的学習は、群れによって異なる行動を維持できるほど忠実度が高いということを証明しており、チンパンジーが蓄積による文化を持たないのは、イミテーションができないからではない、ということを示唆している。

過剰な模倣

他のいくつかの研究により、チンパンジーはイミテーションはできるが、人間、特に子どもが見せるような、何もかも真似したいという自発的衝動は見られないことが明らかになった。ヴィクトリア・ホーナーとアンドリュー・ホワイトンが行った研究では、大人のチンパンジーと人間の子どもに箱を与え、実演者が、その箱を用いて適切な行動と不適切な行動をして見せた［★20］。適切な行動とは、箱の扉を開き、棒を使って中の食べ物を取り出すことだ。不適切な行動とは、箱の上にあいている穴に棒を差し込み、箱の堅い表面を軽く叩くことだ。不透明な箱と透明な箱を用いた。不透明な箱では、観察者には不適切な行動が食べ物を得る役に立たないことがわからなかったが、透明な箱では、不適切な行動が何の役にも立たないことがはっきりとわかった。

実演後、箱に触れることを許されると、チンパンジーは不透明な箱では不適切な行動を忠実に再現したが、透明な箱ではそうしなかった。これはかなり理にかなった行動だと思えるかもしれない。食べ物を得られないとわかっているのに、不適切な行動をして時間を無駄にする意味はないからだ。だが、真に興味深い発見は人間の子どもに関するものだった。人間の子どもの場合、箱が透明でも不透明でも違いはなかった。彼らは不適切な行動も含め、実演された行動をすべて忠実に再現した。食べ物は取り出せないとはっきりわかる透明な箱でも、不適切な行動を行ったのである。その後の実験で、人間の子どもは、一人でいて、観察されていない時でも、不適切な行動を再現したので、彼らは実験者を喜ばせようとしたわけではないことがわかる。また、実演者が、不適切な行動は「ばかげていて、不必要」であることをはっきり示した時でも、子どもたちはそれを再現した［★21］。

これらの研究の、論文の著者によると、人間の子どもは「過剰な模倣」をし、必要がない時でさえ模倣する。このことは、蓄積による文化が、他者を模倣する「能力」だけでなく、他者を模倣したいという「衝動」にも支えられていることを示唆する。もし子どもが衝動的に大人の行動を模倣するのであれば、チンパンジーが見せたイミテーションとエミュレーションの柔軟な切り替えに比べ、文化の変更が、世代を超えて維持され蓄積されていく可能性が高い。時には不適切な行動や不適応な行動まで真似るという代償を払うことになるかもしれないが、それらは、蓄積された文化の産物がもたらす恩恵によって埋め合わされるだろう。もちろん、この衝動は、新しく有益な特徴が発明されたり獲得されたりするのを防ぐほどには強くない。そうでなければ、新たに蓄積されるものはなくなるはずだ。

人間以外の動物の文化のこだわり

近年行われたチンパンジーと人間の子どもに関する別の研究は、チンパンジーに蓄積による文化が存在しない理由を別の方向から説明した。人間以外の種は、伝達の忠実性が欠けているのではなく、新たな状況で何かをするより良い方法に切り替える能力が欠けるのではないか、というのだ。人間以外の動物は、これまで通りの方法に固執しつづける。この「固執」が、より有効な文化的要素の蓄積を阻むのだ。

この考えは、サラ・マーシャル＝ペシーニとアンドリュー・ホワイトンが近年行った実験で裏づけられた［★22］。チンパンジーの群れに、はちみつの入った壺を含む装置を与えた。彼らは二通りの方法ではちみつを得ることができる。方法Aは、小さなはね蓋を開けて棒を差し込み、棒についたはちみつをなめるという効率の悪い方法だ。方法Bは、方法Aに一段階加えたもので、もっと効率がいい。同じ棒を壺の脇についている小さな錠に差し込むと、蓋全体が開き、中のはちみつを食べることができるのだ。方法Bには、方法Aと同じ動作——棒を差し込むこと——が含まれるが、それは一連の行動の一部としてである。まず一匹のチンパンジーの群れに、人間が方法Aを実演して見せたところ、年齢の高い五匹がその方法をマスターした。次に、その五匹に、より複雑な方法Bをして見せたところ、そちらの方がよほど効率的であるにもかかわらず、AからBへ切り替えたのは五匹のうちの一匹だけだった。そして、この一匹は、方法Aを見せられる前にすでに自分で方法Bを発見していたという証拠があった。人間の子どもで同じ実験をしてみると、一二人のうち八人がすみやかにAからBへ切り替えた。

クリスティーン・ルベッシュとシグネ・プロイスチョプト、そしてカレル・ヴァン・シャイクが行った別の研究でも、棒を使って手の届かないところにあるトレイから食べ物を取ることを覚えたチンパンジーは、他のチンパンジーがトレイを揺さぶるという、より効率的な方法を行っているのを見ても、その方法に切り替えようとしなかった［★23］。どちらの研究も、対象としたチンパンジーの数は少ないが、チンパンジーがより優れた方法に切り替えるのが苦手で、効率が悪くても前から知っている方法に固執しがちであることを明かし、それがチンパンジーに文化の蓄積が見られない理由であることを示唆している。チンパンジーが常に、そこそこの方法に満足し、それを変えようとしないのであれば、たまたま模倣の間違いや創造力に富む個体によって、よりよい方法が生まれたとしても、それが広まることはなく、有益な方法が時とともに積み重なっていくことはないだろう。

教育（と、教わりたいという欲求）

蓄積による文化進化の鍵となりそうな、もう一つの要素は教育である。ハンガリーの中央ヨーロッパ大学の発達心理学者であるガーゲリー・チブラとジェルジ・ガーゲリーは、人間は他の種には見られない独自の情報伝達システムを持っていて、それは個人間の情報伝達を効率的にしようとする自然選択の産物だと主張する［★24］。大人は、幼児に有益な情報を学ばせるために、言動をできるだけわかりやすくする傾向がある、と彼らは言う。その結果、幼児は、大人の言動は実際的な意味をできるだけ伝えやすいように調整されていると（必ずしも自覚しているわけではないが）考えるようになった。チブラとガーゲリーは、このように、幼児が大人から有益な知識を得やすいように、大人と幼児が対話を調整することを「自然教授法」と呼ぶ（本書では、読者になじみのある「教育」という言葉を使うことにする）。

チブラとガーゲリーは、教育が特に役立つのは、学ぶべきものが「意味不明」である時、つまり、他の人の行動の意味が一見しただけではわからない時だと言う。蓄積される文化のほとんどは、この「意味不明な行動」の伝達を伴う。第4章に出てきたアシュール文化期の握斧のようなきわめて単純な道具を作る時でさえ、そうである。握斧の作成には、素材となる石を見つける、それを作業場所に運ぶ、その石から徐々に薄片を削り取る、といった、すぐには結果の出ない一連の作業が含まれる。そのような状況では、子どもが、大人のしていることには何か意味があると思い込み、それを真似ると、良い結果がもたらされるだろう。これは、先に述べた過剰な模倣という考え方に似ている。

チブラとガーゲリーが行った幼児に関するいくつかの研究から、大人は適切な情報や有益な情報を教えてくれるものだと、幼児は無意識のうちに思い込むことがわかった。例えば、大人が乳児の目を見るか、話しかけるか、あるいはその両方をした後に、何かを見ると、乳児もその視線を追う。このことは、幼い乳児でも、大人の行動は有益な情報を伝えるためのものだと理解していることを示唆している［★25］。別の研究では、一歳二か月の幼児に、大人が手ではなく額で部屋の明かりのスイッチを入れる様子を見せた後に、自分でそのスイッチを入れさせた［★26］。お手本を示した大人の手が毛布でくるまれていた時、幼児は手でスイッチを入れた。しかし、大人が、手が使えるにもかかわらず、額でスイッチを入れた時には、幼児は大人がしたように、額でスイッチを入れた。チブラとガーゲリーはこの結果を、大人は概して有益な情報を教えてくれると幼児が考えているという見方に一致する、と解釈した。手が自由に使えるのに額を使うという異常な行動を大人がとったのには、それなりの理由があるはずだと幼児は考え、それを真似たのだ。一方、手が毛布にくるまれていた時に額を使ったのは、仕方なくそうしたことなので、大人はそれを真似してほしいとは思っていない、と幼児は考えたのだろう。

人間以外の種も、同じようにして子どもを教育するのだろうか？　教育は人間に特有の行為だと長く考えられてきたが、近年、他の種が子どもを教育する例がいくつも報告されている。例えばミーアキャットは、子どもにサソリを与えて殺す練習をさせることが知られている［★27］。重要なのは、子どもの年齢に応じて与えるサソリの状態が変わることだ。幼い子には死んだサソリ、少し年齢が上がると怪我をして動きにくいサソリ、さらに年齢が上がると無傷のサソリが与えられる。したがって、ミーアキャットは子どもができるだけ学びやすいよう、行動を変えていると思われ、これは確かに人間の教育に似ている。しかし、人間と違う点が二つある。一つ目は、ミーアキャットの教育は、サソリを捕まえて殺すということに限られているが、人間の場合は、はるかに広範で総合的な知識を伝えるということだ。二つ目は、ミーアキャットの子どもは、大人のミーアキャットからサソリを与えられはするものの、その殺し方は自分で見つけなければならないということだ。人間の子どものように、社会的学習を通じて大人の行動をそのまま真似るのではない。これらの違いからやはり教育は、人間の蓄積による文化進化を支える役割を果たしていると言えるだろう。

結論——他の種にも文化はあるが、文化進化はない

人間以外にも多くの種が、一対一の社会的学習をし、地域的な文化の伝統を持っているが、蓄積する文化、すなわち、効果的な改良が何世代にもわたって積み重なっていく文化を持つ種は、人間だけのようだ。したがって、それが人間の文化を決定づける特徴と言えるだろうし、ダーウィンが進化を「変化を伴う継承」と評したことを思えば、この特徴ゆえに、人間の文化は完全にダーウィン的な進化を遂げるのだ。人間には一対一の社会的学習も、文化の伝統も、蓄積による文化も見られるので、

この三つの違いがはっきりと理解できたのは、人間以外の動物の文化を研究した成果と言えるだろう。

人間だけに蓄積による文化進化が見られる理由は、今もわかっていない。これまで、（エミュレーションではなく）イミテーション、（不必要だとわかっていても模倣する）過剰な模倣、（既存の解決策から、より優れた解決策への）切り替え、教育などが、蓄積による文化を可能にするプロセスとして示唆されてきた。その最初のもの――エミュレーションではなくイミテーション――は違うようだが、後はすべて、その候補と言える。しかし、これは決して完全なリストではない。本書では触れなかったが、人間だけに蓄積による文化進化が見られる理由として、心の理論、記号的コミュニケーション、（話したり書いたりする）言語、連携などを挙げる人々もいる。そのいくつかについては、心理学者が、蓄積による文化進化を模倣する実験によって検証している。例えば、心理学者のクリスティーン・コールドウェルとアルサ・ミレンは、大人を被験者として、鎖状に情報を伝達させて、できるだけ遠くまで飛ぶ紙飛行機を作らせた［★28］。鎖によって前の世代からの教わり方が異なり、ある鎖では、前の世代が作った完成品を見るだけ（疑似エミュレーション）だが、別の鎖では、前の世代が紙飛行機を作る様子を見ることができた（疑似イミテーション）。前の世代から教わる（疑似教育）鎖もあった。後の世代が作った紙飛行機のほうが前の世代のものより遠くまで飛んだので、世代を経るうちに、その技術は蓄積していったようだ。しかし、伝達の方法（エミュレーション、イミテーション、かつ／あるいは教育）は、蓄積の程度や速度に影響しなかった。唯一の研究ではあるが、この結果は、先に述べた蓄積による文化進化に対するイミテーションと教育の効果を否定しているように思える。

将来、人間と他の動物の研究がさらに進めば、この最初の研究結果を足がかりにして、蓄積による文化進化の鍵となるものを突きとめることができるだろう。

第10章　社会科学の進化的統合に向けて

第1章で私は、文化が人間行動のいくつもの重要な側面に影響することを裏づける膨大な証拠があるにもかかわらず、現在、社会科学分野における文化の研究は三つの深刻な問題を抱えている、と述べた。第一の問題は、多くの社会科学分野（例えば、文化人類学）は、これまで定量的な科学的方法を回避してきたため、明瞭で検証可能な予測を立てるのが苦手で、文化的現象を正確に説明する能力に欠けるということだ。二番目の問題は、同じ社会科学分野でも、心理学や経済学などは、科学的かつ厳密で定量的な手法を用いるが、それらの多くは、文化を無視して個人の行動にばかり注意を向けがちで、また、文化を個人の行動に反応して時とともに変化するものとしてではなく、不変の背景変数として扱っていることだ。三番目の問題は、社会科学は現在、いくつもの分野に分裂しており、それぞれが異なる言語を話し、互いに相容れない仮定に固執し、新たな発見について学問の境界を越えて語り合うことが稀であることだ。続く章において私は、こうした問題はいずれも、文化をダーウィン的進化プロセスとして扱えば解消できることを示そうとした。それには、いくつもの異なる学問分野が、異なる手法を用いて、異なる現象について語りあう必要がある。ここで個々の問題への取り組みを要約しよう。

進化方法の利点

公式モデルの恩恵

文化進化論の研究者は、進化生物学分野で遺伝的変化を研究するために開発された、科学的で定量的な方法を借用し、それによって文化の変化を研究してきた。多くの場合、こうした進化的方法は、言葉による議論と非公式の比較に頼りがちな従来の社会科学の方法に比べて、はるかに明確に文化現象を説明する。非公式で定性的な方法は、最初の仮説を立てる段階では有益だが、そうした仮説は、定量的な指標に置き換えなければ、実社会のデータに照らして検証することができず、結局、正しいかどうかを見極められない。このように仮説の公式な検証ができない状況では、文化現象の説明は往々にして学者どうしの議論に終始する。誰が正しいかを決める現実的な方法がないまま、それぞれが自分の説は他の人の説より優れていると信じて譲らないのだ。

例えば、第3章で述べた集団遺伝学の数理モデルは、同調（最も普及しているグループの行動を真似る）、名声バイアス（高名な人の行動を真似る）、垂直の伝達（両親から学ぶ）といった、社会科学者が文化現象を説明するために非公式に提唱してきた文化の小進化のプロセスの公式化に役立った。公式モデルの利点は、こうした小進化プロセスが導く大進化の結果をはっきりと提示し、実社会のデータによる検証を可能にするところにある。例えばジョセフ・ヘンリッヒは、技術革新が社会に普及する際には、誘導された変異よりむしろ、内容バイアスによる文化選択が働くことを示したが、それは、実社会の革新普及のプロセスが往々にして、文化選択を示すS字型の普及曲線を描き、誘導された変異を示すr型の普及曲線にはならなかったからだ。同様に、アレックス・ベントリーらは、ファーストネーム、特許引用、陶器の模様、犬種といった、実社会におけるさまざまな現象の頻度は、まったくランダムな模倣モデル（名前、模様、犬種といった特質が、適応上同等であり、まったくランダムに模倣される）と一致することを示した。直感に反するこれらの結果は、進化生物学の定量的進化モデルを借用しなければ、発見し得なかっただろう。

第4章、5章で論じた系統学的手法もまた、公式な進化的方法の利点をいくつも提示する。系統学的手法は、文化的に伝達された人工物、行動、写本、あるいは言語を、従来の非公式で主観的な分類法よりも正確に再構築する方法を提供する。系統学的手法はしばしば、社会科学分野の大きな謎を解決するのに用いられてきた。例えば、ラッセル・グレイらはそれによって、オーストロネシア語族はインドネシアよりむしろ台湾を起源とし、印欧語族はクルガンの騎手ではなくアナトリアの農民を経由して普及したことを明らかにし、かたやルース・メイスらは、父系制は牧畜を選択した結果であり、婚資は持参金の原型であることを明かした。メイスが主張するように、系統学的手法は、人類学分野における異文化比較を妨げてきたゴルトンの問題――異なる民族で同じ文化が見られても、必ずしも歴史を共有するわけではない――に解決策を提供する。

文化進化の方法は本質的に社会的で動的である

経済学と認知科学の伝統的で理論的なアプローチは、人を独立した非社会的生物とみなすが、文化進化論は人間行動への文化の影響をはっきりと認めている。第1章で論じたように、こうした影響は数が多く、重要である。第6章で見たように、伝達連鎖法などの実験方法は、被験者に一人で課題に取り組ませるだけでなく、仲間と協力させることによって、従来の心理学実験の限界を広げている。このような実験は、しばしば目覚ましい発見をもたらす。例えば、サイモン・カービーと仲間は、現実の言語に見られる「合成」などの特徴が、次々に伝言していくだけで、人工的な言語にも生じることを発見した。また、アンドリュー・ショターとバリー・ソファーは、文化的に伝えられたアドバイスにより、被験者は経済的行動を調整することを実験で明らかにした。第8章では、文化的に伝えられた日常業務が、経済的な意思決定を左右する実例をいくつか見た。

進化的手法は、まさにその本質ゆえに、経時的変化を組み入れている。第8章で、リチャード・ネルソンとシドニー・ウィンターが進化の概念とモデルを用いて、ある時点の静止した平衡に目を向けがちだった従来の経済モデルを改善したことを見た。この新たなモデルは、経済市場の不可解な側面を解き明かすことができる。ポラロイド社はなぜ技術革新への対応を間違えたのか、タイヤ産業で起きたように、新技術が登場するとなぜ多くの会社がそれを追い、結局、倒産してしまうのか、といった謎も、進化モデルは解明した。同様に、第5章で論じたピーター・ターチンの歴史変化の力学的モデルは、帝国の盛衰に関する従来の説明の定量的検証を可能にするとともに、従来の説明の欠陥（単一の状態変数しか含まないこと）と、より良い説明はどうあるべきか（社会的結束力などの第二の状態変数を含む）を指摘した。

学際的研究

伝統的な社会科学は、分野ごとに方法や主題が異なることに足を引っ張られている。心理学者は実験室で実験を行い、文化人類学者は民族誌のフィールドワークを行い、考古学者は先史時代を記録し、経済学者は市場システムのモデルを構築する。これらの異なる分野はほとんど交流せず、共通の理論の枠組みを持たないので、ある分野である方法によってなされた研究が、別の分野の別の方法による研究の役に立つことはほとんどない。異なる方法がしばしば互いの強みと弱みを補い合うことを考えると、各分野は好機を大いに逃していると言えるだろう。例えば、実験室での実験は、潜在的交絡変数のコントロール、歴史の再現、変数の操作、連続する完全なデータセットへのアクセスとコントロールがすべて可能で、その意味で内的妥当性が高い。しかし、その内的妥当性は、外的妥当性の欠如によって相殺される。というのも、実験は、実験室の人工的な設定で、（通常）西洋人の学部生を対象として一時間程度行われるだけなので、それとはまったく異なる環境で数千年にわたって起きた、弓矢の技術の変化や、言語の変化を正確に捉えることは、到底できそうにないからだ。しかし、こうした強みと弱みは、考古学と歴史学の方法の持つ正反対の強みと弱みによって完全に補完することができる。考古学と歴史学の方法は実生活の文化的変化を直接的に測定するので外的妥当性が高いが、変数の操作や結果の再現などができないので、内的妥当性は低い。そこで、実験的方法と歴史的方法（さらには数理モデル、民族誌学的方法、系統学的分析など）を組み合わすと、単独のどの方法よりも、文化の変化をより深く理解することができるのだ。

文化進化論が共通の言語と概念を提供してくれるおかげで、複数の方法が併用され成果を挙げる事例を、本書ではいくつも見てきた。例えば、第6章では、マシュー・スペンサーらが、系統学的手法によって写本の進化を正確に再現したことを紹介した。彼らは写本どうしの歴史的関係を、実験的に生成した写本の歴史的関係と照合することによって突き止めた。同じく第6章では、私とマイケル・オブライエンが心理学の実験室で矢じりのデザインの文化進化をシミュレーションした件について語ったが、その実験は、考古学と系統発生学をつなぐものだった。後者の手法では、変数を操作できるので、私たちはある仮説——先史時代のネヴァダの矢じりのデザインは名声バイアスに影響されたが、先史時代のカリフォルニアの矢じりのデザインは誘導された変異に影響されたという、考古学者なら不完全な歴史記録から推測するしかない仮説——を検証することができた。第4章では、ジャミー・テヘラニとマーク・コラードが民族誌学的方法と系統学的（すなわち歴史学的）方法とを融合させた例を紹介した。彼らは、トルクメン人の織物の進化が明確な樹状の系統発生パターンを示すことを民族誌学的手法によって説明し、特に、女性が他のグループと交流することを禁じる社会規範が、織物の系統が混じり合うのを防いでいることを示した。

学際的統合のもう一つの利点は、多岐にわたる文化的現象を、一握りの共通のプロセスによって説明できるということだ。これは生物学ではよくあることで、驚くほど多様な生物学的現象（例えば、クジャクの尾、枝で覆った鳥の巣、シカや甲虫の枝角）を、一つの基本的プロセス（例えば、性選択）によって説明できるのだ。一方、社会科学では、社会や言語の違いを超えての一般化は珍しく、それぞれの事例は独自の性質という観点から考察されることが多い。異なる種類の文化現象（例えば、テクノロジー、言語、宗教、企業）の進化には多くの相違が認められるが、それでも土台のところで重要な小進化のプロセスを共有している可能性がある。例えば「同調」は、技術革新の拡散（第3章）、よく使われる単語が変異しにくいこと（第5章）、株式市場の高騰と暴落（第2章）のいずれをも説明できるだろう。文化的に集団選択された「協力しやすい傾向」は、過去の帝国の盛衰（第5章）と現代の企業の拡大と創成（第8章）の両方を説明できるだろう。このように、一見多様な現象の根底にある共通の原因を特定することができれば、科学者は何を探せばいいかを了解し、他のケースについてもそれを探し、発見できるようになるだろう。

統合に向かって

一九三〇年代に進化論が共通の理論的枠組みとなって、ばらばらだった生物学の各分野を統合したように、社会科学においても同様の統合は可能で、実際、近いうちにそうなるであろうことを、先のセクションで注目した学際的つながりが示唆している。第2章では、フィッシャー、ホールデン、ライトが、数理モデルによって生物学をいかに統合したかを見た。彼らは新たに発見されたネオ・ダーウィニズムの微粒子的な小進化の原則と、非ラマルク主義の遺伝が、段階的な変化や種の多様性といった観察される大進化のパターンと一致することを公式に示した。第3章で概説したカヴァッリ＝スフォルツァ、フェルドマン、ボイド、リチャーソンの数理モデルも同様に、心理学者やミクロ経済学者が研究してきた文化の小進化のプロセス――同調、名声バイアス、ラマルク的な誘導された変異、融合伝達（多くは、生物学におけるネオ・ダーウィニズムの小進化プロセスとは異なる）――と、人類学者、考古学者、歴史学者、歴史言語学者、マクロ経済学者が研究してきた文化の大進化のパターンとを結びつける橋となった。

だが、おそらく私たちは、この基本的なミクロとマクロのつながりよりさらに先に進み、統合的な文化の進化科学が一体どのようなものであるかをはっきりと描き出すことができるだろう［★1］。生物進化と文化進化がいずれもダーウィン的であることを考えれば、文化進化を語る科学は、生物進化

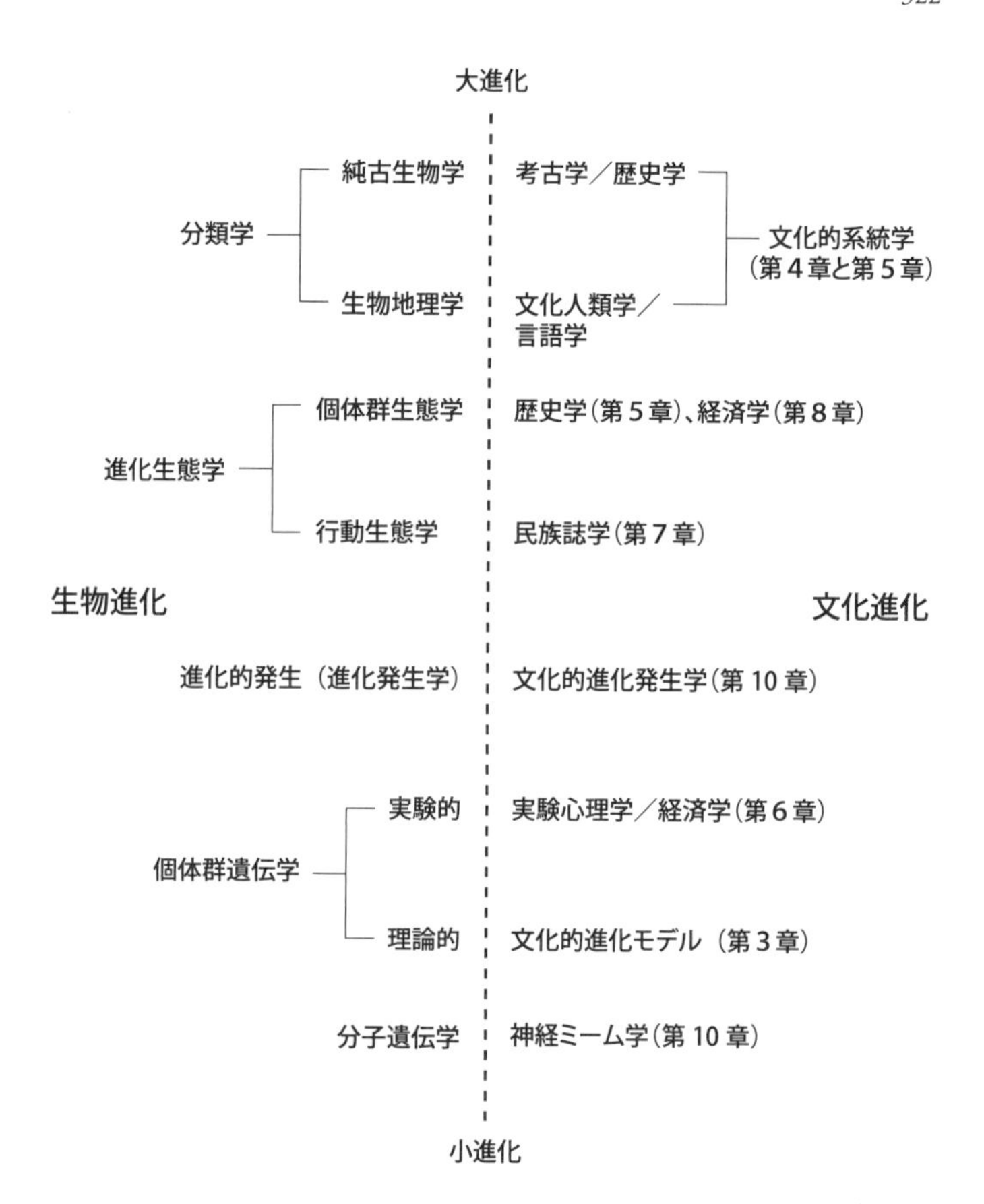

図 10.1　予想される文化進化学の構造（右）を既存の進化生物学の構造（左）と対比させた図。

の科学、すなわち進化生物学の構造に似ていると仮定できる。図10・1ではその対照を試みた。左は、この一五〇年間に進化生物学の科学として出現した構造［★2］で、右は、文化進化論の科学としてそれに対応する構造である。生物学の分枝に対応するものとして、同様の目標と、多くは同様の方法を持つ、社会科学の分枝（すでに存在するものと、これから出現しそうなもの）を記した。また、それについて扱った本書の章も書き添えた。

図10・1の上部には、大進化に関する分野を置いた。生物学のそれは古生物学と生物地理学で、系統学的手法、特に最大節約法などの系統発生学の手法を用いて、生物の大進化における長大な時間（古生物学）と空間（生物地理学）を再構築しようとする。第4章と第5章では、考古学者、歴史学者、文化人類学者、言語学者が、文化の大進化に対して、それと同じ手法、主に系統発生的手法をいかに適用したかを見た。進化生態学は、大進化の変化、とりわけ個体群が他の種を含む環境とどのように相互作用するかを追求する個体群生態学とつながりが深い。文化サイドでこれと明確な対照を示すのが、第5章で論じたピーター・ターチンの歴史変化の力学的モデルだ。また、ここには第8章で論じた、経済学者が考案した文化的変化の進化モデルも含めることになるだろう。そのモデルの一つは、市場内で企業が互いにどのように相互作用するかを描いたもので、生態系における種の相互作用を描くモデルに対応する。さらに下がっていくと、行動生態学が登場する。それは生物の、互いや環境と作用しあう行動を扱う分野だ。文化サイドでこれに対応するのは、第7章で論じた民族誌学的研究で、文化のパターンを生じさせる人と人の関わり（例えば食のタブーが、ある伝達経路からどのように生じる

か、あるいは、科学の変化が科学者どうしの相互作用からどのように生じるか、といったこと）を検討する。

エボ・デボ（evo-devo）と呼ばれるようになった進化発生学は、多くの生物学者に注目されている。今日まで、文化進化研究において発生はほとんど注目されてこなかったので、文化サイドにそれに対応するものはない。次項では文化進化における発生の役割について考えてみよう。

生物学サイドの次の学問分野は個体群遺伝学で、これは実験的と理論的に分けることができる。実験的個体群遺伝学では、ミバエやバクテリアを使った実験で進化プロセスをシミュレートする。文化サイドには明らかにこれに対応するものがある。それは、第6章で概説した、実験心理学、実験経済学など、伝統的に実験を主とする社会科学である。理論的個体群遺伝学は、すでに言及したように、自然選択、遺伝的浮動、変異、移住などの小進化プロセスの数理モデルの構築と分析を行う。文化サイドでこれに相当するのは、第3章で論じた数学的モデリングで、生物学者が用いるものに似た数学的技術によって、さまざまな文化の小進化プロセスをモデル化する。

図10・1生物サイドの一番下にあるのは分子遺伝学で、遺伝情報がどのようにゲノムにコード化されるか、その情報がどのようにタンパク質に置換され、また、遺伝を通じて複製されるかを研究するものだ。進化発生学と同じく、文化サイドでそれに対応するものについては、まだ述べていない。次項では、開発が進んでいないこの二つの分野について詳しく論じる。このように文化進化研究の空白に光を当てることは、統合的な進化の枠組みの中で社会科学を見ることがもたらす、もうひとつの重要な利点である。

統合における空白：文化的進化発生学

『種の起源』でダーウィンが胎生学といった主題を論じたにもかかわらず、発生――生物の遺伝子型が、環境との相互作用を通して表現型になるプロセス――は、一九三〇年代から四〇年代にかけて統合された進化論には欠落していた。しかし近年ではますます多くの研究者が、進化的発生生物学、略して進化発生学の形で、発生を進化生物学に組み込もうとしている［★3］。進化発生学は、長期的な進化的変化が発生のプロセスにどう影響し、また、どう影響されるかを追究する。例えば、ホメオボックス遺伝子には多大な関心が寄せられているが、それはミバエからマウス、ヒトに至る動物種が持つ遺伝子で、胎芽期の体の部分の発生を調節する［★4］。あるホメオボックス遺伝子は肢の形成を誘発し、別のホメオボックス遺伝子は頭部、他は腹部の異なる部位の形成を誘発する。興味深いのは、ホメオボックス遺伝子を操作すれば発生を劇的に変更できることだ。例えば、ミバエの触角の成長を誘発するホメオボックス遺伝子を、肢の成長を誘発するそれと交換すると、ハエの頭部から肢が生えるのだ。この変異はミバエの健やかさを損なうが、ホメオボックス遺伝子などの発生に関わる遺伝子が、表現型の多様性を作りだし、抑制し、形成し、結果として生物の進化に重要な役割を果たしていることが明かされつつある。

では、図10・1に概略した文化進化の科学において、進化発生学に相当するものは何か。第1章で述べた文化の概念の定義に従うと、文化の発生とは、脳に蓄積された情報（遺伝子型に相当する）が、行動、言葉、人工物、制度（表現型に相当する）として表現されるプロセスだと考えられる。したがって、文化の進化発生学は、この発生のプロセスが、より幅広く、長期的な文化進化をどのように抑制あるいは促進するかに関わるものになるだろう［★5］。

発生がいかに文化進化に影響するかという一つの例は、モジュール方式に関わるものだ。生物学の進化発生学において、肢や触角といった構造の発生を促すホメオボックス遺伝子などの遺伝子は、発生モジュールを作ることによって進化を促進すると示唆されている。例えば、体に同一の部分を多く持つムカデやヤスデについて考えよう。ホメオボックス遺伝子のように高レベルの遺伝子がなければ、そのような部分はそれぞれ別の遺伝子にコードされていなければならない。しかし、ホメオボックス遺伝子があれば、一つの部分を作る遺伝子があれば十分で、後はホメオボックス遺伝子の指示により、その部分（あるいは「モジュール」）を繰り返し作ればいいのだ。言い換えれば、モジュール化された発生システムは、ゲノムから重複を排除するのだ。また、こうしたモジュール方式は新たな適応的形態の進化も促進する。なぜなら、ホメオボックス遺伝子の発現の仕方を少し変えただけで、体の部分や肢の数を増やしたり減らしたりでき、新しい部分や肢を一から進化させるよりよほど簡単だからだ。

モジュール方式は、文化進化においても同様の役割を果たすだろう。手の込んだ人工物の多くは、他の人工物や技術分野から取り込んだ、半独立的な部品で構成されている。さまざまな機能の刃や道具からなるスイスアーミーナイフについて考えてみよう。それらの刃は、体の部分、あるいは肢のようなモジュールとみなすことができる。スイスアーミーナイフの考案者は個々の要素（ナイフ、ギザギザの歯のノコギリ、コルクの栓抜き、ルーペ）を一から考案する必要はなく、既存の刃や道具から取り込んだだけだった［★6］。つまり、生物においてモジュール方式が、体の部分をそれぞれ一から作る必要を減らして、進化を促進したように、文化においてもモジュール方式は、個々の構成要素を一から作り直さなくてもいいようにして、その進化を促すと考えられるのだ。この予測は、コンピュータによる人工物学習のシミュレーションによって支持されている［★7］。文化の進化発生学の研究がさらに進めば、文化進化を抑制し、導き、あるいは促進する他の一般的原則が明らかになるだろう。

統合における空白：神経ミーム学

進化生物学にあって、文化進化研究に対応するものがないもう一つの分野は、分子遺伝学だ。一九五三年にジェイムズ・ワトソン、フランシス・クリックらがＤＮＡの構造を解明して以来、分子遺伝学は、遺伝情報を伝えるＤＮＡの分子メカニズムや、自然選択の対象となる表現型にＤＮＡ情報が変換される仕組みを解き明かし、多大な進歩を遂げた。文化進化の研究において分子遺伝学に相当するものは、分子レベルで文化情報がどのように蓄積され、伝えられ、表現されるかを追究することになるだろう。文化情報は最初に脳内に蓄積されるので、これは神経科学の領域になるはずだ。実際、ロバート・アウンガーはその著書『電子的ミーム』において、ミームを複数のニューロンの電気化学的状態とみなし、ミーム学を「神経ミーム学」と呼ぶことを提言している［★8］。ここではアウンガーに倣って、文化進化研究において分子遺伝学に対応するものとして、「神経ミーム学」という用語を用いることにする。

とはいえ、分子遺伝学が遺伝の仕組みをすっきり解き明かしているのに比べて、神経学者は、情報がどのように脳内に蓄積されるのかをあまり解明できておらず、ましてやその情報が時とともにどのように変化し、ある脳から他の脳に伝達され、行動や物質的人工物に変換されるかについては、ごく限られた知識しかない。ゆえに私たちは、本書の冒頭で提示した疑問――文化進化に、遺伝子や粒子的継承に相当する、全か無かの継承を担う単位が存在するのか、それとも、神経レベルでの個別の単位はなく、連続的な文化の変異が混ぜ合わされて継承されていくのか――といった疑問にはっきり答えることができない。ＭＲＩやＰＥＴといった脳画像法の技術は、脳による情報の扱いが連続的かあるいは不連続かを検知するほどには進歩していない。このような方法は、異なる認知タスク中に脳のどの領域が活性化するかをおおまかに神経科学者に告げることはできるが、単独のニューロンやそのネットワークの働きをとらえるレベルには達していないのだ。

機会は非常に限られているが、脳をもっと直接的に研究する方法がある。ある種のてんかんは、腫瘍などによる脳の小さな病変によって起きる。症状が重篤で、抗けいれん剤が効かない場合、手術で病変を取り除いて、発作の抑制か、せめて軽減を図ることがある。その手術をするには、まず、病変の場所を正確に知っておかなければならない。しかしＭＲＩのような非侵襲性脳画像法の画像は粗く、微小な病変の位置がわかりにくいので、場合によっては、数日間、患者の脳に直接、電極を埋め込む。この電極は、発作が起きると、どのニューロンが発火しているかを記録し、さらには発作の原因となっていそうな場所を特定する。

ロドリーゴ・クィアン・クィロガ率いる神経心理学者のチームは、この処置を利用して、知識が脳内にどのように現れるかを調べた［★9］。電極を埋め込んだ八名のてんかん患者に、人間、動物、物体、史跡、言語を表す絵画を見せ、ニューロンの活動を記録した。予想外の発見だったのは、ニューロンの中に、ある概念、物体、あるいは人だけに反応して発火するという、顕著な特異性を示すものがあったことだ。あるニューロンは女優のジェニファー・アニストンの写真だけに反応して発火した。検査で用いた他の有名な女性や人の写真や物体にはまったく反応しなかった。しかもそのニューロンは、特定の写真だけでなく、ジェニファー・アニストンその人に反応しているようだった。彼女のポーズや衣装、アングルが違っても、ニューロンは必ず反応した。また別のニューロンは、ハル・ベリーに反応した。こちらは写真だけでなく、ハル・ベリーの素描画や、「Halle Berry」という活字にも反応して発火した。他のニューロンはシドニー・オペラハウスだけに反応した。この驚くべき発見は、脳が情報を別々の高次のユニット、言うなれば遺伝子のような形で表現していることを示唆しているようだ。とはいえ、浮かれてはいけない。クィアン・クィロガらが行ったような研究は稀で、しかも記録されたのはほんのわずかなニューロンに限られ、患者に見せた写真もわずかだった。さらに言えば、情報が別々に表現されたとしても、別々に伝えられたとは限らない。この予備的研究がもたらした発見の意味を真に理解するには、さらに多くの調査が必要とされるだろう。

文化進化にとって重要な意味を持っていそうな神経心理学のもう一つの領域は、ミラーニューロンに関わる領域だ。これらのニューロンは、サルの脳に電極をつないでの実験で発見されたもので、サルがある行動をとる時だけでなく、別のサルが同じ行動をとるのを見た時にも発火する[★10]。異なるミラーニューロンは異なる行動、特定の行動だけに反応する。例えば、あるミラーニューロンは、そのサルがエサをつかむか、他のサルが同じようにエサをつかむのを見た時だけ反応する。別のミラーニューロンは、サル（自身あるいは観察されたサル）の腕が時計回りに回る時だけ反応する。また別のミラーニューロンは、反時計回りの時だけ反応する。このような、ある行動と観察された同じ行動とのつながりから、研究者の中には、ミラーニューロンは模倣、すなわち、ある人が他の人の行動を見て真似るプロセスの神経的基盤になっていると考える人がいる[★11]。言うまでもなく、模倣は文化を伝達する重要なメカニズムの一つだ。

しかし、この場合も、うかつに喜んではいけない。ミラーニューロンが直接観察されたのが、模倣のできない種――マカクザル――だったという事実は、ミラーニューロンと模倣とのつながりを疑わせる。また、人間がミラーニューロンを持つ証拠は、人がある行動をとる時と、同じ行動を観察する時に、脳の同じ領域（ブロッカ領域、ミラーニューロンが発見されたマカクザルの脳領域と一致する）が活性化するという、神経画像研究の結果があるだけだ[★12]。これは人間の脳にミラーニューロンシステムがあることを示唆するが、神経画像法によるやや間接的な分析だけでは、模倣や他の文化の伝達形態の神経的基盤に関わる詳細な問いに答える助けにはならない。

このように、文化進化の神経的基礎についておおざっぱな推論しかできないことが、今日の神経画像法の限界を示している。将来、これらの方法がさらに洗練されれば、文化進化の分野でも、ワトソン、クリックの発見に相当する発見がなされ、情報がどのように脳内に蓄積され、行動として表現され、他者の脳に伝達されていくかが明らかになるだろう。それがワトソン、クリックの発見に相当するものであるなら、図10・1に示したあらゆる分野から大きな反響があることだろう。

その他の将来の方向

今後、文化進化の研究には、今述べた大きな空白を埋めることが期待されるが、他にもさらに掘り下げるべき課題として、これまでの章で遭遇したいくつかの未解決の問題が控えている。第9章で掲げた極めて重大な問いは、なぜ人間だけが文化を蓄積できるのか、というものだ。社会的学習を通して他の個体から情報を得、それがグループ間での行動の違いをもたらすというのは、多くの種で見られることだが、改良を加えながら情報を代々蓄積していけるのは人間に限られるようだ。その蓄積があればこそ人間は、自動車やコンピュータといった一人ではとうてい考案できない複雑な文化的適応を生み出すことができた。そして人間の文化は、有益な修正が蓄積されて複雑な適応を形成するというこの性質ゆえに、進化のプロセスをたどる。他の種、とりわけ模倣が得意なチンパンジーが蓄積された文化を持たないことから、文化は模倣によって蓄積されていくという初期の見方は、間違っていたと言えそうだ。より最近の研究では、文化の蓄積を可能にする人間だけの特性として、ある課題の解決法をより良いものへ切り替えていく能力（他の種には、そこそこの解決策に固執する傾向が見られる）と、他者、特に子どもに有益な情報を伝えやすいよう、大人が自らの行動を調整するという、洗練された教育形態が指摘された。将来、様々な種の文化学習を比較研究することにより、この重要な疑問はより明確な答えを得られることだろう。

さらに関心を寄せるに値する第二の領域は、有史以前の部族から帝国や現代の企業に至る、大規模で協力的な社会機構に関する領域だ。人類には、高度に協力的な集団で暮らす傾向が見られ、なおかつ、異なる集団（例えば、部族、帝国、企業）が互いに対立する頻度が高いことから、研究者の中には、文化進化は個人レベルより集団レベルで分析した方が有益だと提言する人がいる。この件については、第5章でピーター・ターチンの帝国の興亡に関する仮説を述べた時に触れたが、その仮説は、内部の結束が強い集団が、結束の弱い集団を圧倒し、帝国を形成する、と説くものだった。文化的集団選択というこの見方については第8章で詳述した。ロバート・ボイド、ピーター・リチャーソン、ジョゼフ・ヘンリッヒ、ハーバート・ギンタスらは、人間の進化の途上では長きにわたってそのような文化的集団選択が働き、ゆえに同じ集団の仲間と協力しやすい遺伝的傾向が進化した、と見ている。この遺伝的傾向が、民族国家や企業といった大規模な協力的構造の存在を支えている。そして、これらの機関は、例えば企業が市場内部で競合するといった、独自の文化的集団選択プロセスを経る。もっとも、文化的集団選択が働くメカニズムは、まだあまり解明されていない。同調（集団間の違いを維持する）、第三者罰（集団を搾取するただ乗りを防ぐ）、ペイオフ・バイアスの模倣（隣接集団の向社会的基準を優先的に模倣する）、ペイオフ・バイアスの移住（向社会的基準の高い集団に加わろうとする）など、文化的集団選択において重要な役目を果たすと考えられるさまざまなメカニズムが、数学的にモデル化されてきた。[★13]。しかし、何らかの文化的集団選択にこれらのプロセスのどれが働くかについて、経験に基づく検証はまだなされていない。民族誌研究は小規模な社会やビジネス組織におけるこうしたプロセスの存在と影響を検証するだろうし、実験によってそれをシミュレーションすることもできる。また、歴史学者は歴史における文化的集団選択の強さを定量的に測定するだろう。エミール・デュルケーム以降の社会学者は、集団レベルの選択という観点から文化の変化を説明してきたが、それらの説明はあくまで非公式かつ定性的だった。かたや、経済行動の定量的モデルは、個人レベルに焦点を当てるものだ。文化的集団選択は、集団レベルの説明の定量的検証を可能にし、これら二つの極論の中道を提供するだろう。

最終的には、第7章で概説したように、実社会における文化進化の民族誌学的研究を大いに拡大する必要がある。その章で言及した研究には、特定の文化変化に関わる文化伝達路（例えば、垂直、水平、斜め）の定量化を他に先駆けて試みた研究が含まれるが、第3章で述べた他の文化的プロセスを、自然の条件下で定量的に測定する必要もあるだろう。定量的測定の対象には、新奇で役立つ発明がどれくらい速く社会に広がるかを予測する、内容バイアスがかかった文化選択の強さや、同調、名声バイアスのかかった文化選択の強さなどが含まれる。進化生物学者は、野生における自然選択の力を調べる方法をいくつも考案してきた。それらを使えば、社会における文化選択を検出し、測定することができる［★14］。例えば、自然選択が働いていれば、同じ環境にいる二種の近縁種は、形態や行動の特徴の違いが大きくなっていく。これは、「形質転換」と呼ばれる現象である。収斂進化――似た環境に生息する関連のない種が、環境に対して似たような適応形態を進化させること（例えば、魚、ペンギン、イルカの流線型の体は、泳ぐ効率を高めるために、別々に進化した）――も、自然選択が起きた証拠になる。三つ目の例には、個体数の変動が関係する。地震、干ばつ、病気の流行といった自然の原因によるものであれ、外来生物の導入といった人為的原因によるものであれ、個体数の変動は、自然発生する個体群を変化させる。例えば、ひどい干ばつが起きると、大きな個体ほど死にやすいので、個体群の体のサイズの平均値は小さくなる。変動の後、その特質が元のレベルに戻れば、その特質に自然選択が働いた証拠となる。

以上の方法や他の方法を応用して、現実の人間社会で起きる文化選択を調べることができる［★15］。例えば、文化的な「形質転換」の事例としては、一つの地域に、異なる宗教を信仰する人々が暮らす場合、宗教の違いがより鮮明になっていく（例えば、北アイルランドのプロテスタントとローマ・カトリック教徒、あるいはヨルダン川西岸地区におけるユダヤ教徒とイスラム教徒のように）ことを挙げることができる。収斂進化については、第2章ですでに、文字の発明や、ダーウィンとウォレスによる自然選択の発見といった、文化における収斂進化の事例と言えそうなものを見てきたが、それらは、原因となる選択圧が特定されている生物の収斂進化に比べると、かなり非公式なものと言わざるを得ない。そして最後の個体群の変動については、研究者は、病気の流行や地震といった自然の原因がもたらす変動、あるいは、革命や内戦といった人為的原因がもたらす変動に、文化的特質がどう反応するかを検証することになるだろう。

実益

本書で概説した進化的方法によって文化の変化を深く理解することは、現実世界での実際的な利益の向上につながる可能性がある。喫煙、飲酒、偏った食習慣といった健康に害を及ぼす行動の多くは、文化的に伝達されることが示されている［★16］。こうした行動の広がりに、何らかの社会的影響が関与しているとされているが、個々の事例にそれがどう影響するのかはあいまいなままだ。第3章で概説した文化の小進化プロセスを熟考すれば、こうした現象をより深く理解し、その拡散を防ぐことができるかもしれない。例として、模倣自殺という現象を取り上げよう。社会学者は、有名人が自殺すると国民の自殺率がわずかながら確実に上昇し、また、学生の親友ネットワーク内で自殺が起きると、その地域の自殺率が等しく高まることを記録している［★17］。第3章でリストアップした小進化プロセスの観点に立てば、前者はマスメディアによる一対多の伝達経路によって拡大された名声バイアスの事例のように見え、一方、後者は一対一の伝達による類似バイアスのように見える。公式な進化モデルを用いて、こうした小進化プロセスを確実にシミュレーションし、それが社会学者によって記録された大進化群と矛盾しないかどうかを調べていけば、最終的にどこを狙って個人レベルで介入すればいいかが見えてきそうだ［★18］。

「経済行為者は自分の利益しか考えず、反社会的な行動をとる」と考えるのではなく、「経済行為者は文化的に集団選択された向社会的な動機を持ち、その行動は文化的に伝達された日常業務や決まり事によって形成される」と考えたほうが、経済システムを正しく理解することができるだろう［★19］。例えば、株式市場の高騰と暴落が少なくとも部分的には、視野の狭い投機家の群集心理によって起きることを認識し、そうした流れの兆候となる大進化の（つまり市場規模の）動きを理解すれば、初期の警告システムを構築し、トレーダーに来たるべき暴落を食い止めさせたり、政府に介入させたりできるようになるだろう。

結論

本書で論評した研究の大半は、ここ一〇年ほどの間に発表された新しいものばかりだ。ある意味で（あるいは、今になって思えば）、それは当然のことだ。二〇世紀初頭にフィッシャー、ホールデン、ライトが生物進化の定量的基礎を敷いた後に、進化生物学が統合的な分野として成功を収めたように、近年の文化進化研究の隆盛は、一九七〇年代から八〇年代にかけてカヴァッリ＝スフォルツァ、フェルドマン、ボイド、リチャーソンの先駆的な研究が文化進化の定量的基礎を築いた結果なのだ。現在、進化的精神を持つ新世代の学者が登場しつつある。彼らは定量的進化論と伝統的な民族誌学的、実験的、歴史学的方法のいずれにも通じており、文化の科学的理解を長く妨げてきた伝統的な分野間の境界を超越する。文化を進化的に分析することは、長く社会科学分野にはびこってきた文化研究に対する非進化的で非科学的なアプローチを超える目覚ましい進歩だと言える。しかし、過去と現在における文化現象の複雑さと多様性を考えると、今後取り組むべき課題は非常に多い。

えば、反復される体の部位）のに対し、文化進化の水平の伝達は、モジュールがひとつの発明から他のものへと取り込まれることを（例えば、コルクの栓抜きがスイスアーミーナイフに取り込まれたように）可能にする。

★7. Mesoudi and O'Brien 2008c.

★8. Aunger 2002.

★9. Quian Quiroga et al, 2005.

★10. Rizzolatti et al, 1996.

★11. Rizzolatti et al, 2002.

★12. Keysers 2009.

★13. Boyd and Richarson 2009.

★14. 野生における自然選択を検知する方法については Endler 1986、特に第 3 章を参照。

★15. これらの方法がどのように文化選択に適用されるかについて、さらなる情報は、Mesoudi, Whiten, and Laland 2006 を参照。

★16. Christakis and Fowler 2009.

★17. Joiner 1999.

★18. Mesoudi 2009b.

★19. Lux 1995; Gintis 2007; Thaler and Sunstein 2008.

★14. Tennie, Call, and Tomasello 2009; Tomasello, Kruger, and Ratner 1993.
★15. トマセロが文化は進歩するという意味は、第2章で述べ、タイラーやモーガンなど初期の文化進化研究者が言った意味とは異なることに留意されたい。「ラチェット（爪歯車）」という比喩に、文化の進化は不可避のものである、あるいは一定の段階を踏む、という意味は含まれておらず、人間の文化は改良を積み重ねることができるが、人間以外の文化はそれができないと述べているだけである。
★16. Tomasello 1996.
★17. Nagell, Olguin, and Tomasello 1993.
★18. Whiten, Horner, and de Waal 2005.
★19. Horner et al. 2006; Whiten et al. 2007.
★20. Horner and Whiten 2005.
★21. Lyons, Young, and Keil 2007.
★22. Marshall-Pescini and Whiten 2008.
★23. Hrubesch, Preuschoft, and van Schaik 2009.
★24. Csibra and Gergely 2009; 大人の情報伝達に関しては、Sperber と Wilson が 1986 年に発表した初期の関連性理論も参照。
★25. Senju and Csibra 2008.
★26. Gergely, Bekkering, and Kiraly 2002.
★27. Thornton and McAuliffe 2006.
★28. Caldwell and Millen 2009.

第10章

★1. 文化進化科学の構造についての本格的議論は、Mesoudi, Whiten, and Laland 2006; Mesoudi 2007 を参照。
★2. わたしは当初、これを一般的な学部生用教科書、ダグラス・フツヤマの *Evolutionary Biology*（Futuyma 1998, 特に 12 ～ 14 章）から構成した。純古生物学を系統分類学の分科としたが、それは本書の目的に合わせてのことで、一般的分類ではないことに留意されたい。
★3. Carrol 2005.
★4. Pearson, Lemons, and McGinnis 2005.
★5. 進化発生学のさらに深い議論については、Reader 2006; Wimsatt 2006 を参照。
★6. この例は文化進化と生物進化の潜在的な違いを指摘している。生物進化のモジュールは、一般に同じ生物内で反復したり、借用したりする（例しない。また、例えば、最後通牒ゲームでは、チンパンジーの行動は完全に利己的で、ゼロ以外の提案は拒否しない（Jensen, Call, and Tomasello 2007）。対照的に人間の利他的行為は、血縁のない相手や、見返りが期待できない相手に向けられることが多く、実験的な経済ゲームでもその傾向が見られる。このように人間の利他的行為は、血縁選択や互恵的利他行動という言葉だけでは説明できない。文化の集団選択は遺伝的集団選択と違って、ただ乗り集団の被害はこうむらない。それは、同調などの文化進化プロセスが、集団内を均質にするからだ。同調により、ただ乗りという少数派の行為の拡散が抑制されるので、ただ乗りする人々が出現しにくくなる。詳しくは、Gintis et al. 2003、Henrich 2004a、Richerson and Boyd 2005 を参照。

★19. Richerson, Collins, and Genet 2006.

★20. Cordes et al. 2008.

★21. Orlitzky, Schmidt, and Rynes 2003.

第 9 章

★1. Tylor 1871, 1.

★2. Kroeber 1948, 253.

★3. Baldwin et al. 2006.

★4. 本章で述べた研究の概要は、Laland and Galef 2009 への寄稿を参照。

★5. 以下に述べる例については、Galef and Laland 2005、Leadbeater and Chittka 2007 を参照。

★6. Boyd and Richerson 1985.

★7. Whiten et al. 1999.

★8. オランウータンについては van Schaik et al. 2003、オマキザルについては Perry et al. 2003、クジラとイルカについては Rendell and Whitehead 2001、Krutzen et al. 2005 を参照。

★9. 実証研究に関する報告については Whiten and Mesoudi 2008、チンパンジーの文化に対する系統学的手法の利用に関しては Lycett, Collard, and McGrew 2007 を参照。

★10. Laland and Hoppitt 2003.

★11. Helfman and Schultz 1984.

★12. Lynch and Baker 1993.

★13. 科学技術と知識に関する蓄積による文化の進化の詳細についてはそれぞれ、Basalla 1988 と Wilder 1968 を参照。

第8章

★1. Hodgson 2005.
★2. Nelson and Winter 1982; 最新のより簡潔な説明に関しては Nelson and Winter 2002 を参照。
★3. Simon 1955.
★4. Lux 1995.
★5. Nelson and Winter 1982, 14.
★6. Tripsas and Gavetti 2000.
★7. Tripsas and Gavetti 2000, 1157 に引用されたもの。
★8. Klepper 1997.
★9. 次につづくタイヤ産業の例に関しては Klepper and Simons 2000を参照。
★10. Basalla 1988; Petroski 1994 も参照。
★11. Brockhurst et al. 2007.
★12. Henrich et al. 2005.
★13. Gintis et al. 2003; Fehr, Goette, and Zehnder 2009.
★14. Krueger and Mas 2004.
★15. Lee and Rupp 2007.
★16. Fehr, Goette, and Zehnder 2009.
★17. Gintis et al. 2003; Henrich 2004a; Richerson and Boyd 2005.
★18. 文化の集団選択と遺伝的な集団選択を混同してはいけない。後者が意味するのは、集団内は遺伝的に同質で、集団間には遺伝的多様性が見られ、集団内のメンバーに対して利他的にはたらく遺伝子をより多く持つ集団が、そうした遺伝子が少ない集団よりも繁殖に成功するということだ。生物学の世界では、1960年代以前からこうした説明がされていたが、W. D. Hamilton などの生物学者は、1964年に遺伝的に利他的な集団は、利己的なただ乗り集団に侵略されやすいことを明らかにした。ただ乗り集団は、利他的な集団にいると得をするが、他者の役に立とうとはしない。ハミルトンの研究後、人間以外の種の利他的行為は、血縁選択、あるいは、互恵的利他行動という言葉で説明されてきた。すなわち、個体が遺伝的につながりのある他の個体（例えば、子孫や兄弟姉妹）を助けるのは、血縁選択のための遺伝子を共有しているからであり、個体が（遺伝的につながりのない）個体を助けるのは、将来の見返りを期待してのことだ（互恵的利他行動）、と説明されたのだ。人間以外の動物の協力は、この2つの観点から説明できそうだ。人間の最近縁種であるチンパンジーでさえ、血縁関係のない、見知らぬチンパンジーには協力の限界に関する包括的な議論に関しては Aunger 1995, 2004 を参照。

★4. Hewlett and Cavalli-Sforza 1986.

★5. 本章で論じたアカ族や他の狩猟採集民社会が、文化進化の「初期の」段階にあると示唆するわけではないことを強調しておきたい。第 2 章で述べたように、こうした仮説は、タイラーやモーガンなど初期の文化進化の研究者が立てたものだが、文化進化に関する最新理論には、こうした意味合いはまったく含まれていない。そうした最新理論は、社会を段階で分類するのではなく、社会間および社会内の多様性に注目する。したがって、アカ族は西洋社会のより初期の型としてではなく、ひとつの人間社会として独自に研究されるべきだ。

★6. Harris 1995.

★7. Ohmagari and Berkes 1997.

★8. Nisbett and Wilson 1977.

★9. Aunger 2000.

★10. 個人間の類似点を量的に測定するために、Aunger 2000 では最適な測定法を用いて複数の明確な（すなわち、タブーあり／タブーなし）応答を 3 次元空間内の 1 つの場所にまとめた後、その空間内の個人間のユークリッド距離を計算した。その後にチューキー・クレーマー検定を行って、2 人の人間の類似点が統計的に有意かどうかを判定した。

★11. この引用と次の引用の出典元は Aunger 2000, 452-453。括弧は原文のまま。

★12. Tehrani and Collard 2009.

★13. Reyes García et al. 2009.

★14. McDade et al. 2007.

★15. McElreath と Strimling が 2008 年に作成した縦、斜め、横の伝達モデルも参照。

★16. Hull 1988.

★17. Popper 1979, 261.

★18. Hull 1988, 353.

★19. Planck 1950, 33.

★20. Hull 1988, 357.

★21. Watts 1999.

★22. Bentley and Shennan2005.

Christiansen 2009 を参照。

★15. Gintis 2007; Thaler and Sunstein 2008.

★16. Schotter and Sopher 2003.

★17. Spencer et al. 2004.

★18. Bettinger and Eerkens 1999.

★19. ベッティンガーとアーケンスは、ボイドとリチャーソンの命名にしたがってそれを「間接的バイアス」と呼んだが、わたしはこれまでの章に合わせて「名声バイアス」と呼ぶ。

★20. Bettinger and Eerkens 1999, 237.

★21. Mesoudi and O'Brien 2008a; Mesoudi and O'Brien 2008b, Mesoudi 2008b も参照。

★22. 元の論文では 3 段階に分けたが、本書では、簡単にするために最初の 2 段階を 1 つにまとめて 1 段階とした。

★23. これは生物の有性生殖の進化に関してフィッシャーが 1930 年に提示した主張に似ている。フィッシャーは、有性生殖によって、別々の個体に生じた異なる有利な変異が、再結合を通じて 1 つにまとまることができる、と主張した。対照的に無性生物では、同じ系統で別々に進化しないかぎり、異なる有利な変異が同時に発生することはない。したがって、無性生殖（生物学）と誘導された変異（文化）は、ともに個体を適応度地形の局地的に最適なピークに押し上げるが、有性生殖／再結合（生物学）と名声バイアス（文化）はともに、個体が適応度地形のより高いピークに飛び移ることを可能にする。

★24. Mesoudi 2008a.

★25. Cheshier and Kelly 2006.

★26. 同調については Jacobs and Campbell 1961; Efferson et al. 2008. 集団間のプロセスについては Insko et al 1983. 移住については Rockenbach 2006. 文化浮動については Salganik, Dodds, and Watts 2006. 社会的学習メカニズムについては Caldwell and Millen 2009. を参照のこと。

第 7 章

★1. Grant and Grant 1989.

★2. 自然集団で起こる自然選択に関する研究の報告については、Endler 1986 を参照。

★3. こうした限界を克服するために用いられた民族誌学的方法と統計的手法

★24. イブン・ハルドゥーンにしたがって、ターチンは集団の連帯を「アサビーヤ」と呼んだが、わたしはそれよりもなじみのある言葉、「結束力（cohesiveness）」を使用した。
★25. Boyd and Richarson 1985,2009. および、本書第 8 章を参照。
★26. Tajfel 1982.
★27. Turchin 2003, figure 4.4.
★28. Turchin 2003, table 5.1.
★29. Fracchia and Lewontin 1999, 77-78. また Ingold 2007.
★30. Fracchia and Lewontin 1999, 77.

第 6 章

★1. この研究の概要は Elena and Lenski 2003. を参照のこと。
★2. Wright 1932.
★3. 文化進化の研究における実験の利点に関するより広い解釈については、Mesoudi 2009a および Mesoudi and Whiten 2008. 社会科学における実験の使用に賛成する議論については、非進化論的観点ではあるが Falk and Heckman 2009. を参照のこと。
★4. 経済学における実験に対する典型的な批判については、Levitt and List 2007.
★5. Bartlett 1932.
★6. Bartlett 1932, 123.
★7. http://google.com/trends. ただし、このスキャンダルには、少なくとも、多くの人が新しい単語を知ったと思われるという点で、良い副次的影響があった。「背徳行為」という単語の Google 検索数は、タイガー・ウッズが公の謝罪をしたとたんに 28 倍に増えた。これはおそらくその単語の意味を知らなかった人が、彼が認めた「transgression」の意味を突き止めようとしたからだろう。
★8. Humphrey 1976; Byrne and Whiten 1988; Dunbar（2003）.
★9. Dunbar 2003.
★10. Mesoudi, Whiten and Dunbar 2006.
★11. Boyer 1994; Atran 2002.
★12. Barrett and Nyhof 2001, experiment 2.
★13. Kirby, Cornish and Smith 2008.
★14. 言語習得の生得仮説に対する文化進化の観点からの異議申し立てについては、Kirby, Dowman, and Griffiths 2007 および Chater, Reali, and

★5. McMahon and McMahon 2003.
★6. 概要は Gray, Greenhill, and Ross 2007 and Pagel 2009 参照
★7. 南東アジアを含むいくつかの地域に適応された急行列車モデルについては、Diamond and Bellwood 2003 参照、オーストロネシア語については Diamond 2000 参照。
★8. インドネシア起源説を示唆するのは Oppenheimer and Richards 2001。Terrell et al. 2001 は、集団間の伝達により正確な歴史的再構築が妨げられると主張する。
★9. Gray and Jordan 2000.
★10. Dixon 1997, 48.
★11. これらの仮説の詳細に関しては Renfrew 1990 参照。
★12. Gray and Atkinson 2003.
★13. Atkinson et al. 2008.
★14. Atkinson et al. 2008.
★15. Pagel, Atkinson, and Meade 2007.
★16. 記憶バイアスが口承の民話を誤って伝えうる過程については Rubin 1995 参照。
★17. Barbrook et al. 1998; Howe et al. 2001.
★18. ローマ帝国の没落を語る古典的小説は Bury 1923、現代のものは Heather 2001 など。
★19. Turchin 2003, 2008. このセクションで取り上げた動的モデルは、物理学（力学など）や化学（動力学）、生物学（個体群生態学）においても用いられてきた。わたしはここで個体群生態学による生物学の例を引いたが、その理由は、生物と文化のシステムがともに（物理学的、化学的システムとちがって）ダーウィン的であることを考えれば、それが人類の文化の変化により適応しやすいからだ。
★20. 読みやすさを考えて、わたしはこれらの関数を数式で説明することはしない。詳細は Turchin 2003 を参照のこと。
★21. 以下の議論は Turchin 2003 に基づく。
★22. Collins 1995; Turchin 2003, chapter 2. 解説を容易にするために、図と説明から「国境の位置」を省いた。ターチンは、「国境の位置」を考慮に入れても結論は変わらないことを示している。
★23. Turchin 2003, chapter 2. 図 5.2.c はターチンの方程式 2.11（c ＝ 2、h ＝ 1、a ＝ 1）を用いて得た。帝国 1、2、3 の出発点ではそれぞれ A ＝ 2.2、2.3、9.5 ユニット。

のプロセスを表し、ある民族から別の民族へ文化的特徴が伝わる（文化的拡散に相当する）。この２つは論理的にまったく異なる。例えば、以下のような言い方ができる。文化の大進化は、系統／集団内で多くの「融合」遺伝が発生しても、系統／集団を超えた「融合」は起きず、完全な樹状になりうる。あるいは、文化の大進化は、小進化レベルでは「融合」的というより完全に粒子的だが、系統を越えた「融合」が多く、まったく樹状にならない。

★18. Kroeber 1948, 260.
★19. Gould 1991, 63-65.
★20. Doolittle 2009.
★21. Rivera and Lake 2004.
★22. Tehrani and Collard 2002.
★23. Collard, Shennan, and Tehrani 2006.
★24. Durham 1991.
★25. 文化人類学の民族中心主義については LeVine and Campbell 1973、社会心理学の民族中心主義については Tajfel 1982 を参照のこと。
★26. Tehrani and Collard.2009.
★27. Jordan and Shennan 2003.
★28. Kimura 1983.
★29. Neiman 1995.
★30. Shennan and Wilkinson 2001.
★31. Shennan and Wilkinson 2001,592.
★32. Ambrose 2001.
★33. Lycett and Cramon-Taubadel 2008.
★34. Prugnolle,Manica,and Balloux 2005.
★35. Henrich 2004b.
★36. Powell,Shennan,and Thomas 2009.

第５章

★1. Fitch 2008; Whitfield 2008; Pagel 2009.
★2. 以下の話の出典は van Wyhe 2005.
★3. Darwin 1871, 90-91.
★4. 生物学の系統種間比較法（第４章で取り上げた Holden and Mace 2003 の研究で用いられた系統樹上の、相関性のある変化を検証するのに用いた手法）と混同しないこと。

れない。

★43. Durham 1991, chapter 7.

★44. Cavalli-Sforza and Feldman 1981, 101-107; Boyd and Richerson 1985, chapter 6.

★45. Bramanti et al. 2009.

第 4 章

★1. Harvey and Pagel 1991.

★2. Samonte and Eichler 2002.

★3. 厳密には、独立して生じる類似は、2 つの種が互いに似ていない祖先を持っている場合は「収斂進化」、2 つの種が互いと似た祖先を持つ場合は「平行進化」、祖先の状態に逆行する進化が起きた場合は「逆転」に分類される。本書では、説明を簡単にするために、収斂進化についてのみ述べる。

★4. この例は O'Brien, Darwent, and Lyman 2001 が出典である。系統学的手法のさらに詳しい議論は、その論文および O'Brien and Lyman 2003 で見ることができる。

★5. Nei and Kumar 2000.

★6. O'Brien, Darwent, and Lyman 2001; O'Brien and Lyman 2003.

★7. O'Brien, Darwent, and Lyman 2001.

★8. Galton 1889.

★9. Goodwin, Balshine-Earn, and Reynolds 1998.

★10. Goodwin, Balshine-Earn, and Reynolds 1998.

★11. Mace and Pagel 1994.

★12. Holden and Mace 2003.

★13. Aberle 1961.

★14. Fortunato, Holden, and Mace 2006.

★15. Jackson and Romney 1973.

★16. Gould 1991; Moore 1994. なおも文化進化の理論を支持する文化系統学への批判については、Borgerhoff Mulder, Nunn, and Towner 2006 を参照のこと。

★17. ここでの「融合」という言葉は、第 3 章で出てきた「融合遺伝」とは意味が異なる。融合遺伝は小進化のプロセスを表し、1 人の文化的特徴だけを継承する微粒子的遺伝とは対照的に、一個人が 2 人以上から連続的な文化的特徴を取り入れる。一方、系統を越えた「融合」は大進化さらなる批判については、Mesoudi 2009a を参照のこと。

★30. 図 3.1b の内容バイアスと同調ラインは、Henrich 2001 の方程式 10、$b = 0.2$ と $\alpha = 0.1$ から得たものである。内容バイアスに好まれる特徴の初期頻度は 0.01。

★31. 同調がどのように集団間の違いを維持するかについては、Henrich and Boyd 1998 を参照のこと。ボイドとリチャーソンらは、このような状態——集団内の違いが少なく、集団間の違いが多い状態——が、文化的集団レベルで選択が作用する際の、理想的な状態であることにも注目した。これまでわたしたちは、文化選択が個々の特徴（信念、慣習など）に作用し、ある特徴が他の特徴より存続しやすく、再生しやすい状況について考えてきた。文化的集団の選択は、ある集団が他の集団より存続しやすく、再生しやすい時に起こる。第 8 章では文化的集団の選択のさらなる結果について探究する。それは、人類の特徴である、血縁関係にない人どうしの異常に強い強調の説明になるかもしれない。

★32. Boyd and Richerson 1985, chapter 8（彼らは名声バイアスを「間接バイアス」と呼んでいた）。名声バイアスのさらなる議論については、Henrich and Gil White 2001 を参照のこと。

★33. アート・ディレクターの調査については Mausner 1953、学生運動の調査については Ryckman, Rodda, and Sherman 1972、競馬の賭けの調査については Rosenbaum and Tucker 1962 を参照のこと。また McElreath et al. 2008 も参照されたい。

★34. Rogers 1995, chapter 8.

★35. Labov 1972.

★36. 名声バイアスのランナウェイ選択モデル（runaway selection model）については、Boyd and Richerson 1985, 259-271 を参照のこと。

★37. これらの頻度を調べたければ、www.national-lottery.co.uk へ。

★38. Kimura 1983.

★39. Bentley, Hahn, and Shennan 2004 は、ファーストネームや特許や陶器に適した文化浮動モデルの概観を提供する。

★40. 図 3.2 を生みだすのに用いられる動因ベース（agent based）のシミュレーションの詳細については、Mesoudi and Lycett 2009 を参照のこと。

★41. Mesoudi and Lycett 2009.

★42. データは http://www.ssa.gov/OACT/babynames/decades/names2000s.html から得た。興味深いことに、男児の名前は女児の名前より保守的だった。これは男児が父親か祖父の名を受け継ぐことが多いせいかもし人の優先順位に沿って収束する。文化的魅力も誘導バイアスも、誘導された変異と同じ大進化の結果を招く、つまり個々人の嗜好／優先順位に沿った収束をもたらすと予測される。

★14. Campbell 1960.

★15. Richerson and Boyd 2005, 69.

★16. Heath, Bell, and Sternberg 2001. 他の内容バイアスとなりうるもの（文化進化の用語で語られていなくても）については、Heath and Heath 2007 も参照のこと。

★17. Boyer 1994; Atran 2002.

★18. Norenzayan et al. 2006.

★19. Rogers 1995.

★20. Rogers 1995, 244-246.

★21. Rogers 1995, 1-5.

★22. これは集団遺伝学におけるフィッシャーの基本定理、「選択の強さは集団に存在する変異の量に比例する」に相当する。

★23. Rogers 1995; Sultan, Farley, and Lehmann 1990.

★24. Henrich 2001. 厳密には、ヘンリッヒはどのような文化選択も S 字型曲線を描きうることを明らかにした。それに代わる文化選択は、おそらく名声バイアスか同調バイアスで、それらについては次の二項で述べる。ロジャースは名声が革新の普及に影響することに注目するが、普及を推進する要素のほとんどは、すでに述べた内容バイアス（容易に観察でき、試せることなど）のように見える。ヘンリッヒは、同調が、革新を妨げる長い尾を生みだすことにも注目する。しかし同調だけでは（内容バイアスがなければ）S 字型曲線は生まれない。珍しい革新は、それを好む内容バイアスが働かなければ、拡散し始めないからだ。

★25. 図 3.1b の誘導された変異の曲線は、Boyd and Richerson 1985, 97, 方程式 4.11、$a = 0.8$ と $H = 1$ から得られたもの。

★26. 図 3.1b の内容バイアスの曲線は、Boyd and Richerson 1985, 138, 方程式 5.2、$B = 0.2$ と好まれる特徴の初期頻度 0.01 から得られたもの。

★27. Sherif 1936; Asch 1951.

★28. 図 3.1c のバイアスのない伝達の直線は、Boyd and Richerson 1985, 66, 方程式 3.12 から得たものであり、同調曲線は同書 208 ページの方程式 7.1、$D = 0.2$ から得たものである。縦軸に示される特徴の初期頻度は 0.55。

★29. McElreath et al. 2005; Efferson et al. 2008. 社会心理学の同調実験への

イアス」が当初は「直接バイアス」と呼ばれ、「モデルによるバイアス」が当初は「間接的バイアス」と呼ばれていたことだ。わたしはRicherson and Boyd 2005の新しい呼び方を採用した。

★4. McElreath and Boyd 2007, 4-8.

★5. 水平の遺伝子伝達については、Rivera and Lake 2004; Doolittle 2009を参照のこと。ゲノムインプリンティングについては、Reik and Walter 2001を参照のこと。

★6. Cavalli-Sforza and Feldman 1981, 351-357のまとめを参照のこと。図3.1a の垂直の伝達ラインは、Cavalli-Sforza and Feldman 1981, 79, 方程式2.26、$b3 = 1, b0 = 0, b1 = b2 = 0.6$を用いて構築した。水平の伝達ラインは151ページの方程式3.41、同じbiパラメーターと$f = 0.5$を用いた。

★7. Cavalli-Sforza et al. 1982.

★8. Cavalli-Sforza and Feldman 1981, 267-286; Boyd and Richerson 1985, 71-76. 文化進化が自己複製子を必要としない理由についての議論の詳細は、Henrich and Boyd 2002も参照のこと。

★9. 融合遺伝に起因するバリエーションの減少は、ダーウィンの進化論に対する初期の批判で、フリーミング・ジェンキンが特に強く指摘した。生物の遺伝が融合しながら進めば、バリエーションは消失し、選択がはたらくものがなくなる。ダーウィンはこれを自らの理論の深刻な問題と考えた。この問題は、メンデルの粒子的遺伝が再発見されるまで解決しなかった。

★10. Cavalli-Sforza and Feldman 1981, 267-286; Boyd and Richerson 1985, 71-76.

★11. この古典的な実証は、Bartlett 1932。さらなる議論は第6章を参照のこと。

★12. Christakis and Fowler 2009, 206. 人が自分と似ている人との結びつきを優先すること（homophily 相同）については、McPherson, Smith-Lovin, and Cook 2001も参照のこと。

★13. 誘導された変異は、認識を研究する人類学者たちが「文化的魅力」（Sperber 1996; Atran 2001）と呼ぶものに似ている。それは、人が他人から得た信念や考えを、生物学的に進化した自らの認識プロセスに従って変えることを指す。誘導された変異は、認識を研究する心理学者たち（Griffiths, Kalish, and Lewandowsky 2008など）が「誘導バイアス」と呼んだものにも似ている。それは、文化的に伝達された情報が、個々

★80. 社会科学と人文科学に浸透している心身二元論に関する批判については Slingerland 2008 を参照のこと。

★81. これが前述の問題と必ずしも対立しないことに留意してほしい。マクロレベルの現象は、ミクロレベルの個人の行動によって引き起こされ、また、ミクロレベルの個人の行動に影響を与える。確かに、この循環がもたらす複雑さは、社会科学分野でミクロとマクロが長く対立していた理由の一つかもしれない。進化生物学で使われた数理モデルは、この複雑さに対処する一手段だ。

★82. Lux 1995.

★83. Gintis 2007, 7.

第 3 章

★1. Cavalli-Sforza and Feldman 1981; Boyd and Richerson 1985.

★2. この伝達は、個人から個人のレベルでは直接モデル化されないことが多い。集団遺伝学のモデル（生物学でも文化でも）では、無限の集団サイズといった、簡略化した大きな仮説が立てられ、プロセスは母集団全体で平均化される。他のモデルは、独立した個人とその個人間での文化的情報の伝達をはっきりとシミュレートする。これらはエージェントベースモデルと呼ばれる。Epstein and Axtell 1996; Epstein 2007 を参照のこと。

★3. このリストは以下を主とするいくつもの出典から集められた。Cavalli-Sforza and Feldman 1981; Boyd and Richerson 1985; Henrich and McElreath 2003; Richerson and Boyd 2005. あいにくこれらの出典は、同じ著者のものさえ、一貫して同じ用語を用いているわけではない。そのため、このリストと元の文献には、用語の違いがある。「文化選択」という言葉の使用に関しては、いくらか混乱がある。本書では、Cavalli-Sforza and Feldman 1981, 15 による「文化選択」の定義、「ある［文化的特徴］がある時間内に、集団を代表する個人に受け入れられる割合または可能性」に従った。Richerson and Boyd 2005: 79 は「ガイドされた変異」や「自然選択」という言葉との混同を避けるために「文化選択」という言葉を避け、「バイアスのある伝達」という言葉を用いた。しかし「選択」のようにわかりやすい言葉を用いる利点は、混同の可能性より勝っているとわたしは思う。特に表 3.1 のように、「誘導された変異」や「自然選択」が別のプロセスとして明確に記載されている場合は。またここで留意すべき点は、Boyd and Richerson 1985 で「内容バ

★56. 残念ながら「ラマルク主義」という言葉は多くの混乱を招く。獲得形質の遺伝という意味だけでなく、時として、（生物学的または文化的）進化において生物が意図的に何らかの役割を果たすという意味でも用いられる。さらなる詳細については Hull 1988 及び Hodgson and Knudsen 2006 を参照のこと。
★57. これが教科書通りの標準的な説明ではあるが、獲得形質の遺伝を否定するネオ・ダーウィニズムの主張への反論が増えつつある。例えば、Jablonka and Lamb 2005 は、エピジェネティックな遺伝や、遺伝によらず人から人へ情報が伝えられる文化的伝達といった現象は、ラマルク流の獲得形質の遺伝が生物の進化において重要な役割を果たしていることを意味する、と論じている。
★58. Gould 1991, 65.
★59. Hodgson and Knudsen 2006, 2010; Hull 1988.
★60. Basalla 1988, 35-37.
★61. Luria and Delbrück 1943.
★62. Campbell 1965.
★63. Simonton 1999.
★64. Benton 2000, 216.
★65. Simonton 1999.
★66. Mesoudi 2008a.
★67. Gould 1991, 65.
★68. Maynard Smith 1986.
★69. 同様の主張については Nelson 2007 及び Mesoudi 2007 を参照のこと。
★70. Mayr 1982, 566.
★71. Mayr and Provine 1980, 15-17.
★72. Mayr 1982, 542-550.
★73. Haldane 1927; Fisher 1930; Wright 1932.
★74. フィッシャー、ホールデン、ライトは、微積法のような数学的手法を用いて長期的な平衡を確定したが、今日の生物学者もコンピュータを使って遺伝子頻度の長期的変化や、生物間の相互作用をシミュレートする。
★75. Haldane 1927; Fisher 1930.
★76. Huxley 1942; Mayr and Provine 1980; Mayr 1982.
★77. Mayr 1963, 586-587.
★78. Kroeber 1917, 192-193.
★79. Durkheim 1938［1966］

見なす理論は不適切であり、段階的な発展という図式は、経験的に支持できないが、文化の変化が、社会や技術をより複雑にすることは、論証されうる。例えば、Johnson and Earle 2000 では、いくつかの地域の複数の社会が、どれも似たような段階を経て、すなわち、親族を中心とした小規模で平等主義的な狩猟採集民の社会から、大規模な階層社会、幅広く分業化された市場を基盤とする社会へと、複雑さを増していくと述べている。Richerson and Boyd 2001 では、本書の後の章で述べた順応的な文化伝達（第 3 章）や文化における集団選択（第 8 章）のような、さまざまなダーウィン流の文化進化の観点から、社会がより複雑になることについて説明している。こうした理論は、社会の複雑性を増す実際のメカニズムを提供するという点が、初期の文化進化を進歩と見なす理論とは異なる。また重要なこととして、Henrich 2004b（4 章を参照）に示される通り、特定の条件下では、同じメカニズムによって、社会がより複雑でなくなる場合もある。

★47. 例えば White 1959a を参照のこと。

★48. Mayr 1982.

★49. Cadieu et al. 2009.

★50. Dawkins 1976.

★51. Dennett 1995; Blackmore 1999.

★52. Bloch 2000, 194.

★53. Lehmann 1992.

★54. Sherif 1936.

★55. 加えて複雑なのが、遺伝子は一般に考えられているほど、はっきり区別されたものではないということだ（Portin 2002; Stotz and Griffiths 2004）。当初、遺伝子は別々に伝達される情報の単位で、他の遺伝子とは無関係に変異し、タンパク質を 1 対 1 でコードする、と考えられていた。だが、1 世紀を経て遺伝子の概念は大きく変わり、ずいぶん不明瞭なものになった。同じ一連の DNA が複数のタンパク質をコードする「重複遺伝子」、染色体上を動き回る「可動性遺伝子」、別の遺伝子中に存在する「入れ子遺伝子」を発見している。「選択的スプライシング」では、同じ遺伝子が、他の遺伝子の働きによって、異なるタンパク質をコードする。遺伝子は境界が曖昧で、コンテクストによって働きが変わる、というこの新たな考え方は、社会科学者が一般に抱いている、文化的形質は境界が曖昧で、コンテクストに左右されるという見方に似ている（Laland and Brown 2002, 225-228）。

★17. Darwin 1859. 116.
★18. Lewontin 1970; Endler 1986.
★19. オセアニアについては Rivers 1926、タスマニアについては Diamond 1978 を参照のこと。言うまでもなく、こうした技術や習慣は他の地域で生き残り、のちに再び普及したが、これらの孤立した集団においては事実上消滅した。
★20. Krauss 1992.
★21. Lieberman et al. 2007.
★22. Darwin 1871. 91.
★23. 製陶術については Kroeber 1916、弓矢については Nassaney and Pyle 1999 を参照のこと。
★24. McGeoch and McDonald 1931.
★25. Darwin 1859. 154.
★26. Darwin 1859. 75.
★27. Darwin 1859. 76.
★28. Bandura, Ross, and Ross 1961.
★29. Asch 1951.
★30. Cavalli Sforza et al. 1982.
★31. Basalla 1988.　蓄積による技術の変化の他の例については Petroski 1994 及び Vincenti 1993 を参照のこと。
★32. Wilder 1968.
★33. Darwin 1859. 114-115.
★34. Henrich 2008.
★35. E. Rogers 1995.
★36. Basalla 1988, 107.
★37. Darwin 1859. 223.
★38. Diamond 1998.
★39. Petroski 1994.
★40. Tylor 1871; Morgan 1877.
★41. Spencer 1857.　Freeman 1974 も参照のこと。
★42. Morgan 1877, 18.
★43. Morgan 1877, 18
★44. Gould 1990.
★45. Boas 1920.
★46. タイラーやモーガンといった初期の学者が提唱した文化の進化を進歩と

いる。

★31. 複数の観察者や統計的補正を用いる民族誌学の方法については Aunger 2004 を参照のこと。

★32. Nisbett et al. 2001; Markus and Kitayama 1991.

★33. Nisbett et al. 2001.

★34. Nelson and Winter 1982.

★35. 実験による断続平衡のシミュレーションについては Lenski and Travisano 1994 を参照のこと。自然界における自然選択を測る研究については Endler 1986 を参照のこと。

第 2 章

★1. Darwin 1859; Ghiselin 2003.

★2. より詳しい解説は Mesoudi, Whiten, and Laland 2004 を参照のこと。

★3. Lewontin 1970.

★4. Grant 1986.

★5. Darwin 1859, 83.

★6. Darwin 1859, 102.

★7. 種の数については Wilson 2006 を参照のこと。知られている種のみで、実際の種の数はもっと多いと思われる。遺伝子の数については Carninci and Hayashizaki 2007 を参照。

★8. Darwin 1859, 202.

★9. Petroski 1994, 135.

★10. US Patent and Trademark Office（http://www.uspto.gov/）

★11. Barrett, Kurian, and Johnson 2001.

★12. Grimes 2002.

★13. Mehl et al. 2007.

★14. http://en.wikipedia.org/wiki/Wikipedia:Size_comparisons.

★15. 人間の文化のバリエーションを他の種のそれと比較するのは興味深い。私たちの近縁種であるチンパンジーには、道具の使い方の違いなど、文化的に習得するらしい行動で、地域によって異なるものが 39 種あることがわかっている（Whiten et al. 1999 参照）。オランウータンでは、24 種（van Schaik et al. 2003 参照）。これは、第 9 章で論じるように、人間以外の種の文化が、時とともに積み重ならない、非蓄積型の文化だからだろう。

★16. Darwin 1859. 130.

Guglielmino et al. 1995 も参照のこと。第 4 章で論じるように、文化的系統発生は文化的継承の役割の根拠ともなっている。

★16. Plomin et al. 2003.

★17. 遺伝的違いが、集団間のものか、集団内のものかについては、Rosenberg et al. 2002 を参照のこと。集団間の違いが遺伝によるか、文化によるかについては、Bell, Richerson, and McElreath 2009 を参照のこと。知能指数の集団の遺伝的違いに関する反証は、Nisbett 1998 も参照のこと。

★18. 例えば、Norenzayan et al. 2002 を参照のこと。さらなる参考資料としては、Heine and Norenzayan 2006, 261 を参照のこと。

★19. テクノロジーの変化については Basalla 1988, Petroski 1994 及び Vincenti 1993 を参照のこと。科学の変化については Wilder 1968 及び Hull 1988 を参照のこと。

★20. Bentley, Hahn, and Shennan 2004.

★21. McMurray 2007.

★22. Lyons, Young, and Keil 2007.

★23. Herrmann et al. 2007.

★24. Tomasello et al. 2005 及び Csibra and Gergely 2009 による概説を参照。また、第 9 章を参照のこと。

★25. Aoki, Wakano, and Feldman 2005; Boyd and Richerson 1995.

★26. A. Rogers 1988. ロジャーズは、文化は個人的学習よりコストが少ないので適応だ、とする考えに問題があると指摘した。あまりに多くの人が、文化的に知識を習得する（人の真似をするなど）場合、積極的に学習しようとする人が少なく、環境の変化を察知できない可能性があり、集団は不正確で時代遅れの情報をコピーし続けることになる、というのだ。Boyd and Richerson 1995 では、文化的習得が個人的学習より好まれるのは、個人がそのどちらにも切り替えられる場合であり、本書に書いたように、文化的習得が採用されるのは、個人的学習がとりわけコストを伴い、かつ文化が累積的な時に限られる。と説明している。

★27. Guiso, Sapienza, and Zingales 2006, 23.

★28. Tooby and Cosmides 1992, 41.

★29. 例えば、Murdock 1967, *Ethnographic Atlas* を参照のこと。

★30. Slingerland 2008 を参照のこと。特に第 2 章と第 3 章は、聖書解釈学や、社会構成主義のアプローチについて詳しく述べ、厳しく非難している。Aunger 1995, 2004 では、再帰性の問題とその解決策について論じて

★5. Rice and Arnett 2001. イタリアの別の地域を対象に同様の分析を行なった Putnam 1993 も参照のこと。

★6. アメリカの大学生を対象に行われた最後通牒ゲームの詳細は、Roth 1995 及び、Camerer and Thaler 1995 を参照のこと。

★7. これらの研究結果は経済学者から大いに注目された。それは被験者の行動が、古典的な「合理的行為者」理論に逆行するものだったからだ。この理論では、人間は受け取れるお金（あるいは何であれ価値のあるもの）が最大になるように振る舞う、と予測される。そうであるなら、最後通牒ゲームでは、極度に利己的な結果が出るはずだ。応答者は、ないよりましということで、ゼロ以外のどんな金額でも受け入れる。提案者はそれを知っているので、考えうる最も少ない金額、例えば相手に 1 ドルで自分に 99 ドル、という申し出をしてもおかしくない。一見、非合理的な人間の公正感をどう説明すればよいかという問題については、8 章で論じる。ここでは、文化によって最後通牒ゲームでの反応が異なることを述べるにとどめる。

★8. Henrich et al. 2005, 2010.

★9. 再調査については、Heine and Norenzayan 2006 及び Henrich, Heine, and Norenzayan 2010 を参照のこと。

★10. Jones and Harris 1967.

★11. Morris and Peng 1994.

★12. 認知的不協和については Heine and Lehman 1997 を参照のこと。物体に関する注意と記憶については Masuda and Nisbett 2001 を参照のこと。分析的思考か全体論的思考かについては Nisbett et al. 2001 を参照のこと。文化心理学の研究の概説については Heine and Norenzayan 2006 及び Heine 2008 を参照のこと。

★13. 認知心理学者が個人の影響か社会の影響かを適切に区別していないという、典型的な批判については Bandura 1977 参照。より最近の批評については、Goldstone, Roberts, and Gureckis 2008 を参照のこと。経済学者が個人主義に重点を置いているという批判については Gintis 2007 を参照のこと。文化生態学の例については Steward 1955 及び M. Harris 1989 を参照のこと。

★14. 例えば、Tooby and Cosmides 1992 及び Gangestad, Haselton, and Buss 2006 を参照のこと。

★15. Hewlett, De Silvestri, and Guglielmino 2002. また、この手の初期の研究で、生態学的環境と文化的特徴の間につながりを見出さなかった

注

序文

★1. Darwin 1871, 90-91.

★2. James 1880, 441.

第1章

★1. 数百もの定義については、Kroeber and Kluckohn 1952 及び Baldwin et al. 2006 を参照のこと。本書で取り上げた定義は、1871 年にエドワード・バーネット・タイラーが提唱した「(文化とは) 社会の成員としての人間 (man) が身につけた知識、信念、芸術、法律、道徳、風習、その他さまざまな能力や習慣を含む複雑な総体」(Tylor 1871, 1) という最も影響力のある人類学上の文化の定義に倣う。文化を種の半分の男性 (man) に限定するヴィクトリア朝時代の性差別主義と、文化を人間に限定する人間中心主義はさておき、ここでのキーワードは「社会の一員として習得される」、つまり、文化が社会的に伝達されるということである。現代の文化進化の研究者が提唱する文化の定義もまた、次のように社会的伝達を重視している。「文化とは、教授や模倣などの社会的伝達を通じて、同じ種の第三者から個体 (individual) が習得する、行動に影響を与えうる情報である」(Richerson and Boyd 2005, 5) この定義が文化を人間だけに限定していないことに注目してほしい。現に最近では、人間以外の多くの種が社会的に伝達された情報を利用しており、ゆえに文化を持っていると言える、とする研究も数多くなされている (第9章を参照のこと)。結局、わたしの言う「社会科学」とは、文化の研究に携わる分野のことだ。わたしが示した文化の定義を考えれば、これには事実上すべての社会と行動の科学 (例えば、心理学、社会人類学、文化人類学、考古学、言語学、歴史学、経済学、社会学) が含まれると言えるだろう。

★2. Cronk 1999, 10-14.

★3. アルコール依存に関する遺伝学的根拠については Soyka et al. 2008 を参照。東洋人のアルコール不耐性については Peng et al. 2010 を参照のこと。

★4. Rice and Feldman 1997.「文化」という言葉をめぐる混乱を避けるため、彼らの「市民の文化 (civic culture)」という表現を、本書では「市民としての義務感 (civic duty)」に変えた。

682–685.

Whiten, A., V. Horner, and F. B. M. de Waal. 2005. Conformity to cultural norms of tool use in chimpanzees. *Nature* 437: 737–740.

Whiten, A., and A. Mesoudi. 2008. An experimental science of culture: Animal social diffusion experiments. *Philosophical Transactions of the Royal Society of London B* 363: 3477–3488.

Whiten, A., A. Spiteri, V. Horner, K. E. Bonnie, S. P. Lambeth, S. J. Schapiro, and F. B. M. de Waal. 2007. Transmission of multiple traditions within and between chimpanzee groups. *Current Biology* 17: 1038–1043.

Whitfi eld, J. 2008. Across the curious parallel of language and species evolution. *PLOS Biology* 6: e186.

Wilder, R. L. 1968. *Evolution of mathematical concepts*. Milton Keynes: Open University Press.〔『数学の人類学』好田順治訳、海鳴社、1980年〕

Wilson, E. O. 2006. *Naturalist*. Washington, DC: Island Press.〔『ナチュラリスト』荒木正純訳、法政大学出版局、1996年〕

Wimsatt, W. C. 2006. Generative entrenchment and an evolutionary developmental biology for culture. *Behavioral and Brain Sciences* 29: 364.

Wright, S. 1932. The roles of mutation, inbreeding, crossbreeding and selection in evolution. *Proceedings of the Sixth International Congress of Genetics* 1: 356–366.

Thaler, R. H., and C. R. Sunstein. 2008. *Nudge: Improving decisions about health, wealth, and happiness*. New Haven: Yale University Press.〔『実践　行動経済学：健康・富・幸福への聡明な選択』遠藤真美訳、日経 BP 社、2009 年〕

Thornton, A., and K. McAuliffe. 2006. Teaching in wild meerkats. *Science* 313: 227–9.

Tomasello, M. 1996. Do apes ape? In *Social learning in animals: The roots of culture*, edited by C. Heyes and B. G. Galef, 319–346. San Diego, CA: Academic Press.

Tomasello, M., M. Carpenter, J. Call, T. Behne, and H. Moll. 2005. Understanding and sharing intentions: The origins of cultural cognition. *Behavioral and Brain Sciences* 28: 675–691.

Tomasello, M., A. C. Kruger, and H. H. Ratner. 1993. Cultural learning. *Behavioral and Brain Sciences* 16: 495–552.

Tooby, J., and L. Cosmides. 1992. The psychological foundations of culture. In *The adapted mind*, edited by J. H. Barkow, L. Cosmides, and J. Tooby, 19–136. New York: Oxford University Press.

Tripsas, M., and G. Gavetti. 2000. Capabilities, cognition, and inertia: Evidence from digital imaging. *Strategic Management Journal* 21: 1147–1161.

Turchin, P. 2003. *Historical dynamics: Why states rise and fall*. Princeton, NJ: Princeton University Press.〔『国家興亡の方程式：歴史に対する数学的アプローチ』水原文訳、ディスカヴァー・トゥエンティワン、2015 年〕

———. 2008. Arise 'cliodynamics.' *Nature* 454: 34–35.

Tylor, E. B. 1871. *Primitive culture*. London: John Murray.〔『原始文化：神話・哲学・宗教・言語・芸能・風習に関する研究』比屋根安定訳、誠信書房、1962 年〕

van Schaik, C. P., M. Ancrenaz, G. Borgen, B. Galdikas, C. D. Knott, I. Singleton, A. Suzuki, S. S. Utami, and M. Merrill. 2003. Orangutan cultures and the evolution of material culture. *Science* 299: 102–105.

van Wyhe, J. 2005. The descent of words: Evolutionary thinking, 1780–1880. *Endeavour* 29: 94–100.

Vincenti, W. G. 1993. *What engineers know and how they know it*. Baltimore: Johns Hopkins University Press.

Watts, D. J. 1999. Networks, dynamics, and the small-world phenomenon. *American Journal of Sociology* 105: 493–527.

White, L. A. 1959a. *The evolution of culture*. New York: McGraw-Hill.

———. 1959b. The concept of culture. *American Anthropologist* 61: 227–251.

Whiten, A., J. Goodall, W. C. McGrew, T. Nishida, V. Reynolds, Y. Sugiyama, C. E. G. Tutin, R. W. Wrangham, and C. Boesch. 1999. Cultures in chimpanzees. *Nature* 399:

Simon, H. A. 1955. A behavioral model of rational choice. *Quarterly Journal of Economics* 69: 99–118.

Simonton, D. K. 1999. Creativity as blind variation and selective retention: Is the creative process Darwinian? *Psychological Inquiry* 10: 309–328.

Slingerland, E. 2008. *What science offers the humanities*. Cambridge: Cambridge University Press.

Soyka, M., U. W. Preuss, V. Hesselbrock, P. Zill, G. Koller, and B. Bondy. 2008. GABA–A2 receptor subunit gene（GABRA2）polymorphisms and risk for alcohol dependence. *Journal of Psychiatric Research* 42: 184–191.

Spencer, H. 1857. Progress: Its law and cause. *Westminster Review* 67: 244–67.

Spencer, M., E. A. Davidson, A. C. Barbrook, and C. J. Howe. 2004. Phylogenetics of artificial manuscripts. *Journal of Theoretical Biology* 227: 503–511.

Sperber, D. 1996. *Explaining culture: A naturalistic approach*. Oxford: Oxford University Press.〔『表象は感染する：文化への自然主義的アプローチ』菅野盾樹訳、新曜社、2001 年〕

Sperber, D., and D. Wilson. 1986. *Relevance: Communication and cognition*. Oxford: Blackwell.

Steward, J. 1955. *Theory of culture change*. Illinois: University of Illinois Press.

Stotz, K., and P. Griffiths. 2004. Genes: Philosophical analyses put to the test. *History and Philosophy of the Life Sciences* 26: 5–28.

Sultan, F., J. U. Farley, and D. R. Lehmann. 1990. A meta-analysis of applications of diffusion models. *Journal of Marketing Research* 27: 70–77.

Tajfel, H. 1982. Social psychology of intergroup relations. *Annual Review of Psychology* 33: 1–39.

Tehrani, J. J., and M. Collard. 2002. Investigating cultural evolution through biological phylogenetic analyses of Turkmen textiles. *Journal of Anthropological Archaeology* 21: 443–463.

———. 2009. On the relationship between interindividual cultural transmission and population-level cultural diversity: A case study of weaving in Iranian tribal populations. *Evolution and Human Behavior* 30: 286–300.

Tennie, C., J. Call, and M. Tomasello. 2009. Ratcheting up the ratchet: On the evolution of cumulative culture. *Philosophical Transactions of the Royal Society B* 364: 2405–15.

Terrell, J. E., K. M. Kelly, P. Rainbird, P. Bellwood, J. Bradshaw, D. V. Burley, R. Clark, B. Douglas, R. C. Green, and M. Intoh. 2001. Foregone conclusions? In search of "Papuans" and "Austronesians." *Current Anthropology* 42: 97–124.

Rivers, W. H. R. 1926. *Psychology and ethnology*. London: Kegan Paul, Trench, Trubner.

Rizzolatti, G., L. Fadiga, L. Fogassi, and V. Gallese. 1996. Premotor cortex and the recognition of motor actions. *Brain Research* 3: 131–141.

———. 2002. From mirror neurons to imitation: Facts and speculations. In *The imitative mind: Development, evolution and brain bases*, edited by A. N. Melzhoff and W. Prinz, 247–266. Cambridge: Cambridge University Press.

Rogers, A. R. 1988. Does biology constrain culture? *American Anthropologist* 90: 819–831.〔『イノベーションの普及』三藤利雄訳、翔泳社、2007 年〕

Rogers, E. 1995. *The diffusion of innovations*. New York: Free Press.

Rosenbaum, M. E., and I. F. Tucker. 1962. The competence of the model and the learning of imitation and nonimitation. *Journal of Experimental Psychology* 63: 183–90.

Rosenberg, N. A., J. K. Pritchard, J. L. Weber, H. M. Cann, K. K. Kidd, L. A. Zhivotovsky, and M. W. Feldman. 2002. Genetic structure of human populations. *Science* 298: 2381–2385.

Roth, A. E. 1995. Bargaining experiments. In *Handbook of experimental economics*, edited by J. H. Kagell and A. E. Roth, 253–348. Princeton, NJ: Princeton University Press.

Rubin, D. C. 1995. *Memory in oral traditions*. Oxford: Oxford University Press.

Ryckman, R. M., W. C. Rodda, and M. F. Sherman. 1972. Locus of control and expertise relevance as determinants of changes in opinion about student activism. *Journal of Social Psychology* 88: 107–114.

Salganik, M., P. Dodds, and D. Watts. 2006. Experimental study of inequality and unpredictability in an artifi cial cultural market. *Science* 311: 854–856

Samonte, R. V., and E. E. Eichler. 2002. Segmental duplications and the evolution of the primate genome. *Nature Reviews Genetics* 3: 65–72.

Schotter, A., and B. Sopher. 2003. Social learning and coordination conventions in intergenerational games: An experimental study. *Journal of Political Economy* 111: 498–529.

Senju, A., and G. Csibra. 2008. Gaze following in human infants depends on communicative signals. *Current Biology* 18: 668–671.

Shennan, S. J., and J. R. Wilkinson. 2001. Ceramic style change and neutral evolution: A case study from neolithic Europe. *American Antiquity* 66: 577–593.

Sherif, M. 1936. *The psychology of social norms*. Oxford: Harper.

Clarendon Press.〔『客観的知識：進化論アプローチ』森博訳、木鐸社、2004 年〕
Portin, P. 2002. Historical development of the concept of the gene. *Journal of Medicine and Philosophy* 27: 257–286.
Powell, A., S. Shennan, and M. G. Thomas. 2009. Late pleistocene demography and the appearance of modern human behavior. *Science* 324: 1298–1301.
Prugnolle, F., A. Manica, and F. Balloux. 2005. Geography predicts neutral genetic diversity of human populations. *Current Biology* 15: 159–160.
Putnam, R. 1993. *Making democracy work. Civic traditions in modern Italy*. Princeton, NJ: Princeton University Press.〔『哲学する民主主義：伝統と改革の市民的構造』河田潤一訳、NTT 出版、2001 年〕
Quian Quiroga, R., L. Reddy, G. Kreiman, C. Koch, and I. Fried. 2005. Invariant visual representation by single neurons in the human brain. *Nature* 435: 1102–1107.
Reader, S. M. 2006. Evo-devo, modularity, and evolvability: Insights for cultural evolution. *Behavioral and Brain Sciences* 29: 361.
Reik, W., and J. Walter. 2001. Genomic imprinting: Parental influence on the genome. *Nature Reviews Genetics* 2: 21–32.
Rendell, L., and H. Whitehead. 2001. Culture in whales and dolphins. *Behavioral and Brain Sciences* 24: 309–324.
Renfrew, C. 1990. *Archaeology and language: The puzzle of Indo-European origins*. Cambridge: Cambridge University Press.
Reyes Garcia, V., J. Broesch, L. Calvet-Mir, N. Fuentes-Pelaez, T. W. Mc-Dade, S. Parsa, S. Tanner, T. Huanca, W. R. Leonard, and M. R. Martinez-Rodriguez. 2009. Cultural transmission of ethnobotanical knowledge and skills: An empirical analysis from an Amerindian society. *Evolution and Human Behavior* 30: 274–285.
Rice, T. W., and M. Arnett. 2001. Civic culture and socioeconomic development in the United States: A view from the states, 1880s–1990s. *Social Science Journal* 38: 39–51.
Rice, T. W., and J. L. Feldman. 1997. Civic culture and democracy from Europe to America. *Journal of Politics* 59: 1143–1172.
Richerson, P. J., and R. Boyd. 2001. Institutional evolution in the holocene: The rise of complex societies. *Proceedings of the British Academy* 110: 197–204.
———. 2005. *Not by genes alone*. Chicago: University of Chicago Press.
Richerson, P. J., D. Collins, and R. M. Genet. 2006. Why managers need an evolutionary theory of organizations. *Strategic Organization* 4: 201–211.
Rivera, M. C., and J. A. Lake. 2004. The ring of life provides evidence for a genome fusion origin of eukaryotes. *Nature* 431: 152–155.

Norenzayan, A., S. Atran, J. Faulkner, and M. Schaller. 2006. Memory and mystery: The cultural selection of minimally counterintuitive narratives. *Cognitive Science* 30: 531–553.

O'Brien, M. J., J. Darwent, and R. L. Lyman. 2001. Cladistics is useful for reconstructing archaeological phylogenies: Palaeoindian points from the southeastern United States. *Journal of Archaeological Science* 28: 1115–1136.

O'Brien, M. J., and R. L. Lyman. 2003. *Cladistics and archaeology*. Salt Lake City: University of Utah Press.

Ohmagari, K., and F. Berkes. 1997. Transmission of indigenous knowledge and bush skills among the Western James Bay Cree women of subarctic Canada. *Human Ecology* 25: 197–222.

Oppenheimer, S. J., and M. Richards. 2001. Polynesian origins: Slow boat to Melanesia? *Nature* 410: 166–167.

Orlitzky, M., F. L. Schmidt, and S. L. Rynes. 2003. Corporate social and financial performance: A meta-analysis. *Organization Studies* 24: 403–441.

Pagel, M. 2009. Human language as a culturally transmitted replicator. *Nature Reviews Genetics* 10: 405–415.

Pagel, M., Q. D. Atkinson, and A. Meade. 2007. Frequency of word-use predicts rates of lexical evolution throughout Indo-European history. *Nature* 449: 717–721.

Pearson, J. C., D. Lemons, and W. McGinnis. 2005. Modulating hox gene functions during animal body patterning. *Nature Reviews Genetics* 6: 893–904.

Peng, Y., H. Shi, X. Qi, C. Xiao, H. Zhong, R. Z. Ma, and B. Su. 2010. The ADH1B Arg47His polymorphism in East Asian populations and expansion of rice domestication in history. *BMC Evolutionary Biology* 10: 15.

Perry, S., M. Baker, L. Fedigan, J. Gros-Louis, K. Jack, K. C. MacKinnon, J. H. Manson, M. Panger, K. Pyle, and L. Rose. 2003. Social conventions in wild white-faced capuchin monkeys—evidence for traditions in a neotropical primate. *Current Anthropology* 44: 241–268.

Petroski, H. 1994. *The evolution of useful things*. New York: Vintage. 〔『フォークの歯はなぜ四本になったか：実用品の進化論』忠平美幸訳、平凡社、2001 年〕

Planck, M. 1950. *Scientific autobiography and other papers*. Translated by F. Gaynor. London: Williams & Norgate.

Plomin, R., J. C. DeFries, I. W. Craig, and P. McGuffin. 2003. *Behavioral genetics in the postgenomic era*. Washington, DC: American Psychological Association.

Popper, K. R. 1979. *Objective knowledge: An evolutionary approach*. Oxford:

Sciences 29: 329–383.

Moore, J. H. 1994. Putting anthropology back together again: The ethnogenetic critique of cladistic theory. *American Anthropologist* 96: 925–948.

Morgan, L. H. 1877. *Ancient society*. New York: Henry Holt.〔『古代社会』全 2 巻、青山道夫訳、岩波書店、1958 年〕

Morris, M. W., and K. Peng. 1994. Culture and cause: American and Chinese attributions for social and physical events. *Journal of Personality and Social Psychology* 67: 949–949.

Murdock, G. P. 1967. *Ethnographic atlas*. Pittsburgh, PA: University of Pittsburgh Press.

Nagell, K., R. S. Olguin, and M. Tomasello. 1993. Processes of social learning in the tool use of chimpanzees (*Pan troglodytes*) and human children (*Homo sapiens*). *Journal of Comparative Psychology* 107: 174–186.

Nassaney, M. S., and K. Pyle. 1999. The adoption of the bow and arrow in eastern North America: A view from central Arkansas. *American Antiquity* 64: 243–263.

Nei, M., and S. Kumar. 2000. *Molecular evolution and phylogenetics*. Oxford: Oxford University Press.〔『分子進化と分子系統学』大田竜也・竹崎直子訳、培風館、2006 年〕

Neiman, F. D. 1995. Stylistic variation in evolutionary perspective. *American Antiquity* 60: 7–36.

Nelson, R. R. 2007. Universal Darwinism and evolutionary social science. *Biology and Philosophy* 22: 73–94.

Nelson, R. R., and S. G. Winter. 1982. *An evolutionary theory of economic change*. Cambridge: Harvard University Press.〔『経済変動の進化理論』後藤晃・角南篤・田中辰雄訳、慶應義塾大学出版会、2007 年〕

———. 2002. Evolutionary theorizing in economics. *Journal of Economic Perspectives* 16: 23–46.

Nisbett, R. E. 1998. Race, genetics, and IQ. In *The black-white test score gap*, edited by C. Jencks and M. Phillips, 86–102. Washington, DC: Brookings Institution.

Nisbett, R. E., K. Peng, I. Choi, and A. Norenzayan. 2001. Culture and systems of thought: Holistic versus analytic cognition. *Psychological Review* 108: 291–310.

Nisbett, R. E., and T. D. Wilson. 1977. Telling more than we can know: Verbal reports on mental processes. *Psychological Review* 84: 231–259.

Norenzayan, A., E. E. Smith, B. J. Kim, and R. E. Nisbett. 2002. Cultural preferences for formal versus intuitive reasoning. *Cognitive Science* 26: 653–684.

inhibition. *American Journal of Psychology* 43: 579–588.

McMahon, A., and R. McMahon. 2003. Finding families: Quantitative methods in language classification. *Transactions of the Philological Society* 101: 7–55.

McMurray, B. 2007. Defusing the childhood vocabulary explosion. *Science* 317: 631.

McPherson, M., L. Smith-Lovin, and J. M. Cook. 2001. Birds of a feather: Homophily in social networks. *Annual Review of Sociology* 27: 415–444.

Mehl, M. R., S. Vazire, N. Ramirez-Esparza, R. B. Slatcher, and J. W. Pennebaker. 2007. Are women really more talkative than men? *Science* 317: 82.

Mesoudi, A. 2007. A Darwinian theory of cultural evolution can promote an evolutionary synthesis for the social sciences. *Biological Theory* 2: 263–275.

———. 2008a. Foresight in cultural evolution. *Biology and Philosophy* 23: 243–255.

———. 2008b. An experimental simulation of the 'copy-successful- individuals' cultural learning strategy: Adaptive landscapes, producer-scrounger dynamics and informational access costs. *Evolution and Human Behavior* 29: 350–363.

———. 2009a. How cultural evolutionary theory can inform social psychology and vice versa. *Psychological Review* 116: 929–952.

———. 2009b. The cultural dynamics of copycat suicide. *PLoS ONE* 4: e7252.

Mesoudi, A., and S. J. Lycett. 2009. Random copying, frequency-dependent copying and culture change. *Evolution and Human Behavior* 30: 41–48.

Mesoudi, A., and M. J. O'Brien. 2008a. The cultural transmission of Great Basin projectile point technology I: An experimental simulation. *American Antiquity* 73: 3–28.

———. 2008b. The cultural transmission of Great Basin projectile point technology II: An agent-based computer simulation. *American Antiquity* 73: 627–644.

———. 2008c. The learning and transmission of hierarchical cultural recipes. *Biological Theory* 3: 63–72.

Mesoudi, A., and A. Whiten. 2008. The multiple roles of cultural transmission experiments in understanding human cultural evolution. *Philosophical Transactions of the Royal Society B* 363: 3489–3501.

Mesoudi, A., A. Whiten, and R. I. M. Dunbar. 2006. A bias for social information in human cultural transmission. *British Journal of Psychology* 97: 405–423.

Mesoudi, A., A. Whiten, and K. N. Laland. 2004. Is human cultural evolution Darwinian? Evidence reviewed from the perspective of *The Origin of Species*. *Evolution* 58: 1–11.

———. 2006. Towards a unified science of cultural evolution. *Behavioral and Brain*

Proceedings of the National Academy of Sciences 104: 19751–19756.

Mace, R., and M. D. Pagel. 1994. The comparative method in anthropology. *Current Anthropology* 35: 549–564.

Markus, H. R., and S. Kitayama. 1991. Culture and the self: Implications for cognition, emotion, and motivation. *Psychological Review* 98: 224–253.

Marshall-Pescini, S., and A. Whiten. 2008. Chimpanzees（Pan troglodytes）and the question of cumulative culture: An experimental approach. *Animal Cognition* 11: 449–456.

Masuda, T., and R. E. Nisbett. 2001. Attending holistically versus analytically. *Journal of Personality and Social Psychology* 81: 922–934.

Mausner, B. 1953. Studies in social interaction: Effect of variation in one partner's prestige on the interaction of observer pairs. *Journal for Applied Psychology* 37: 391–393.

Maynard Smith, J. 1986. Natural selection of culture? *New York Review of Books*, Nov. 6, 33.

Mayr, E. 1963. *Animal species and evolution*. Cambridge: Harvard University Press.

———. 1982. *The growth of biological thought*. Cambridge: Harvard University Press.

Mayr, E., and W. Provine, eds. 1980. *The evolutionary synthesis*. Cambridge: Harvard University Press.

McDade, T. W., V. Reyes-García, P. Blackinton, S. Tanner, T. Huanca, and W. R. Leonard. 2007. Ethnobotanical knowledge is associated with indices of child health in the Bolivian Amazon. *Proceedings of the National Academy of Sciences* 104: 6134–6139.

McElreath, R., A. V. Bell, C. Efferson, M. Lubell, P. J. Richerson, and T. M. Waring. 2008. Beyond existence and aiming outside the laboratory: Estimating frequency-dependent and pay-off-biased social learning strategies. *Philosophical Transactions of the Royal Society B* 363: 3515–3528.

McElreath, R., and R. Boyd. 2007. *Mathematical models of social evolution*. Chicago: University of Chicago Press.

McElreath, R., M. Lubell, P. J. Richerson, T. M. Waring, W. Baum, E. Edsten, C. Efferson, and B. Paciotti. 2005. Applying evolutionary models to the laboratory study of social learning. *Evolution and Human Behavior* 26: 483–508.

McElreath, R., and P. Strimling. 2008. When natural selection favors imitation of parents. *Current Anthropology* 49: 307–316.

McGeoch, J. A., and W. T. McDonald. 1931. Meaningful relation and retroactive

Press.

Laland, K. N., and G. R. Brown. 2002. *Sense and nonsense*. Oxford: Oxford University Press.

Laland, K. N., and B. G. Galef. 2009. *The question of animal culture*. Cambridge: Harvard University Press.

Laland, K. N., and W. Hoppitt. 2003. Do animals have culture? *Evolutionary Anthropology* 12: 150–159.

Leadbeater, E., and L. Chittka. 2007. Social learning in insects—from miniature brains to consensus building. *Current Biology* 17: 703–713.

Lee, D., and N. G. Rupp. 2007. Retracting a gift: How does employee effort respond to wage reductions? *Journal of Labor Economics* 25: 725–761.

Lehmann, W. P. 1992. *Historical linguistics: An introduction*. London: Routledge.

Lenski, R. E., and M. Travisano. 1994. Dynamics of adaptation and diversification—a 10, 000-generation experiment with bacterial-populations. *Proceedings of the National Academy of Sciences* 91: 6808–6814.

LeVine, R. A., and D. T. Campbell. 1973. *Ethnocentrism: Theories of confl ict, ethnic attitudes, and group behavior*. New York: Wiley.

Levitt, S. D., and J. A. List. 2007. What do laboratory experiments measuring social preferences reveal about the real world? *Journal of Economic Perspectives* 21: 153–174.

Lewontin, R. C. 1970. The units of selection. *Annual Review of Ecology and Systematics* 1: 1–18.

Lieberman, E., J. B. Michel, J. Jackson, T. Tang, and M. A. Nowak. 2007. Quantifying the evolutionary dynamics of language. *Nature* 449: 713–716.

Luria, S. E., and M. Delbruck. 1943. Mutations of bacteria from virus sensitivity to virus resistance. *Genetics* 28: 491–511.

Lux, T. 1995. Herd behaviour, bubbles and crashes. *Economic Journal* 105: 881–896.

Lycett, S. J., M. Collard, and W. C. McGrew. 2007. Phylogenetic analyses of behavior support existence of culture among wild chimpanzees. *Proceedings of the National Academy of Sciences* 104: 17588.

Lycett, S. J., and N. von Cramon-Taubadel. 2008. Acheulean variability and hominin dispersals: A model-bound approach. *Journal of Archaeological Science* 35: 553–62.

Lynch, A., and A. J. Baker. 1993. A population memetics approach to cultural evolution in chaffinch song—meme diversity within populations. *American Naturalist* 141: 597–620.

Lyons, D. E., A. G. Young, and F. C. Keil. 2007. The hidden structure of overimitation.

Johnson, A. W., and T. K. Earle. 2000. *The evolution of human societies: From foraging group to agrarian state*. Stanford: Stanford University Press.

Joiner, J. T. E. 1999. The clustering and contagion of suicide. *Current Directions in Psychological Science* 8: 89–92.

Jones, E. E., and V. A. Harris. 1967. The attribution of attitudes. *Journal of Experimental Social Psychology* 3: 1–24.

Jordan, P., and S. Shennan. 2003. Cultural transmission, language, and basketry traditions amongst the California Indians. *Journal of Anthropological Archaeology* 22: 42–74.

Keysers, C. 2009. Mirror neurons. *Current Biology* 19: R971–R973.

Kimura, M. 1983. *The neutral theory of molecular evolution*. Cambridge: Cambridge University Press.〔『分子進化の中立説』向井輝美・日下部真一訳、紀伊國屋書店、1986 年〕

Kirby, S., H. Cornish, and K. Smith. 2008. Cumulative cultural evolution in the laboratory: An experimental approach to the origins of structure in human language. *Proceedings of the National Academy of Sciences* 105: 10681–10686.

Kirby, S., M. Dowman, and T. L. Griffiths. 2007. Innateness and culture in the evolution of language. *Proceedings of the National Academy of Sciences* 104: 5241–45.

Klepper, S. 1997. Industry life cycles. *Industrial and Corporate Change* 6: 145–182.

Klepper, S., and K. L. Simons. 2000. The making of an oligopoly: Firm survival and technological change in the evolution of the U. S. tire industry. *Journal of Political Economy* 108: 728–760.

Krauss, M. 1992. The world's languages in crisis. *Language* 68: 1–42.

Kroeber, A. L. 1916. Zuni potsherds. *American Museum of Natural History, Anthropological Papers* 18: 1–37.

———. 1917. The superorganic. *American Anthropologist* 19: 163–213.

———. 1948. *Anthropology*. New York: Harcourt, Brace and Co.

Kroeber, A. L., and C. Kluckohn. 1952. *Culture*. New York: Vantage.

Krueger, A. B., and A. Mas. 2004. Strikes, scabs, and tread separations: Labor strife and the production of defective Bridgestone/Firestone tires. *Journal of Political Economy* 112: 253–289.

Krutzen, M., J. Mann, M. R. Heithaus, R. C. Connor, L. Bejder, and W. B. Sherwin. 2005. Cultural transmission of tool use in bottlenose dolphins. *Proceedings of the National Academy of Sciences* 102: 8939–8943.

Labov, W. 1972. *Sociolinguistic patterns*. Philadephia: University of Pennsylvania

———. 2010. *Darwin's conjecture: The search for general principles of social and economic evolution*. Chicago: University of Chicago Press.

Holden, C. J., and R. Mace. 2003. Spread of cattle led to the loss of matrilineal descent in Africa: A coevolutionary analysis. *Proceedings of the Royal Society B* 270: 2425–33.

Horner, V., and A. Whiten. 2005. Causal knowledge and imitation/emulation switching in chimpanzees (*Pan troglodytes*) and children (*Homo sapiens*). *Animal Cognition* 8: 164–181.

Horner, V., A. Whiten, E. Flynn, and F. B. M. de Waal. 2006. Faithful replication of foraging techniques along cultural transmission chains by chimpanzees and children. *Proceedings of the National Academy of Sciences* 103: 13878.

Howe, C. J., A. C. Barbrook, M. Spencer, P. Robinson, B. Bordalejo, and L. R. Mooney. 2001. Manuscript evolution. *Trends in Genetics* 17: 147–152.

Hrubesch, C., S. Preuschoft, and C. van Schaik. 2009. Skill mastery inhibits adoption of observed alternative solutions among chimpanzees (*Pan troglodytes*). *Animal Cognition* 12: 209–216.

Hull, D. L. 1988. *Science as a process*. Chicago: University of Chicago Press.

Humphrey, N. K. 1976. The social function of intellect. In *Growing points in ethology*, edited by P. P. G. Bateson and R. A. Hinde, 303–317. Cambridge: Cambridge University Press.

Huxley, J. S. 1942. *Evolution, the modern synthesis*. London: Allen & Unwin.

Ingold, T. 2007. The trouble with 'evolutionary biology.' *Anthropology Today* 23: 3–7.

Insko, C. A., R. Gilmore, S. Drenan, A. Lipsitz, D. Moehle, and J. W. Thibaut. 1983. Trade versus expropriation in open groups: A comparison of two types of social power. *Journal of Personality and Social Psychology* 44: 977–999.

Jablonka, E., and M. J. Lamb. 2005. *Evolution in four dimensions*. Cambridge: MIT Press.

Jackson, G. B., and A. K. Romney. 1973. Historical inference from crosscultural data: The case of dowry. *Ethos* 1: 517–520.

Jacobs, R. C., and D. T. Campbell. 1961. The perpetuation of an arbitrary tradition through several generations of a laboratory microculture. *Journal of Abnormal and Social Psychology* 62: 649–658.

James, W. 1880. Great men, great thoughts, and the environment. *Atlantic Monthly* 46: 441–459.

Jensen, K., J. Call, and M. Tomasello. 2007. Chimpanzees are rational maximizers in an ultimatum game. *Science* 318: 107–109.

———. 2004b. Demography and cultural evolution: How adaptive cultural processes can produce maladaptive losses—the Tasmanian case. *American Antiquity* 69: 197–214.

———. 2008. A cultural species. In *Explaining culture scientifically*, edited by M. Brown, 184–210. Seattle: University of Washington Press.

Henrich, J., and R. Boyd. 1998. The evolution of conformist transmission and the emergence of between-group differences. *Evolution and Human Behavior* 19: 215–41.

———. 2002. On modeling cognition and culture: Why cultural evolution does not require replication of representations. *Journal of Cognition and Culture* 2: 87–112.

Henrich, J., R. Boyd, S. Bowles, C. Camerer, E. Fehr, H. Gintis, R. McElreath, M. Alvard, A. Barr, J. Ensminger, N. S. Henrich, K. Hill, F. Gil-White, M. Gurven, F. W. Marlowe, J. Q. Patton, and D. Tracer. 2005. "Economic man" in cross-cultural perspective: Behavioral experiments in 15 smallscale societies. *Behavioral and Brain Sciences* 28: 795–855.

Henrich, J., J. Ensminger, R. McElreath, A. Barr, C. Barrett, A. Bolyanatz, J. C. Cardenas, M. Gurven, E. Gwako, N. Henrich, C. Lesorogol, F. W. Marlowe, D. Tracer, and J. Ziker. 2010. Markets, religion, community size, and the evolution of fairness and punishment. *Science* 327: 1480–1484.

Henrich, J., and F. J. Gil-White. 2001. The evolution of prestige. *Evolution and Human Behavior* 22: 165–196.

Henrich, J., S. J. Heine, and A. Norenzayan. 2010. The weirdest people in the world? *Behavioral and Brain Sciences* 33: 61–135.

Henrich, J., and R. McElreath. 2003. The evolution of cultural evolution. *Evolutionary Anthropology* 12: 123–135.

Herrmann, E., J. Call, M. V. Hernandez-Lloreda, B. Hare, and M. Tomasello. 2007. Humans have evolved specialized skills of social cognition: The cultural intelligence hypothesis. *Science* 317: 1360–1366.

Hewlett, B., and L. L. Cavalli-Sforza. 1986. Cultural transmission among Akapygmies. *American Anthropologist* 88: 922–934.

Hewlett, B., A. De Silvestri, and C. R. Guglielmino. 2002. Semes and genes in Africa. *Current Anthropology* 43: 313–321.

Hodgson, G. M. 2005. Generalizing Darwinism to social evolution: Some early attempts. *Journal of Economic Issues* 39: 899–914.

Hodgson, G. M., and T. Knudsen. 2006. Dismantling Lamarckism: Why descriptions of socio-economic evolution as Lamarckian are misleading. *Journal of Evolutionary Economics* 16: 343–366.

Grimes, B. F. 2002. *Ethnologue: Languages of the world*. 14th edition. Summer Institute of Linguistics.

Guglielmino, C. R., C. Viganotti, B. Hewlett, and L. L. Cavalli-Sforza. 1995. Cultural variation in Africa. *Proceedings of the National Academy of Sciences* 92: 585–589.

Guiso, L., P. Sapienza, and L. Zingales. 2006. Does culture affect economic outcomes? *Journal of Economic Perspectives* 20: 23–48.

Gurerk, O., B. Irlenbusch, and B. Rockenbach. 2006. The competitive advantage of sanctioning institutions. *Science* 312: 108–111.

Haldane, J. B. S. 1927. A mathematical theory of natural and artificial selection, part v: Selection and mutation. *Proceedings of the Cambridge Philosophical Society* 23: 838.

Hamilton, W. D. 1964. The genetical evolution of social behaviour I and II. *Journal of Theoretical Biology* 7: 1–52.

Harris, J. R. 1995. Where is the child's environment? A group socialization theory of development. *Psychological Review* 102: 458–489.

Harris, M. 1989. *Cows, pigs, wars and witches: The riddles of culture*. New York: Vintage.〔『文化の謎を解く：牛・豚・戦争・魔女』御堂岡潔訳、東京創元社、1988 年〕

Harvey, P. H., and M. D. Pagel. 1991. *The comparative method in evolutionary biology*. Oxford: Oxford University Press.〔『進化生物学における比較法』粕谷英一訳、北海道大学図書刊行会、1996 年〕

Heath, C., C. Bell, and E. Sternberg. 2001. Emotional selection in memes: The case of urban legends. *Journal of Personality and Social Psychology* 81: 1028–1041.

Heath, C., and D. Heath. 2007. *Made to stick*. London: Random House.

Heather, P. 2005. *The fall of the Roman empire*: London: Macmillan.

Heine, S. J. 2008. *Cultural psychology*. New York: Norton.

Heine, S. J., and D. R. Lehman. 1997. Culture, dissonance, and self-affirmation. *Personality and Social Psychology Bulletin* 23: 389.

Heine, S. J., and A. Norenzayan. 2006. Toward a psychological science for a cultural species. *Perspectives on Psychological Science* 1: 251–269.

Helfman, G. S., and E. T. Schultz. 1984. Social transmission of behavioral traditions in a coral-reef fish. *Animal Behaviour* 32: 379–384.

Henrich, J. 2001. Cultural transmission and the diffusion of innovations. *American Anthropologist* 103: 992–1013.

———. 2004a. Cultural group selection, coevolutionary processes and largescale cooperation. *Journal of Economic Behavior and Organization* 53: 3–35.

Galton, F. 1889. Comment on Tylor, E. B., On a method of investigating the development of institutions, applied to laws of marriage and descent. *Journal of the Royal Anthropological Institute* 18: 270.

Gangestad, S. W., M. G. Haselton, and D. M. Buss. 2006. Evolutionary foundations of cultural variation: Evoked culture and mate preferences. *Psychological Inquiry* 17: 75–95.

Gergely, G., H. Bekkering, and I. Kiraly. 2002. Rational imitation in preverbal infants. *Nature* 415: 755.

Ghiselin, M. T. 2003. *The triumph of the Darwinian method*. Mineola, NY: Dover.

Gintis, H. 2007. A framework for the unification of the behavioral sciences. *Behavioral and Brain Sciences* 30: 1–61.

Gintis, H., S. Bowles, R. Boyd, and E. Fehr. 2003. Explaining altruistic behavior in humans. *Evolution and Human Behavior* 24: 153–172.

Goldstone, R. L., M. E. Roberts, and T. M. Gureckis. 2008. Emergent processes in group behavior. *Current Directions in Psychological Science* 17: 10–15.

Goodwin, N. B., S. Balshine-Earn, and J. D. Reynolds. 1998. Evolutionary transitions in parental care in cichlid fish. *Proceedings of the Royal Society B* 265: 2265–2272.

Gould, S. J. 1990. *Wonderful life: The burgess shale and the nature of history*. New York: W. W. Norton.〔『ワンダフル・ライフ：バージェス頁岩と生物進化の物語』渡辺政隆訳、早川書房、2000 年〕

———. 1991. *Bully for brontosaurus*. New York: W. W. Norton.〔『がんばれカミナリ竜：進化生物学と去りゆく生きものたち』廣野喜幸他訳、早川書房、1995 年〕

Grant, B. R., and P. R. Grant. 1989. *Evolutionary dynamics of a natural population: The large cactus finch of the Galapagos*. Chicago: University of Chicago Press.

Grant, P. R. 1986. *Ecology and evolution of Darwin's finches*. Princeton, NJ: Princeton University Press.

Gray, R. D., and Q. D. Atkinson. 2003. Language-tree divergence times support the Anatolian theory of Indo-European origin. *Nature* 426: 435–439.

Gray, R. D., S. J. Greenhill, and R. M. Ross. 2007. The pleasures and perils of Darwinizing culture (with phylogenies). *Biological Theory* 2: 360–375.

Gray, R. D., and F. M. Jordan. 2000. Language trees support the express-train sequence of Austronesian expansion. *Nature* 405: 1052–1055.

Griffiths, T. L., M. L. Kalish, and S. Lewandowsky. 2008. Theoretical and empirical evidence for the impact of inductive biases on cultural evolution. *Philosophical Transactions of the Royal Society of London B* 363: 3503–3514.

what the demise of Charles Darwin's tree of life hypothesis means for both of them. *Philosophical Transactions of the Royal Society B* 364: 2221.

Dunbar, R. I. M. 2003. The social brain. *Annual Review of Anthropology* 32: 163–181.

Durham, W. H. 1991. *Coevolution: Genes, culture, and human diversity*. Stanford: Stanford University Press.

Durkheim, E. 1938 [1966]. *The rules of sociological method*. Translated by S. A. Solovay and J. H. Mueller. Edited by G. E. G. Catlin. 8th ed. New York: Free Press.〔『社会学的方法の基準』宮島喬訳、岩波文庫、1978 年〕

Efferson, C., R. Lalive, P. J. Richerson, R. McElreath, and M. Lubell. 2008. Conformists and mavericks: The empirics of frequency-dependent cultural transmission. *Evolution and Human Behavior* 29: 56–64.

Elena, S. F., and R. E. Lenski. 2003. Evolution experiments with microorganisms: The dynamics and genetic bases of adaptation. *Nature Reviews Genetics* 4: 457–469.

Endler, J. A. 1986. *Natural selection in the wild*. Princeton: Princeton University Press.

Epstein, J. M. 2007. *Generative social science: Studies in agent-based computational modeling*. Princeton, NJ: Princeton University Press.

Epstein, J. M., and R. Axtell. 1996. *Growing artificial societies*. Cambridge: MIT Press.

Falk, A., and J. J. Heckman. 2009. Lab experiments are a major source of knowledge in the social sciences. *Science* 326: 535.

Fehr, E., L. Goette, and C. Zehnder. 2009. A behavioral account of the labor market: The role of fairness concerns. *Annual Review of Economics 1*: 355–384.

Fisher, R. A. 1930. *The genetical theory of natural selection*. Oxford: Clarendon Press.

Fitch, W. 2008. Glossogeny and phylogeny: Cultural evolution meets genetic evolution. *Trends in Genetics* 24: 373–374.

Fortunato, L., C. Holden, and R. Mace. 2006. From bridewealth to dowry? *Human Nature* 17: 355–376.

Fracchia, J., and R. C. Lewontin. 1999. Does culture evolve? *History and Theory* 38: 52–78.

Freeman, D. 1974. The evolutionary theories of Charles Darwin and Herbert Spencer. *Current Anthropology* 15: 211–237.

Futuyma, D. J. 1998. *Evolutionary biology*. Sunderland, MA: Sinauer.〔『進化生物学（改訂版）』岸由二訳、蒼樹書房、1997 年〕

Galef, B. G., and K. N. Laland. 2005. Social learning in animals: Empirical studies and theoretical models. *BioScience* 55: 489–499.

Cheshier, J., and R. L. Kelly. 2006. Projectile point shape and durability: The effect of thickness: length. *American Antiquity* 71: 353–363.

Christakis, N. A., and J. H. Fowler. 2009. *Connected: The surprising power of our social networks and how they shape our lives*. New York: Little, Brown and Co.〔『つながり：社会的ネットワークの驚くべき力』鬼澤忍訳、講談社、2010 年〕

Collard, M., S. J. Shennan, and J. J. Tehrani. 2006. Branching versus blending in macroscale cultural evolution: A comparative study. In *Mapping our ancestors: Phylogenetic methods in anthropology and prehistory*, edited by C. P. Lipo, M. J. O' Brien, S. Shennan, and M. Collard, 53–63. Hawthorne, NY: Aldine de Gruyter.

Collins, R. 1995. Prediction in macrosociology: The case of the Soviet collapse. *American Journal of Sociology* 100: 1552–1593.

Cordes, C., P. J. Richerson, R. McElreath, and P. Strimling. 2008. A naturalistic approach to the theory of the firm: The role of cooperation and cultural evolution. *Journal of Economic Behavior and Organization* 68: 125–139.

Cronk, L. 1999. *That complex whole: Culture and the evolution of human behavior*. Boulder, CO: Westview Press.

Csibra, G., and G. Gergely. 2009. Natural pedagogy. *Trends in Cognitive Sciences* 13: 148–153.

Darwin, C. 1859. *The origin of species*. London: Penguin, 1968. Original edition, 1859.〔『種の起源〔改訂〕版』全 2 巻、八杉龍一訳、岩波書店、2000 年〕

———. 1871. *The descent of man*. London: Gibson Square, 2003. Original ed., 1871.

Dawkins, R. 1976. *The selfish gene*. Oxford: Oxford University Press.〔『利己的な遺伝子（増初新装版）』日高敏隆・岸由二訳、紀伊国屋書店、2006 年〕

Dennett, D. 1995. *Darwin's dangerous idea*. New York: Simon & Schuster.〔『ダーウィンの危険な思想：生命の意味と進化』山田泰司監訳、青土社、2000 年〕

Diamond, J. 1978. The Tasmanians: The longest isolation, the simplest technology. *Nature* 273: 185–186.

———. 1998. *Guns, germs and steel*. London: Vintage.〔『銃・病原菌・鉄：1 万 3000 年にわたる人類史の謎』全二巻、倉骨彰訳、草思社文庫、2012 年〕

Diamond, J., and P. Bellwood. 2003. Farmers and their languages: The first expansions. *Science* 300: 597–603.

Diamond, J. M. 2000. Taiwan's gift to the world. *Nature* 403: 709.

Dixon, R. M. W. 1997. *The rise and fall of language*. Cambridge: Cambridge University Press.〔『言語の興亡』大角翠訳、岩波書店、2001 年〕

Doolittle, W. F. 2009. The practice of classification and the theory of evolution, and

Bramanti, B., M. G. Thomas, W. Haak, M. Unterlaender, P. Jores, K. Tambets, I. Antanaitis-Jacobs, M. N. Haidle, R. Jankauskas, and C. J. Kind. 2009. Genetic discontinuity between local hunter-gatherers and central Europe's first farmers. *Science* 326: 137.

Brockhurst, M. A., N. Colegrave, D. J. Hodgson, and A. Buckling. 2007. Niche occupation limits adaptive radiation in experimental microcosms. *PLOS One* 2: e193.

Bury, J. B. 1923. *History of the later Roman empire*. London: Macmillan.

Byrne, R. W., and A. Whiten, eds. 1988. *Machiavellian intelligence: Social expertise and the evolution of intellect in monkeys, apes, and humans*. Oxford: Clarendon Press.〔『マキャベリ的知性と心の理論の進化論：ヒトはなぜ賢くなったか』藤田和生他訳、ナカニシヤ出版、2004 年〕

Cadieu, E., M. W. Neff, P. Quignon, K. Walsh, K. Chase, H. G. Parker, B. M. VonHoldt, A. Rhue, A. Boyko, and A. Byers. 2009. Coat variation in the domestic dog is governed by variants in three genes. *Science* 326: 150–153.

Caldwell, C., and A. E. Millen. 2009. Social learning mechanisms and cumulative cultural evolution: Is imitation necessary? *Psychological Science* 20: 1478–1483.

Camerer, C., and R. H. Thaler. 1995. Anomalies: Ultimatums, dictators and manners. *Journal of Economic Perspectives* 9: 209–219.

Campbell, D. T. 1960. Blind variation and selective retentions in creative thought as in other knowledge processes. *Psychological Review* 67: 380–400.

———. 1965. Variation and selective retention in socio-cultural evolution. In *Social change in developing areas*, edited by H. R. Barringer, G. I. Blanksten, and R. W. Mack, 19–49. Cambridge, MA: Schenkman.

Carninci, P., and Y. Hayashizaki. 2007. Noncoding RNA transcription beyond annotated genes. *Current Opinion in Genetics and Development* 17: 139–144.

Carroll, R. L. 2005. *Endless forms most beautiful*. New York: W. W. Norton.〔『シマウマの縞　蝶の模様：エボデボ革命が解き明かす生物デザインの起源』渡辺政隆・経塚淳子訳、光文社、2007 年〕

Cavalli-Sforza, L. L., and M. W. Feldman. 1981. *Cultural Transmission and Evolution*. Princeton: Princeton University Press.

Cavalli Sforza, L. L., M. W. Feldman, K. H. Chen, and S. M. Dornbusch. 1982. Theory and observation in cultural transmission. *Science* 218: 19–27.

Chater, N., F. Reali, and M. H. Christiansen. 2009. Restrictions on biological adaptation in language evolution. *Proceedings of the National Academy of Sciences* 106: 1015–20.

University Press.

Barrett, J. L., and M. A. Nyhof. 2001. Spreading non-natural concepts: The role of intuitive conceptual structures in memory and transmission of cultural materials. *Journal of Cognition and Culture* 1: 69–100.

Bartlett, F. C. 1932. *Remembering*. Oxford: Macmillan.〔『想起の心理学：実験的社会的心理学における一研究』宇津木保・辻正三訳、誠信書房、1983 年〕

Basalla, G. 1988. *The evolution of technology*. Cambridge: Cambridge University Press.

Bell, A. V., P. J. Richerson, and R. McElreath. 2009. Culture rather than genes provides greater scope for the evolution of large-scale human prosociality. *Proceedings of the National Academy of Sciences* 106: 17671–17674.

Bentley, R. A., M. W. Hahn, and S. J. Shennan. 2004. Random drift and culture change. *Proceedings of the Royal Society B* 271: 1443–1450.

Bentley, R. A., and S. J. Shennan. 2005. Random copying and cultural evolution. *Science* 309: 877–879.

Benton, T. 2000. Social causes and natural relations. In *Alas, poor Darwin*, edited by H. Rose and S. Rose, 206–224. New York: Harmony.

Bettinger, R. L., and J. Eerkens. 1999. Point typologies, cultural transmission, and the spread of bow-and-arrow technology in the prehistoric Great Basin. *American Antiquity* 64: 231–242.

Blackmore, S. 1999. *The meme machine*. Oxford: Oxford University Press.〔『ミーム・マシーンとしての私』全二巻、垂水雄二訳、草思社、2000 年〕

Bloch, M. 2000. A well-disposed social anthropologist's problems with memes. In *Darwinizing culture*, edited by R. Aunger, 189–204. Oxford: Oxford University Press.

Boas, F. 1920. The methods of ethnology. *American Anthropologist* 22: 311–321.

Borgerhoff Mulder, M., C. L. Nunn, and M. C. Towner. 2006. Cultural macroevolution and the transmission of traits. *Evolutionary Anthropology* 15: 52–64.

Boyd, R., and P. J. Richerson. 1985. *Culture and the Evolutionary Process*. Chicago: University of Chicago Press.

———. 1995. Why does culture increase human adaptability? *Ethology and Sociobiology* 16: 125–143.

———. 2009. Culture and the evolution of human cooperation. *Philosophical Transactions of the Royal Society B* 364: 3281.

Boyer, P. 1994. *The naturalness of religious ideas: A cognitive theory of religion*. Berkeley: University of California Press.

参考文献

Aberle, D. F. 1961. Matrilineal descent in cross-cultural perspective. In *Matrilineal kinship*, edited by D. M. Schneider and K. Gough 655–730. Berkeley: University of California Press.

Ambrose, S. H. 2001. Paleolithic technology and human evolution. *Science* 291: 1748–53.

Aoki, K., J. Y. Wakano, and M. W. Feldman. 2005. The emergence of social learning in a temporally changing environment: A theoretical model. *Current Anthropology* 46: 334–340.

Asch, S. E. 1951. Effects of group pressure on the modification and distortion of judgments. In *Groups, leadership and men*, edited by H. Guetzkow, 177–190. Pittsburgh, PA: Carnegie Press.

Atkinson, Q. D., A. Meade, C. Venditti, S. J. Greenhill, and M. Pagel. 2008. Languages evolve in punctuational bursts. *Science* 319: 588.

Atran, S. 2001. The trouble with memes: Inference versus imitation in cultural creation. *Human Nature* 12: 351–381.

———. 2002. *In gods we trust: The evolutionary landscape of religion*. New York: Oxford University Press.

Aunger, R. 1995. On ethnography: Storytelling or science. *Current Anthropology* 36: 97–130.

———. 2000. The life history of culture learning in a face-to face society. *Ethos* 28: 1–38.

———. 2002. *The electric meme*. New York: Free Press.

———. 2004. *Reflexive ethnographic science*. Walnut Creek, CA: Altamira.

Baldwin, J. R., S. L. Faulkner, M. L. Hecht, and S. L. Lindsley. 2006. *Redefining culture: Perspectives across disciplines*. Mahwah, NJ: Lawrence Erlbaum.

Bandura, A. 1977. *Social learning theory*. Oxford: Prentice-Hall.〔『社会的学習理論：人間理解と教育の基礎』原野広太郎訳、金子書房、1979 年〕

Bandura, A., D. Ross, and S. A. Ross. 1961. Transmission of aggression through imitation of aggressive models. *Journal of Abnormal and Social Psychology* 63: 575–582.

Barbrook, A. C., C. J. Howe, N. Blake, and P. Robinson. 1998. The phylogeny of the *Canterbury Tales*. *Nature* 394: 839.

Barrett, D. B., G. T. Kurian, and T. M. Johnson. 2001. *World Christian encyclopedia: A comparative survey of churches and religions in the modern world*: Oxford: Oxford

解説

竹澤正哲

人間や社会を学究対象とする限り、文化という概念と無縁でいられる学問分野はおよそ存在しないのではないだろうか。だが、これほど厄介な学究対象もない。特定の時代の特定の文化に関する細々とした事実を積み重ね、〇〇文化について語ることはできる。だが、より高次なレベルで『文化』について議論を始めると、途端にその姿が見えなくなり、中身のない漠然としたことしか語れなくなってしまう。

これは生物学と非常に対照的である。地球上には知られているだけでも一〇〇万以上の種が存在しているが、その中のたった一つの種の生態を明らかにするために多大な時間を捧げる研究者が数多く存在している。その姿は、現代から過去に渡って無数に存在する文化の一つを研究対象と定め、その記述に多大な時間を費やす人文学者と何ら代わることがない。だが、生物学の学会に参加してみると、決定的な違いがあることに気づかされる。研究対象が昆虫であれ魚であれ、自分の研究対象ではない種についても、生物学者は共通の理論言語を使って会話をしている。例えば、鳥の研究で見出されたモデルや理論が、魚の生態を理解するためにも利用される。生物学には、特定の生物にしか当てはめられない理論ではなく、「生物」という高次で抽象的な存在を理解するための統一的な理論体系が存在しているのである。

だが、なぜ文化についての研究は、生物についての研究とこれほどまでに違ってしまったのだろうか？　もし、特定の文化ではなく「文化」という高次で抽象的な存在を理解するための統一的な理論が存在しうるとしたら、それはどのような姿をしているのだろうか？　もしこのような疑問を一度でも抱いたことがあるならば、本書の中に、その問に対する一つの答をかいま見ることができるだろう。

本書は、Alex Mesoudi (2011). *Cultural Evolution: How Darwinian Theory can Explain Human Culture and Synthesize the Social Sciences.* Univeral University of Chicago Press. の訳本である。著者のアレックス・メスーディは二〇〇五年に英国セント・アンドリュース大学において博士号（心理学）を取得して以来、ロンドン大学クイーンメアリー生物・化学部講師、ダーラム大学人類学部准教授を歴任し、二〇一五年現在、英国エクセター大学生物科学部の准教授である。本書のテーマである文化進化の研究に関して、学位を取得してからの一〇年足らずで既に四〇を超える学術論文を発表しており、名実ともにこの研究領域を牽引する気鋭の若手研究者である。本書は、文化進化に関する最新の研究を、大学の学部生から一般読者に至るまで理解できるよう平易に紹介した入門書である。英語で最新の研究成果を追いかけている専門家の目からみたら物足りなさを感じるかもしれない。だがこの分野では数理モデルや先端的な統計手法が当たり前のように駆使されており、論文を読んで研究成果を理解するだけでも数学的な直感が必要とされることが多い。そのため、この新しい領域の全貌や本質を摑むことはなかなか困難である。本書では数式を一切使わずに、多くの研究が紹介されており、自然科学、人文学、社会科学の交差路において立ち上がりつつある文化進化論という研究プログラムを知り、そしてその新たな潮流へ飛び込んでいくための道標として最適の書である。

文化進化論の誕生

本書で展開されている文化進化論とは、生物学における進化論の枠組みを範とし、文化を生物進化の延長線上で理解しようとする研究アプローチであり、二一世紀に入ってから急激に発展してきた。だが進化という観点から文化を理解しようとする試みは決して新しいものではない。一九世紀には既に社会・文化と生物進化の類似性を指摘する社会進化論と呼ばれる研究分野が存在していた。文化人類学に詳しい方ならば、エドワード・B・タイラーやルイス・H・モルガンといった英米の文化人類学者による業績を思い浮べることだろう。本書における文化進化論が、かつての社会進化論と大きく違うのは、その背景にソリッドな数理的基盤が存在している点にある。

現代の文化進化論の直接的な起源は Cavalli-Sforza & Feldman（1981）、そして Boyd & Richerson（1985）による二冊の書に辿ることができる。彼らはいずれも集団生物学、数理生態学のバックグラウンドを持ち、遺伝的進化を記述するために開発された数理モデルを援用して文化進化のプロセスを緻密に理論化した。だが、生物学内部の限定的なサークルに対して影響を与えただけで、肝心の人文学や社会科学に気づかれることなく時は過ぎ去っていた。

その存在が二〇年以上埋もれていた原因の一つは、いずれの書も数学的な素養を持たない者にとっては非常に読みにくいことが挙げられるだろう。理論としての厳密性と緻密さを追求したがために、一握りの人間にしかその価値が認識されない時期が長く続いていたのである。だが近年、この流れは大きく変わり、文化進化という研究がより広く知られるようになってきた。そのきっかけとなったのは、進化心理学の台頭により、進化という統一的な視点から人間と社会を理解しようとする動きが自然科学の壁を超えて広く浸透してきたことにある。

生物としてのヒトという視点：進化心理学の台頭　身体が自然環境へ適応して進化したのと同様に、人間の心もまた生物学的な進化の産物である——このような観点から人間を理解しようとする考えは、古くはチャールズ・ダーウィンにまで遡る。だが現代科学にこうした視点を導入したのはウィルソン（E. O. Wilson）、ハミルトン（W. D. Hamilton）、トリヴァース（R. Trivers）といった生物学をバックグラウンドに持つ研究者たちであった。やがて社会生物学、人間行動生態学と呼ばれる分野が登場し、進化的視点から人間を理解しようとする試みは広がっていった。このような視点が自然科学だけでなく人文や社会科学からも注目されるようになり、大きなうねりとなって様々な領域の研究者を巻き込むようになったのは、ジョン・トゥービー（John Tooby）とレダ・コスミデス（Leda Cosmides）によって進化心理学という名が広まってからである。彼らは、『適応した心——進化心理学と文化の発生』（Tooby and Cosmides, 1992）という本の第1章において、進化心理学宣言とでも呼ぶべき論考を展開した（Tooby & Cosmides, 1992）。この論文の中で、トゥービーとコスミデスは、社会科学における暗黙の人間観を標準的社会科学モデル（Standardized Social Science Model; SSSM）という用語で表現し痛烈に批判した。そこで彼らが批判したのは、人間は社会化を通じてどのような信念や価値観でも獲得できるという考え方、つまり人間の行動や思考は文化によって形作られるため、人間は他の動物とは異なり、進化や遺伝子のくびきから解き放たれた存在であるという考え方だったのである。

大学院生だった当時、私もまたゼミの一環でこの論考を呼んだが、その時の衝撃は今でも忘れることができない。当時の社会科学に対して感じていた漠然とした不満、社会と人間についての学問が生物学を無視して存在し得るはずがないという直感。そうした自分の考えに対して明確な裏付けが与えられたかのような気分であった。現在、進化心理学と呼ばれる分野の基礎を作ったのは、トゥービーとコスミデスよりも早くから活動していたマーティン・デイリー（Martin Daly）、マーゴ・ウィルソン（Margo Wilson）、ドナルド・サイモンズ（Donald Symons）をはじめとする多くの研究者たちである。だがトゥービーとコスミデスそしてスティーブン・ピンカー（Steven Pinker）といったスターともいえる研究者が登場することにより、人間の心は進化の過程を経て形作られたシステムであるという視点が、賛否両論を含めて人々の耳目を集め、そして現代科学における大きなうねりを生み出したのである。だが『文化』は、進化心理学においては極めてやっかいな存在であった。

進化心理学における文化　一九九二年の論考が掲載された本のサブタイトルからも明らかなように、進化心理学においては、文化（の存在とその差異）を進化の産物として説明することは、大きな目標のひとつであった。そしてSSSMを批判するにあたり、トゥービーとコスミデスはある重要な議論を行った。それは「伝達される文化（transmitted culture）」と「誘発される文化（evoked culture）」の区別である。SSSMにおいては、文化とは人から人へ、世代から世代へと伝達される価値観や信念であり、人間は社会化を通じて、あたかも空白の石板に彫り込むかのように、いかなる価値観や信念でも獲得しうるものとみなされる。トゥービーとコスミデスが批判したのは、まさにこの点であった。社会化とは書き味の良い筆記用具であり、いかなる価値観や信念であっても人間の心という石板に刻みこむことができるという前提。これが社会科学における進化の軽視に繋がると考えたのだろう。トゥービーとコスミデスは、誘発される文化というアイデアを提唱した。人間がいかなる行動傾向、価値観、信念を持つことができるのか、その範囲はあらかじめ遺伝的に定まっている。多様な環境において適応的となる形質のヴァリエーションが人間の心に組み込まれており、発達過程において、個々の環境に適応しているはずの形質が誘発されることにより、文化と呼ばれる多様性が生じるのだという考えである。これは、文化とは人から人へ伝達され、社会化を通して我々の心を形作るという考えと真っ向から対立する視点であった。

人間の心は進化の産物であり、適応的な行動を生み出すために形作られたシステムである――進化心理学が打ち立てたこの視点は多くの人々を惹きつけ、受容されていったが、誘発された文化という視点は、多くの人々にとって受け入れがたいものであった。たとえ人間の心が進化の産物であるとしても、我々が文化と呼ぶ対象は、確かに人から人へと伝達されているように思える。進化という発想を否定するSSSMでもなく、そしてSSSMを否定するために生み出された誘発された文化という考え方でもない、別の視点がないのだろうか。それが、カヴァッリ＝スフォルツァ、フェルドマン、ボイド、リチャーソンらが一九八〇年代に打ち立てていた「二重継承理論(dual-inheritance theory)」あるいは「遺伝子と文化の共進化(gene-culture coevolution)」と呼ばれる理論的枠組みなのである。

生物としてのヒトが生み出す文化　「文化を生物進化のアナロジーで捉える」「遺伝子と同様に文化も伝達される」「生物進化が遺伝的経路を経た情報伝達であるならば、文化進化は非遺伝的経路を経た情報伝達である」。文化進化は『伝達される文化』という考えを大前提としている。そのため、このようなフレーズだけ取り出すと、文化は生物進化から独立したダイナミクスであり、進化的視点を否定する従来の社会科学そのものであるかのように思える。だがこれは大きな誤りである。現代の文化進化論においては、人間の心が進化によって形作られたシステムであるという視点に立ちながらも、進化心理学によるSSSM批判に与することなく、さらにその先へと進んでいく。

人間を含む多くの生物は、学習という機能を持つ。例えば「強化学習(reinforcement learning)」という仕組みは、生存に必要な資源獲得に繋がる行動の生起頻度を増加させることが可能となる。どのような行動が資源獲得に繋がるかは、生息する環境によって異なる。そのため学習とは、多様な環境に対応して個体の適応度を高めるために進化したメカニズムだといえる。だが個人学習には時間がかかり、コストもかかる。毒キノコが数多く自生する環境下で食用に適した植物を自ら試行錯誤して学習することの危険性を考えれば明らかであろう。個体が試行錯誤して適応的な行動を発見するのではなく、既に適応的な行動を獲得した他個体を模倣することの方が、より安全に適応的な行動を獲得できるはずである。このように、社会的学習は環境へ適応するために進化した学習メカニズムの一つとして考えることができる。そして、社会的学習の能力が存在するからこそ、我々は集団の中に存在する行動、信念、価値観を獲得することが可能となるのである。つまり文化とは、人間が自然環境に適応し、社会的学習の能力を獲得した結果として生じる現象なのである。

だが疑問に感じる人もいるだろう。文化が生物進化の結果であるならば、なぜ時として個体の適応度を引き下げるように見える信念や価値観を持つ文化が存在しうるのか、と。本書第3章で議論されているように、例えば名声バイアスに従って社会的に成功した人々の行動を模倣したり、あるいは多数派同調バイアスに従って行動を模倣する結果、個人の生物学的な適応度が引き下げられてしまうことがある。だが、常に非適応的な行動しか獲得し得ない社会的学習メカニズムというものが仮に存在するならば、そのような能力は生物進化において淘汰され消えていくはずである。社会的に成功した人々の行動を模倣しようとする名声バイアスも、集団内の多数派の行動を模倣しようとする多数派同調も、結局は個体が適応的な行動を獲得するために進化した適応的な心の仕組みなのである（Boyd &

Richerson, 1985; Henrich & Boyd, 1998; Henrich & Gil-White, 2001)。

本来ならば適応的な行動を獲得するために進化した認知能力によって、非適応的な行動が拡散されてしまう。もしその状態が長く続くならば、数千から数万世代を経て、名声バイアスや多数派同調バイアスは淘汰され消失してしまうはずだろう。だが一般的に、文化が変化する速度は、生物進化の速度よりも早い。名声バイアスや多数派同調バイアスが生物進化の時間軸上で淘汰される前に、非適応的な文化が消えていくならば、社会的学習の能力は存在し続けることだろう。このダイナミクスを短い時間軸で観察したならば、個体の適応度を引き下げる文化が数十世代、数百世代に渡って持続されることがあるだろう。生物進化の時間軸では一瞬の出来事かもしれない。だが我々にとっては数百年、数千年という時間である。それだけの長きに渡って非適応的な行動や信念が文化として存続するのは、文化を伝達し、維持するための認知能力を我々が進化の過程を通して獲得したからである。個体の適応度を引き下げる非適応的な文化が存在することは、人間の心が進化の産物であることと何ら矛盾しないのである。

人間の心は環境へ適応するために進化の過程を経て生み出されたシステムであり、文化とはそのシステムの存在によって初めて立ち現れる現象なのだという視点。これこそ、トゥービーとコスミデスが批判したＳＳＳＭと、現代の文化進化論を分ける最大のポイントである。

文化進化論が向かう二つの方向性

文化進化の研究は、ここから少なくとも二つの方向へ向かいうる。最初の方向は、遺伝子と文化の共進化というプロセス、すなわち遺伝子が文化を規定し、さらに文化が遺伝子の淘汰に影響する相互作用のプロセスを字義通りに分析していく方向である。本書ではあまり取り上げられていないが、三つの著名な研究が挙げられる。

(1) ラクトース耐性と牧畜文化の共進化　最も有名な例が、ラクトース耐性と牧畜文化の共進化である。ラクトース（乳糖）を分解する酵素が少ない人間は、乳製品を充分に消化することができないことはよく知られている。興味深いことに、ラクトースを消化する能力（ラクトース耐性）は遺伝的に伝達される能力であり、それに関連する遺伝子は、乳製品を多量に摂取する牧畜文化において淘汰され進化したことを示す遺伝学的証拠が存在している。つまり文化が遺伝子の淘汰に対して影響しているのである。だが、乳製品を摂取する食習慣が集団内で存続するためには、その集団に属する人々がラクトース耐性を持っていなければならない。もし誰一人としてラクトース耐性の遺伝子を持っていなかったならば、身体に問題を引き起こす食習慣や牧畜という文化が広まっていくことはなかったはずである。つまり、乳製品の摂取という〝文化〟が進化するためには、その初期状態においてラクトース耐性を持つ人々が一定数、集団内に存在しなければならなかったはずではないだろうか。

この直感は、精緻な数理モデルによって確かめられている。日本における文化進化研究の先駆者である青木健一、そしてカヴァッリ＝スフォルツァは、集団遺伝学に基づくモデルを構築し、ラクトース耐性という遺伝的に伝達される能力と、牧畜文化という文化的に伝達される生業が、互いに影響を与えながら共進化する条件を明らかにした（Aoki, 1986, Feldman & Cavalli-Sforza, 1989）。

（2）多数派同調バイアスの進化　集団内の多数派の行動が個体の適応度を増加させるものである場合、多数派同調バイアスを持つことは適応的である。だが、突然環境が変動した結果、昨日までは適応的だった行動が、今日からは個体の適応度を引き下げるようになってしまったならば、多数派の行動を模倣することは生物学的な進化において不利となる。しかもそのような状況では、たとえ適応的な行動を取る少数の個体が存在したとしても、多数派同調バイアスによって集団から消去されてしまうだろう。このように考えてみると、多数派同調バイアスが適応的な社会的学習メカニズムであると言えるのか自明ではない。人類学者であるヘンリックとボイド（Henrich & Boyd, 1998）はコンピュータ・シミュレーションを通じてこの問題を解析し、多数派同調バイアスは環境変動が非常に低い確率でランダムに生じる世界において進化することを明らかにしている。興味深いことに、予測不能な環境変動が稀に生じるというのは、我々人類が進化した更新世（約二五〇万〜一万年前）の自然環境が持っていた特徴であるという。これまで何度も繰り返してきたが、もし集団内の多数派が非適応的な行動をとっているならば、多数派に同調することによって非適応的な行動が集団の中に文化として定着してしまう。だが、そうした非適応的な文化が生じうるのは、更新世という自然環境に適応して、我々人類が多数派に同調する傾向を適応的な心理メカニズムとして獲得したからなのである（cf. Whitehead & Richerson, 2009）。

（3）内面化された規範と社会化の共進化

社会的規範とは、社会の中に存在するルールであり、社会化の過程を通して個人は社会の中に存在する規範を内面化していく。社会化というプロセスは、言ってみれば教育や社会的学習による行動ルールの学習であり、人間は社会化を可能ならしめる心的能力を持っているがゆえに、社会的規範が伝達され維持されているのだと考えることができる。経済学者であるギンタスは、人々の行動を制約する社会的規範と、社会的規範を獲得し内面化するための心的能力が共進化する条件を数理モデルによって解析した（Gintis, 2003）。そして、人間という種が他の動物とくらべて並外れて協力的な種として進化し得たのは、人間が進化した古代環境において様々な条件が揃った結果、遺伝子と文化の共進化のプロセスによって内面化された社会的規範が誕生したからだという壮大な議論を、『協力的な種』という本の中で展開している（Bowles & Gintis, 2011）。生物進化によって生み出された心というシステムを基盤として文化が発生し進化していく。さらに、文化は生物進化の過程にフィードバックを与え、生物進化と文化進化が互いに影響を与えながら変化していく。ここで紹介したいずれもが、遺伝子と文化の共進化のダイナミクスを精緻にモデル化した、文化進化研究の最先端を構成する知見である。

文化の動態を解き明かす：本書における文化進化論のもうひとつの方向性

一方、本書において主に紹介されているのは、文化進化の研究におけるもう一つの方向性である。それは文化を獲得する能力を持つことを所与とした上で、文化の動態を解き明かす方向である。文化が遺伝子の淘汰に影響するよりも短い時間軸を考えるのならば、文化進化を、生物進化から一時的に切り離して考えることが可能となるだろう。もちろん、文化進化が社会的学習バイアスのような生物進化によって生み出された心的能力の存在に支えられている以上、文化進化を未来永劫に渡って生物進化から切り離すことはできない。だがこのアプローチを採用することからどのような研究が生み出されているのか、本書に紹介されているとおりである。特に、第4章と第5章は、本書における一つの山場である。集団生物学における動的モデル、系統学において発展した統計手法を用いることにより、考古学者、人類学者、言語学者、そして人文学者が収集した様々な文化に関する知識が統合され、大きな構図が浮かび上がる。『文化』という高次で抽象的な存在を理解するための道筋、新たな方向性を、ここにかいま見ることができるだろう。

ここで一つだけ文化進化論における最新の研究を紹介したい。本書においては、文化とは世代から世代へと伝達される情報や知識の体系である点が強調されている。では文化はどれだけ大きな慣性力を持っているのだろうか？　例えばある社会において広く共有されている行動が、その社会の人々が暮らす生態環境においては生物学的な適応度を下げるようなものである場合を考えてみよう。そうした非適応的な文化はどれだけ早く消え去るのだろうか？　人類学者であるマシューとペロー（Mathew & Perreault, 2015）は、欧州が北米大陸に到達した時代に存在していた、一七二のネイティブ・アメリカンの部族の文化についてのデータベースを利用し、本書で紹介されている文化系統学の手法を用いてこうした問題を検討した。そして、ネイティブ・アメリカンにおける文化差、つまり様々な行動における部族間の差異は、それぞれの部族が居住する生態環境への適応として説明できる部分もあるが、それ以上に祖先から伝達されたことで生じる部分が大きいことを見出したのである。つまり、たとえ同じような生態環境に居住していても、それぞれの部族が祖先から受け継いだ行動が異なれば、部族間で行動の差異が生じており、文化の慣性力はかなり大きなものである可能性が示されている。

近年、文化心理学を中心として、文化差とはそれぞれの文化がおかれた生態環境への適応の産物であるとする考え方が広まりつつある（Fincher & Thornhill, 2002; Talhelm et al., 2014）。研究者たちは、生態環境と文化の間に相関が見られることをもってしてこの考えが支持されていると主張する。だが、本書の第4章で取り上げられているように、それはゴルトン問題と呼ばれる、人類学では一九世紀から指摘されている問題を抱えた主張である。本来ならば系統の効果を考慮しない分析から、そのような主張を導くことは困難であり（Currie & Mace, 2012）、マシューとペローの研究は、こうした文化心理学における最近の風潮に警鐘を鳴らすものと言ってよいだろう。文化進化論で用いられる定量的な分析手法や数理モデルは、確かに理解するのも使いこなすのも難しい。だがその威力は絶大である。文化進化論は、人文学者や社会科学者が収集したデータを定量的に分析することにより、こうした新たな知見を次々と生み出しつつある。

最後に：進化社会科学としての文化進化論

文化進化論とは、文化は生物進化の産物であるという視点から出発し、生物進化を分析するために生み出された理論概念、洗練された数理モデルや統計的手法を積極的に利用することで、文化の動態を解明することを目指している。『文化』という高次で抽象的な対象を研究するための科学的な体系を整備し、自然科学と人文・社会科学の統合、そして人文・社会科学の内部で細分化された諸領域間の統合を目指しているといえるだろう。だが、進化をキーワードとして諸領域間の統合を目指す動きは、文化進化論に留まらない。近年、進化社会科学とでも呼ばれるべき大きな潮流が生まれつつあるが、文化進化論はむしろその重要な構成要素だと言うべきであろう。進化をキーワードとして、社会、文化、制度を統一的に理解しようとする動きについては、例えば Bowles（2004）、Binmore（2005）、Gintis（2009）、Bowles & Gintis（2011）などの文献を通してその様子を知ることができる。

いずれも進化という視点を中心に据えた上で、ゲーム理論に代表される数理モデルを積極的に利用することにより、論理的な明晰さを保ちながら生物進化から社会・文化・制度の進化に至る長大な道のりを、ぶれることなく一気に踏破していこうとする試みである。このような試みから、統一社会科学なるものが生み出され得るのか。生物学における進化論のように、社会・文化・制度を研究する者ならば誰もが知らなければならない統一理論が生み出され得るのか。その答えが、我々が生きている間に得られるか定かではない。だが、少なくとも自然・社会科学の統合を図る企ての存在を知ることには重要な意義があるはずであり、本書はそこへ向かう入り口のひとつである。

引用文献

Aoki, K.（1986）. A stochastic model of gene-culture coevolution suggested by the "culture historical hypothesis" for the evolution of adult lactose absorption in humans. Proceedings of the National Academy of Sciences of the United States of America, 83, 2929-2933.

Binmore, K.（2005）. *Natural Justice.* Oxford University Press（『正義のゲーム理論的基礎』栗林寛幸訳、ＮＴＴ出版）

Bowles, S.（2004）. *Microeconomics: Behavior, institutions, and evolution.* Princeton University Press（『制度と進化のミクロ経済学』塩沢由典・磯谷明徳・植村博恭訳、ＮＴＴ出版）

Bowles, S., & Gintis, H.（2011）. *A cooperative species: Human reciprocity and its evolution.* Princeton University Press.

Boyd, R., & Richerson, P. J.（1985）. *Culture and the evolutionary Process.* University Of Chicago Press.

Cavalli-Sforza, L. L., & Feldman. M.（1981）. *Cultural transmission and evolution.* Princeton University Press.

Currie, T. E., & Mace, R.（2012）. Analyses do not support the parasite-stress theory of human sociality. *Behavioral and Brain Sciences*, 35, 83-85.

Feldman, M. W., & Cavalli-Sforza, L. L.（1989）. On the theory of evolution under genetic and cultural transmission with application to the lactose absorption problem. In M. W. Feldman (Ed.), *Mathematical Evolutionary Theory* (pp. 145-173), Princeton University Press.

Fincher, C. L., & Thornhill, R. (2012). Parasite-stress promotes in-group assortative sociality: The cases of strong family ties and heightened religiosity. *Behavioral and Brain Sciences*, 35, 61viora

Gintis, H. (2003). The hitchhiker's guide to altruism: Gene-culture coevolution, and the internalization of norms. *Journal of Theoretical Biology*, 220, 407-418.

Gintis, H. (2009). *The bounds of reason: Game theory and the unification of the behavioral sciences.* Princeton University Press (『ゲーム理論による社会科学の統合』成田悠輔・小川一仁・川越敏司・佐々木俊一郎訳、NTT出版)

Henrich, J., & Boyd, R. (1998). The evolution of conformist transmission and the emergence of between-group differences. *Evolution and Human Behavior*, 19, 215-241.

Henrich, J., & Gil-White, F. J. (2001). The evolution of prestige: Freely conferred deference as a mechanism for enhancing the benefits of cultural transmission. *Evolution and Human Behavior*, 22, 165-196.

Mathew, S., & Perreault, C. (2015). Behavioural variation in 172 small-scale societies indicates that social learning is the main mode of human adaptation. Proceedings of the Royal Society B, 282: 20150061.

Talhelm, T., Zhang, X., Oishi, S., Shimin, C., Duan, D., Lan, X., & Kitayama, S. (2014). Large-Scale psychological differences within China explained by rice versus wheat agriculture. *Science*, 344, 603cersus

Tooby, J., & Cosmides, L.（1992）. The psychological foundations of culture. In J. H. Barkow, L. Cosmides, & J. Tooby（Eds.）, *The adapted mind: Evolutionary psychology and the generation of culture*（pp. 19-136）. Oxford University Press.

Whitehead, H., & Richerson, P. J.（2009）. The evolution of conformist social learning can cause population collapse in realistically variable environments. *Evolution and Human Behavior*, 30, 261-273.

Currie, T. E., & Mace, R.（2012）. Analyses do not support the parasite-stress theory of human sociality. *Behavioral and Brain Sciences*, 35, 83-85.

Fincher, C. L., & Thornhill, R.（2012）. Parasite-stress promotes in-group assortative sociality: The cases of strong family ties and heightened religiosity. *Behavioral and Brain Sciences*, 35, 61viora

Talhelm, T., Zhang, X., Oishi, S., Shimin, C., Duan, D., Lan, X., & Kitayama, S.（2014）. Large-Scale psychological differences within China explained by rice versus wheat agriculture. *Science*, 344, 603cersus

以下は、日本語で執筆された文化進化論に関連した書籍である。

中尾央・三中信宏（編著）（二〇一二）『文化系統学への招待――文化の進化パターンを探る』勁草書房

中尾央（二〇一五）『人間進化の科学哲学――行動・心・文化』名古屋大学出版会

帯刀益夫（二〇一四）『遺伝子と文化選択――「サル」から「人間」への進化』新曜社

［や行］

［ら行］

［わ行］

［ま行］

［な行］

［は行］

[た行]

［さ行］

索引

［あ行］

［か行］

【著者】
アレックス・メスーディ（Alex Mesoudi）
1980年生まれ。2005年に英国セント・アンドリュース大学において博士号（心理学）取得、ロンドン大学クイーンメアリー生物・化学部講師、ダーラム大学人類学部准教授を歴任し、現在、英国エクセター大学生物科学部准教授。*Learning strategies and cultural evolution during the Palaeolithic*. Osaka: Springer Japan（編著）、"Towards a unified science of cultural evolution", *Behavioral and Brain Sciences*（共著）、"How cultural evolutionary theory can inform social psychology, and vice versa", *Psychological Review*（単著）など著書論文多数。理論モデル、実験室実験、フィールド研究などを通じて文化進化についての研究を牽引する気鋭の若手研究者。

【訳者】
野中香方子（のなか・きょうこ）
翻訳家。お茶の水女子大学卒業。主な訳者にロイド『137億年の物語』ロバーツ『ネアンデルタール人は私たちと交配した』（以上、文芸春秋）フランシス『エピジェネティクス』（ダイヤモンド社）キサク・ヨーン『自然を名づける』ポーラン『人間は料理する』（以上、NTT出版）『China 2049』（日経BP社）など多数。

【解説】
竹澤正哲（たけざわ・まさのり）
1972年生まれ。北海道大学大学院文学研究科准教授。博士（行動科学）。マックス・プランク人間発達研究所リサーチ・サイエンティスト、ティルブルク大学社会科学部アシスタント・プロフェッサー、上智大学総合人間科学部准教授を経て現職。主論文に"Revisiting 'The evolution of reciprocity in sizeable groups' " *Journal of Theoretical Biology*（共著）、"Two distinct neural mechanisms underlying indirect reciprocity", *PNAS*（共著）など。社会規範・文化の進化について理論及び実証的研究を行なっている。

文化進化論
――ダーウィン進化論は文化を説明できるか

2016年2月15日　初版第1刷発行
2016年5月20日　初版第4刷発行

著　者　アレックス・メスーディ
訳　者　野中香方子
発行者　長谷部敏治
発行所　ＮＴＴ出版株式会社
〒141-8654 東京都品川区上大崎3-1-1　JR東急目黒ビル
営業担当／TEL 03-5434-1010　FAX 03-5434-1008
編集担当／TEL 03-5434-1001　http://www.nttpub.co.jp
装　丁　米谷豪
印刷製本　株式会社暁印刷

ISBN 978-4-7571-4330-2 C0045　定価はカバーに表示してあります。